# 城 市 规 划（修订本）

主编　闫学东

副主编　梁艳平　许　红

北京交通大学出版社

·北京·

## 内 容 简 介

　　城市规划是一门不断发展、综合性强、与多学科相交叉的科学。本教材以城市规划原理为基础，以城市轨道交通专业方向为指导，涵盖了城市规划学科的发展及主要理论、城市规划的内容及体系、城市发展分析与用地评价、城市总体布局、城市用地的规划布局、城市发展与交通规划、城乡规划及城市规划的行政与实施等专业知识。本书在编写过程中，考虑到所针对学生的特点，力求框架明确、结构合理、知识点清晰，本书主要作为高等院校中非城市规划专业教学用书；同时也作为从事相关专业的技术人员参考用书。

**图书在版编目 (CIP) 数据**

城市规划/闫学东主编 . —北京:北京交通大学出版社,2011.8 (2021.7 修订)
（高等教育城市轨道交通系列教材）
ISBN 978 – 7 – 5121 – 0623 – 9

Ⅰ. ① 城…　　Ⅱ. ① 闫…　　Ⅲ. ① 城市规划 – 高等学校 – 教材　　Ⅳ. ① TU984

中国版本图书馆 CIP 数据核字（2011）第 129388 号

责任编辑：陈跃琴
出版发行：北京交通大学出版社　　　　　　电话：010 – 51686414
　　　　　北京市海淀区高粱桥斜街 44 号　　邮编：100044
印　刷　者：北京时代华都印刷有限公司
经　　销：全国新华书店
开　　本：185 × 260　印张：15　字数：380 千字
版　　次：2021 年 7 月第 1 版第 1 次修订　　2021 年 7 月第 9 次印刷
定　　价：45.00 元

本书如有质量问题，请向北京交通大学出版社质监组反映。对您的意见和批评，我们表示欢迎和感谢。
投诉电话：010 – 51686043，51686008；传真：010 – 62225406；E-mail：press@ bjtu. edu. cn。

# 出 版 说 明

　　为促进城市轨道交通专业教材体系的建设，满足目前城市轨道交通专业人才培养的需要，北京交通大学交通运输学院、远程与继续教育学院和北京交通大学出版社组织以北京交通大学从事轨道交通研究教学的一线老师为主体、联合其他交通院校教师，并在北京地铁公司、广州市地下铁道总公司、南京地下铁道有限责任公司、北京市轨道交通建设管理有限公司、香港地铁公司等单位有关领导和专家的大力支持下，编写了本套"城市轨道交通系列教材"。

　　教材编写突出实用性，文字简洁明了。本着理论部分通俗易懂，实操部分图文并茂原则，侧重实际工作岗位操作技能的培养。为方便读者，本系列教材采用"立体化"教学资源建设方式，配套有教学课件、习题库、自学指导书，并将陆续配备教学光盘。本系列教材可供相关专业的全日制或在职学习的本专科学生使用，也可供从事相关工作的工程技术人员参考。

　　本系列教材的出版受到施仲衡院士的关注和首肯，多年从事城市轨道交通研究的毛保华教授和朱晓宁教授对本系列教材的编写给予具体指导，《都市快轨交通》期刊社主办和协办单位专家也给予本教材多方面的帮助和支持。在此一并致谢。

　　本系列教材在 2011 年 8 月陆续推出，首批包括：《城市轨道交通设备》、《列车运行计算与设计》、《城市轨道交通系统运营管理》、《城市规划》、《轨道交通需求分析》、《交通政策法规》、《城市轨道交通规划与设计》、《企业发展战略》、《城市轨道交通土建工程》、《城市轨道交通车辆概论》、《城市轨道交通牵引电气化概论》、《城市轨道交通通信信号概论》、《城市轨道交通列车运行控制》、《城市轨道交通信息技术》、《城市轨道运营统计分析》、《城市轨道交通安全管理》、《交通运营统计分析》、《城市轨道交通客流分析》、《城市轨道交通服务质量管理》、《轨道交通客运管理》。

　　希望该套教材的出版对城市轨道交通的发展对城市轨道交通专业人才的培养有所贡献。

教材编写委员会
2011 年 6 月

# 总　序

近年来，中国经济飞速发展，城市化进程逐步加快。在大城市中，地面建筑越来越密集，人口越来越多，交通量越来越大，交通拥堵对社会效益和经济效益都带来了很大影响。据统计国内每年由于交通拥堵造成的损失将近 1 000 多亿元。

解决交通拥堵，有各种各样的方法，其中城市轨道交通由于在土地利用、能源消耗、空气质量、景观质量、客运质量等方面的优势，正逐步成为许多大城市交通发展战略中的骨干，并形成以地铁、城市快速铁路、高架轻轨等为主的多元化发展趋势。

我国城市轨道交通从 20 世纪 50 年代开始筹划。1965 年 7 月，北京市开始兴建中国第一条地下铁道。经过近 50 年，特别是近十年的发展，截至 2010 年底，仅在中国内地，已有 13 个城市拥有 49 条运营线路，总里程达 1 425.5 km。另有 16 个城市，将有 96 条总里程 2 000 余 km 的线路正在建设中。目前已发展和规划发展城市轨道交通的城市总数已经接近 50 个，全部规划线路超过 300 条，总里程超过 10 000 km。

随着城市轨道交通在全国范围的迅猛发展，各地区均急需轨道交通建设、运营管理的大批技术人员和应用型人才。目前全国有近百所高等院校和高等职业院校开设或准备开设城市轨道交通及相关专业。全国几十家相关企业，也都设立自己的培训中心或部门。

从目前的情况来看，在今后几年城市轨道交通人才的培养应该是各大专院校的学历教育与企业、社会的能力培训相结合的状态。但现实情况是相关的教材，特别是培养应用型人才的优质教材、教学指导书的建设和出版严重不足，落后于城市轨道交通发展的需要。

2011 年初，北京交通大学远程与继续教育学院、交通运输学院、出版社共同筹划出版了"城市轨道交通系列教材"。这套教材的出版，恰逢其时。首先，这套教材的作者是由国内该领域的学术界和企业界的知名专家执笔。他们的参与，既保证了对中国轨道交通探索与实践的传承，同时也突出了本套教材的实用性。其次，它丰富、实用的内容和多样性的课程设置，为行业内"城市轨道交通"各类人才的培养，提供了专业的、实用的教材。

祝愿中国轨道交通事业蓬勃发展，也祝愿北京交通大学出版社这套"城市轨道交通系列教材"能够为促进我国城市轨道交通又好又快发展提供支撑！

中国工程院院士　施仲衡

2011 年 5 月

# 前　　言

　　城市规划是一门不断发展、综合性强、与多学科相交叉的科学。本书以城市规划原理为基础，以城市轨道交通专业方向为指导，涵盖了城市规划学科的发展及主要理论、城市规划的内容及体系、城市发展分析与用地评价、城市总体布局、城市用地的规划布局、城市发展与交通规划、城乡规划及城市规划的行政与实施等专业知识。本书在编写过程中，考虑到所针对学生的特点，力求框架明确、结构合理、知识点清晰，本书主要作为高等院校中非城市规划专业教学用书，包括全日制或在职学习的本专科学生使用。

　　本教材由北京交通大学城市规划课程组集体编写而成。该课程组成员包括闫学东教授、梁艳平副教授、许红讲师、王江锋讲师、杨方讲师。闫学东教授负责本教材内容框架的制定及第2章的编写，梁艳平副教授负责第1章和第7章的编写，许红讲师负责第5章的编写，王江锋讲师负责第4章和第6章的编写，杨方讲师负责第3章和第8章的编写。前任城市规划课程组组长宋瑞教授在教学过程中，积累整理了大量的资料，为本教材的编写提供了基础，编者们对宋瑞教授的重要贡献在此表示感谢。此外，感谢硕士研究生赵佳、王晓磊、刘丹、徐永存、向往、张满等在编写过程中，协助完成了图表编制等工作。

　　由于编写人员水平有限，书中难免出现错误及不当之处，望读者批评指正，以便今后进一步修改完善。

编者

2011 年 4 月 29 日

# 目　　录

# 1

# 第1章
# 城市规划学科的发展及主要理论

## 概　述

　　城市的产生是人类与自然界相互作用的结果，是人类文明进步的标志，伴随着城市的出现就已经产生了古代朴素的城市规划思想。以《周礼·考工记》为代表的皇权至上的理念及以管子为代表的自然至上的理念是我国古代城市规划思想的重要体现，对我国古代都城建设产生了重大影响。欧洲古代城市随着社会和政治背景的变迁，不同的政治势力占据主导地位也出现了不同的城市格局，但不存在一个连续的具有传承关系的规划理论体系。现代城市规划学科在解决工业城市所面临问题的基础上逐渐形成，它的发展是在对现代城市整体认识的基础上，在对城市社会进行改造的思想引导下，通过对城市发展的认识和城市空间组织的把握，逐步地建立了现代城市规划的基本原理和方法。早期霍华德的田园城市思想、柯布西埃的现代城市设想、索里亚·玛塔的线性城市理论、戈涅的工业城市设想等为现代城市规划理论奠定了思想与实践基础。现代城市的发展存在着分散发展和集中发展两种主要的趋势，它们是城市发展过程中的两个方面。卫星城理论、新城理论、有机疏散理论和广亩城理论等属于城市分散发展理论。邻里单位理论则是从城市生活出发提出的居住区规划理论。对现代城市规划思想的演变可以通过《雅典宪章》、《马丘比丘宪章》及《北京宪章》三个宪章来认识。

## 本章学习重点

　　本章是城市规划学科的基础，通过本章的学习，要了解我国古代城市的典型格局及有关城市规划思想的重要古籍论述，了解欧洲古代各个时期城市的主要特征及规划思想，理解现代城市规划学科的产生背景及早期的城市规划思想，理解并掌握现代城市规划的主要理论以及规划思想发展等。

# 1.1

## 城 市 与 城 市 的 发 展

### 1.1.1　城市的产生与定义

在人类社会早期，人们居无定所，随遇而栖，三五成群，渔猎而食。但是，在对付个体庞大的凶猛动物时，三五个人的力量显得单薄，只有联合其他群体，才能获得胜利。随着群体的力量强大，收获也就丰富起来，抓获的猎物不便携带，找地方贮藏起来，久而久之便在那地方定居下来。大凡人类选择定居的地方，都是些水草丰美，动物繁盛的处所。定居下来的先民，为了抵御野兽的侵扰，便在驻地周围扎上篱笆，形成了早期的村落。随着人口的繁盛，村落规模也不断的扩大，猎杀一只动物，整个村落的人倾巢出动显得有些多了，且不便分配，于是，村落内部便分化出若干个群体，各自为战，猎物在群体内分配。由于群体的划分是随意进行的，那些老弱病残的群体常常抓获不到动物，只好依附在力量强壮的群体周围，获得一些食物。而收获丰盈的群体，不仅消费不完猎物，还可以把多余的猎物拿来，与其他群体换取自己没有的东西，于是，早期的"城市"便形成了。

《世本·作篇》记载：颛顼时"祝融作市"。颜师古注曰："古未有市，若朝聚井汲，便将货物于井边货卖，曰市井"。这便是"市井"的来历。与此同时，在另一些地方，生活着同样的村落，村落之间常常为了一只猎物发生械斗。于是，各村落为了防备其他村落的侵袭，便在篱笆的基础上筑起城墙。《吴越春秋》一书有这样的记载："筑城以卫君，造郭以卫民"。城以墙为界，有内城、外城的区别。内城叫城，外城叫郭。内城里住着皇帝高官，外城里住着平民百姓。这里所说的君，在早期应该是猎物和收获很丰富的群体，而民则是收获贫乏、难以养活自己，依附在收获丰盈的群体周围的群体了。人类最早的城市其实具有"国"的意味，以上文字生动形象地描述了人类城市的形成及演变的大致过程。

学术界关于城市的起源有三种说法。一是防御说，即建城郭的目的是为了不受外敌侵犯。二是集市说，认为随着社会生产发展，人们手里有了多余的农产品、畜产品，需要有个集市进行交换。进行交换的地方逐渐固定了，聚集的人多了，就有了市，后来就建起了城。三是社会分工说，认为随着社会生产力不断发展，一个民族内部出现了一部分人专门从事手工业、商业，一部分专门从事农业。从事手工业、商业的人需要有个地方集中起来，进行生产、交换。所以，才有了城市的产生和发展。

简言之，城市的产生是人类与自然界相互作用的结果，是人类文明进步的标志。人类历史上的第一次劳动大分工，使得农业从采集业中分离出来，同时孕育产生了固定的居民点。伴随着第二次劳动大分工，商业与手工业从农业中分离出来，诞生了城市这种特殊的居民点形式。城市的出现，是人类走向成熟和文明的标志，也是人类群居生活的高级形式。

当前社会对城市的认识已经达成共识：城市是非农业人口集中并以从事工商业等非农业生产活动为主的居民点，是一定地域范围内社会、经济、文化活动的中心，是各部门、各要素有机结合的大系统。城市是人类对自然界干预最强烈的地方，它是一种不完全的、脆弱的生态系统，也是受自然环境的反馈作用最敏感的地方，因此城市中的各个环节都需要协调发展。在我国，城市规划中的"城市"是指按国家行政建制设立的直辖市、市和建制镇。

# 1.1.2　我国古代城市的发展

## 1. 我国古代城市发展的影响因素

我国古代最早的城市距今约有 4 000 年的历史，古籍《周礼·考工记》、《商君书》、《管子》、《墨子》等中都记载有当时人们对城市建设的看法。在这些论述中，比较辩证地阐明了城市与区域的关系（在一定地区，山川、陵谷、都邑、道路和农田的占地应有适当的比例；城池的大小要与耕地面积、农业人口与非农业人口呈一定比例关系），关于城市的用地选择与规划布局（城市建设如何"因天材，就地利"，要讲求实效……），关于城市建设如何符合军事要求（如城址的选择，城市的规模，土地的利用，筑城的原则……）等等，也都基于当时的政治需要，进行了实际建设经验的总结或理论的探讨。中国古代城市的建设成就中最为重要的是都城建设，都城被认为"四方之极"、"首善之区"，历代的统治者对之特别重视，立定典章，指导建设，因此它典型地体现了各个时代的成就。

（1）自然因素与城市发展

人类在城市建设过程中学会了与自然的协调，趋利避害。在影响城市产生与发展的诸多自然要素中，水或许最能说明问题。一方面水是农业生产的基本条件，也是人类生存的前提，另一方面又不能受到洪涝灾害的侵袭，所以早期的城市大都靠近河流、湖泊，而且大多位于向阳的河岸台地上。比如我国的黄河中下游、埃及的尼罗河流域、西亚的两河流域都是农业发达较早的地区，这些地区的农业居民点以及在此基础上形成的城市也出现得最早。《管子·乘马篇》中曾经这样描述居民点的选址基本要求："高毋近阜而水用足，下毋近水而沟防省"。类似的朴素规划思想还出现在其他文献中。

地理位置是影响早期城市产生的最主要的因素之一，除去靠近水源等原则外，城市的发展还必须有广袤的腹地支持。因此，我国很早就有了区域观念，并总结出"体国经野"的概念，要将"国"（即城市）和"野"（即乡村）统筹规划。最早比较完整的论述城市不能独立存在的可能是《商君书》。《商君书·徕民篇》中说："地方百里者，山陵处什一，薮泽处什一，溪谷流水处什一，都邑蹊道足以处其民，先王制土分民之律也"。说明早在 2500 年前，我们的先民就已经考虑到了水源、能源、材料等因素，而且有了一定的用地比例关系和一个粗略的定额概念，并且将其称为"先王之制"。

除此之外，良好的气候条件、适宜建设的坚实土质都是古代城市选址中考虑的因素。晁错所说选址"相其阴阳之和"，即考察城址的地形地貌，看其气候及环境是否宜人，"审其土地之宜"，即是审视地质、地貌。郭璞甚至还发明了用挖坑秤土的办法来衡量土质的密实程度，并以此确定是否适宜进行城市建设。

考虑自然因素，因地制宜，这是我国古代城市规划思想的重大贡献之一，其核心内容就是天人合一、道法自然。即使到了科学技术水平高度发达的今天，人类仍然必须遵守自然规律，自然因素依然是城市选址、布局设计以及进行各项建设活动时必须首先考虑的重要因素之一。

（2）防御功能与城市发展

人类最初的固定居民点就具备防御功能。为了防御野兽的侵袭和其他部落的侵袭，往往在原始居民点外围挖壕沟，或用石、土、木等材料筑成墙及栅栏。这些沟、墙是一种防御性构筑物，也是城池的雏形。在后来形成的城市中，城址的选择一般都考虑防御功能，常常会选择一些易守难攻的地点筑城。城市周围往往有城墙护卫，有的城市由一套方城发展到两套方城，都城甚至有三套方城，每一层城墙外还有城壕环绕。宋代以后，火药已大量用于战争，直接影响到城市建设，给一些城墙加厚，到明代许多城墙从土墙改成了砖墙。

防御功能强弱直接影响到城市的生存。历史上由于诸侯各国的纷争，对于城市造成巨大的破坏，这反过来又进一步刺激人们加强城市的防御，从而促进了城市建设技术的进步。在我国历朝更迭之际，往往都会出现百废待兴的局面，进而迎来城市建设的兴旺。

从我国的文字的字义来看，城有以武器守卫土地的意义，是一种防御性的构建物。早在春秋战国时期，《墨子》中就记载了有关城市建设与攻防战术的内容。此外，有关防御洪涝灾害、躲避地质灾害的观念也散见于众多历史文献之中。

从5000年前的陕西半坡原始居民点，到封建社会的明清北京城，无不渗透着浓郁的防御观念。从挖掘出来的半坡遗址平面（图1-1）中可以清楚地看出，不仅具备了原始的分区概念，而且表现出明显的防御意识，而北京城的层层城墙则将防御意识推到了巅峰。

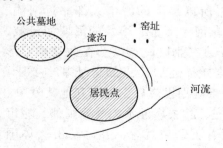

图1-1　陕西西安半坡村
原始村落平面示意图

（3）经济发展与城市建设

城市是生产力发展的产物，商品交换的出现带来了城市。在我国，最早的城市是由"市"发展而来的，市是一种交易的场所，也就是《易经》所说的："日中为市，致天下之民，聚天下之货，交易而退，各得其所"。随着交换量的增加及交换次数的频繁，就逐渐出现了专门从事交易的商人，交换的场所也由临时的改为固定的市。原来的居民点也发生了分化，其中以农业为主的就是农村，以商业及手工业职能为主的就是城市。

我国古代以农立国，农业的发达与否是城市生存与发展的基本前提条件。《管子·权修》中说："地之守在城，城之守在兵，兵之守在粟"。正是基于这一思想，从周朝至秦汉乃至盛唐，一直把国都选在富庶的关中地区。

交通运输对于城市的存在和发展也有着重要的影响。在一些商路交通要地，由于商业发达、手工业集中，往往形成一些商业都会。这些都会很长时期内兴盛不衰，虽屡受战火毁坏，仍在原地恢复重建，如苏州、扬州、广州、成都等。隋代大运河修通后，在运河沿线，发展起繁荣的商业都会，如汴州（开封）、泗州、淮阴、苏州、杭州等。元代后，建都在北京，南北大运河仍为经济命脉。天津、沧州、德州、临清、济宁等地也相继繁荣起来，与原来已有的一些商业城市形成一个沿运河的城市带，并与长江中下游的一些商业城市如汉口、九江、芜湖、安庆、南京、镇江联系起来，成为我国经济发达的地带。

由此可见，城市历来就是国家的经济的中枢，城市的发展对于国民经济的繁荣具有举足轻重的作用，反过来经济的发展对于城市建设具有巨大的推动和促进作用。

（4）政治体制与城市发展

《说文》中提到的"筑城以卫君，造郭以守民"，是对我国古代城市规划与建设思想的高度概括。我国古代的城市不仅是经济生活中心，而且一般都是一定地域的政治中心。自秦始皇统一全国，实行郡县制以后，直到清王朝，大多数朝代都是统一的中央集权的国家。郡县制的都、府、州县成为不同地域范围的政治军事中心。郡县制也形成了一个完整的垂直管辖的城镇体系。各朝代的都城规模都很大，有几个朝代还在新王朝建立之际制订规划，并完全按照规划新建都城，如隋文帝命宇文恺制定长安城的规划，按规划建成面积达 80 多平方公里的都城。忽必烈命刘秉忠按汉制规划建设元大都。明初在元大都基础上，改建成为今日的北京古都。

社会的阶级分化与对立在城镇建设中也有明显的反映。在我国的古代都城中，统治阶级专用地区——宫城居中心位置并占据很大的面积。商都"殷"城以宫廷为中心，近宫外围是若干居住聚落（邑），居民多为奴隶主和部分自由民，各邑之间空隙地段大多为农业用地，外圈为散布的手工业作坊。曹魏邺城（图1-2）以一条东西干道将城市划为两部分：北半部为贵族专用，其西为铜雀园，正中为举行典礼的宫殿，其东为帝王居住和办公的宫廷，再向东为贵族专用居住地——戚里，南半部为一般居住区。曹魏邺城的特点有：① 曹魏邺城平面呈横长方形，城市有明确的分区，前朝后市，统治阶级与一般市民严格分开。一方面集成了古代城郭的形制及汉代宫城与外城的区别，不同的是，其分工更为明确，不像西汉长安及东汉洛阳那样宫城被闾里包围或相参，而是严格分开，体现了等级的森严。② 整个城市布局体现了空间对称的艺术手法，道路正对城门，将中轴对称的手法由一般建筑扩大到建筑群，对后来影响很大，如唐长安。③ 改正了东都洛阳的东西宫分置的不便，宫殿布局规整，前朝后寝。隋唐长安城中间靠北为统治阶级专用的宫城，其南为集中设置中央办公机构及驻卫军的皇城，均有城墙与其他东南西三面的一般居住坊里严格分开。坊里有坊墙坊门，早启晚闭实行宵禁，以便于管制。

与封建礼制相适应，形成了一套城市规划思想，对于城市和建筑的形制作了严格的规定。正如《周礼·考工记》中记载的："匠人营国，方九里，旁三门，国中九经九纬，经涂九轨，左祖右社，前朝后市，市朝一夫"。《营造法式》中也对建筑的等级、形制、乃至材料、色彩等都做出了明确的规定。这些都反映出强烈的皇权至上的理念，折射出封建社会的等级和宗教礼法。

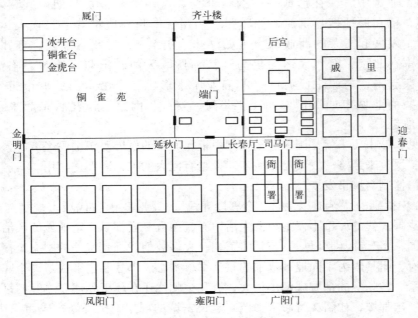

图 1-2　曹魏邺城平面复原图

## 2. 我国古代城市的典型格局

我国经历了漫长的封建社会，古代城市的典型格局以各个朝代的都城最为突出，其中唐长安城、元大都和明清北京城是中国古代城市中最具影响力的典型格局，是《周礼·考工记》的城市形制的完整体现，充分体现了中国古代的社会等级和宗法礼制。

（1）隋唐长安城

隋唐长安始建于隋文帝开皇二年（公元 582 年），名大兴城，唐朝更名长安，并继续作为都城。隋唐长安城为东西宽约 9 721 m、南北长约 8 651 m 的长方形，包括城外大明宫在内的总面积达 87 km² （图 1-3）。工程建设由宇文恺（隋）、阎立德（唐）主持。长安城规划借鉴了曹魏邺城、北魏洛阳城等城池的规划建设经验，在方正对称的原则下，沿南北轴线将皇宫和皇城置于全城的主要地位。棋盘式的路网系统划分出 108 个封闭式的里坊以及东西两个市场。城内除皇宫外，还分布有园林、寺观、官署、市场和住宅。据推测，唐代长安城内外的总人口在 100 万以上，成为当时世界上最大的城市。隋唐长安城的严谨、宏伟的总体布局进一步附会了《周礼·考工记》中的布局原则，不仅成为我国古代封建都城规划建设史上的里程碑，而且对朝鲜、日本等周边国家的城市建设也产生了深远的影响。

（2）元大都

元大都从元至元四年（公元 1267 年）起着手大规模建设，历时 18 年完成。规划建设由刘秉忠和阿拉伯人也黑迭儿负责，郭守敬负责水系的规划建设。元大都的建设一方面避开

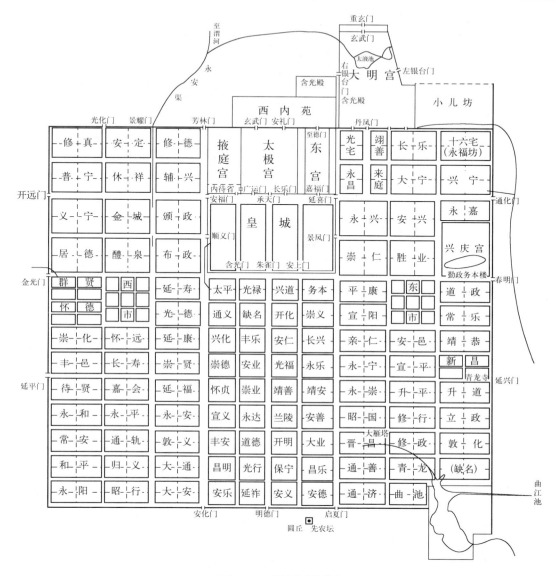

图 1-3　唐长安复原图

了金中都旧址，进行全新的规划布局；另一方面又利用了金中都时期的城外湖泊和离宫作为宫城及皇城建设的基础。元大都（图 1-4）平面为东西宽约 6.6km、南北长约 7.4km 的长方形，共设 11 门，依旧按照由里向外的顺序嵌套布置了宫城、皇城和大城。除皇城由于受太液池影响偏西外，宫城与大城均位于城市的中轴线上。宫城北侧的钟楼、鼓楼将城市中轴线进一步向北延伸。大城内皇城以外的地区被横平竖直的方格网状道路系统划分为 50 个坊，除用作居住外，还有衙署、寺庙以及商业市场等。元大都的整体布局在将宫殿建筑群与自然风景有机结合的同时，熟练运用三城嵌套、宫城居中、中轴对称、左祖右社、前朝后市的手法，刻意附会《周礼·考工记》中的礼制，并突出皇权的地位，是我国古代都城规划建设史上的又一个里程碑。

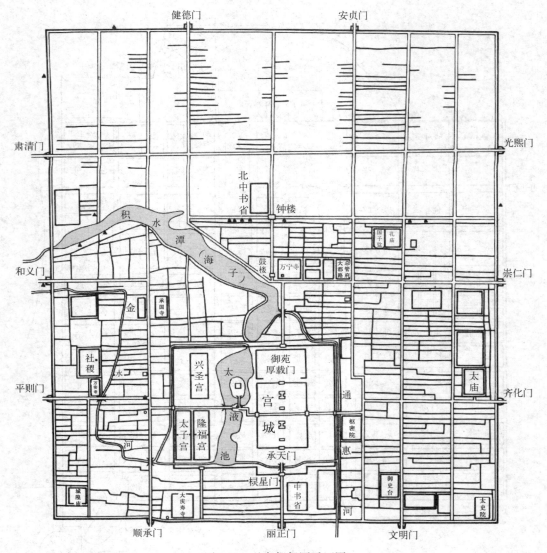

图 1-4　元大都复原平面图

（3）明清北京城

明清北京城是我国城市规划建设史上的杰作，被誉为"都市计划的无比杰作"、"中国都城发展的最后结晶"。

明代北京是在元大都的基础上建设起来的。1371 年大将军徐达修复被攻占后的元大都，将元大都北城墙向南缩进 5 里。明朝决定迁都北京后，于永乐四年（公元 1406 年）开始有计划地营建北京城，历时 14 年，并于永乐十九年（公元 1421 年）正式迁都北京。后于嘉庆三十二年（公元 1553 年）加筑外城，但由于财政原因等只完成了南城部分，因而形成了独特的"凸"字形平面（图 1-5）。明北京外城东西宽约 7.95 km，南北长约 3.1 km，共设 5 门；内城东西宽约 6.65 km，南北长约 5.35 km，共设 9 门（东西城墙位于元大都原址，北侧、南侧城墙分别南移 5 里和 2 里）；皇城东西宽约 2.5 km，南北长约 2.75 km，设有 4 门；最内是宫城，即紫禁城，东西宽约 0.76 km，南北长约 0.96 km，仍设 4 门。宫城、皇城、内城、外城依次嵌套于其中的城门、宫殿建筑群、景山、钟鼓楼形成一条长达 7.5 km 的城市中轴线。城内道路基本上沿用了元大都的系统，形成了方格网状的道路体系。城内除宫殿、皇家园林外，主要有寺庙、衙署、仓库、府第及平民住宅，手工业、商业设施多集中在外城。

　　清朝全面承袭了明北京城，除对局部城墙、建筑进行修缮改造外，城市格局没有发生变化（图 1-6）。明清北京城更为严格、具体地附会了"左祖右社，面朝后市"等《周礼·考工记》中的礼制以及"前朝后寝"等封建传统，是中国古代都城建设的集大成。

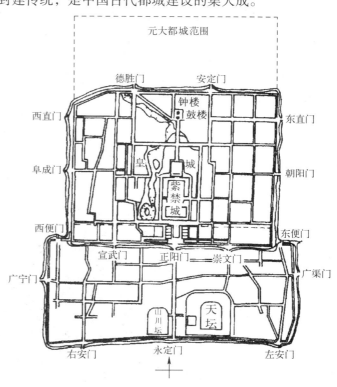

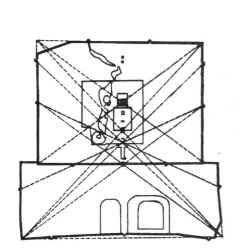

图 1-5　北京城平面几何关系　　　　　　　　图 1-6　清北京城平面图

　　明清北京城从布局来看采用了很严整的布局：① 突出了中轴的空间序列，其中轴线是世界城市史上最长的一条中轴线。② 采用了层层封闭的规划形象，层层分隔产生了深远的空间。③ 尺度的处理也很严谨，外朝空间是内廷的四倍，比例为 9∶5，象征"九五之尊"。北京故宫的皇家建筑集中地体现了中国古代建筑的特征，是保存至今规模最大、最完整的古代建筑群组。它体现了一整套的礼制要求，运用了阴阳五行等象征手法，在雕刻，绘画，文学等艺术手段上也有相当高的造诣。

## 1.1.3　欧洲古代城市的发展

　　从公元前 5 世纪到公元 17 世纪，欧洲经历了从以古希腊和古罗马为代表的奴隶制社会到封建社会的中世纪、文艺复兴和巴洛克的几个历史时期。随着社会和政治背景的变迁，不同的政治势力占据主导地位，不仅带来不同城市的兴衰，而且城市格局也表现出相应的特征。古希腊城邦的城市公共场所、古罗马城市的炫耀和享乐特征、中世纪的城堡以及教堂的空间主导地位、文艺复兴时期的古典广场和君主专制时期的城市放射轴线都是不同社会和政治背景下的产物。

### 1. 古希腊和古罗马时期的城市

古希腊是欧洲文明的发祥地，在公元前 5 世纪，古希腊经历了奴隶制的民主政体，形成了一系列的城邦国家。在该时期，城市布局上出现了以方格网的道路系统为骨架、以城市广场为中心的希波丹姆模式。该模式充分体现了民族平等的城邦精神和市民民主文化的要求，并在米利都城（图 1-7）得到了最为完整的体现。在这些城市中，广场是市民聚集的空间，围绕着广场建设有一系列的公共建筑，是城市生活的核心。同时，在城市空间组织中，神庙、市场厅、露天剧院和市场是市民生活的重要场所，也是城市空间组织的关键性节点。

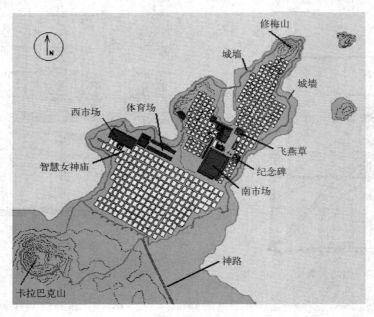

图 1-7　米利都城平面图

古罗马时期是西方奴隶制发展的繁荣时期。在罗马共和国的最后 100 年中，随着国势强盛、领土扩张和财富聚集，城市得到了大规模发展。除了道路、桥梁、城墙和输水道等城市设施之外，还大量地建造公共浴池、斗兽场和宫殿等供奴隶主享乐的设施。到了罗马帝国时期，城市建设更是进入了鼎盛时期。除了继续建造公共浴池、斗兽场和宫殿以外，城市还成了帝王宣传功绩的工具，广场、铜像、凯旋门和记功柱成为城市空间的核心和焦点。古罗马城（图 1-8）是这一时期建设特征最为集中的体现，城市中心是共和时期和帝国时期形成的广场群，广场上矗立着帝王铜像、凯旋门和记功柱，城市各处散布公共浴池和斗兽场。

图 1-8　古罗马城复原图

## 2. 中世纪的城市

罗马帝国的灭亡标志着欧洲进入封建社会的中世纪。在中世纪，由于神权和世俗封建权力的分离，在教堂周边形成了一些市场，并从属于教会的管理，进而逐步形成为城市。教堂占据了城市的中心位置，教堂的庞大体量和高耸塔尖成为城市空间和天际轮廓的主导因素。在教会控制之外的大量农村地区，为了应对战争的冲击，一些封建领主建设了许多具有防御功能的城堡，围绕着这些城堡也形成了一些城市。就整体而言，城市基本上多为自发生长，很少有按规划建造的；同时，由于城市因公共活动的需要而形成，城市发展的速度较为缓慢，从而形成了城市中围绕公共广场组织各类城市设施的特点以及狭小、不规则的道路网结构，构成了中世纪欧洲城市的独特美丽。

10 世纪以后，随着手工业和商业逐渐兴起和繁荣，行会等市民自治组织的力量得到了较大的发展，许多城市开始摆脱封建领主和教会的统治，逐步发展成为自治城市。在这些城市中，公共建筑如市政厅、关税厅和行业会所等成为城市活动的重要场所，并在城市空间中占据主导地位。

## 3. 文艺复兴时期的城市

14 世纪以后，封建社会内部产生了资本主义萌芽，以复兴古典文化来对抗封建的、中世纪文化的文艺复兴运动蓬勃兴起，在此时期，艺术、技术和科学都得到飞速发展。在人文主义思想的影响下，建设了一系列具有古典风格和构图严谨的广场、街道及一些世俗的公共建筑。其中具有代表性的如威尼斯的圣马可广场（图 1-9）、梵蒂冈的圣彼得大教堂等。

## 4. 绝对君权时期的城市

从 17 世纪开始，新生的资本主义建立了一批中央集权的绝对君权国家，形成了现代国家的基础。这些国家的首都，如巴黎、伦敦、柏林、维也纳等，均发展成为政治、经济、文化中心型的大城市。随着资本主义经济的发展，使这些城市的改建、扩建的规模超过以往任何时期，其中巴黎的城市改建影响最大。在古典主义思潮的影响下，轴线放射的街道（香榭丽舍大道）、宏伟壮观的宫殿花园（凡尔赛宫）和公共广场（协和广场）成为那个时期城市建设的典范，以图1-10为例。

图1-9　圣马可广场俯视图

图1-10　巴黎星形广场和香榭丽舍大道

## 1.1.4　古代东西方城市发展的特征

纵观东西方城市发展的历史可以发现：基于不同社会经济体制与历史文化背景的古代城市在规划建设上呈现出很大的不同，但从中也可以发现共通的方面。对于这种东西方的异同，主要表现如下。

### 1. 城市发展的阶段

虽然欧洲与我国的早期城市均产生于奴隶制社会，但欧洲从奴隶社会下的古希腊、古罗马，过渡到中世纪的封建社会，经文艺复兴，到达蕴含资本主义萌芽的君权社会，前后之间虽有传承和影响，但每个时期的城市均呈现出各自的特点，有时甚至是建立在对前一个时期否定的基础之上。因此，西方城市的进化阶段较为明显。

相反，我国较早地完成了由奴隶社会向封建社会的过渡，城市文明基本上是建立于以农耕文化为基础的封建社会。由于封建社会的超稳定性、生产力发展缓慢以及朝代更迭时周而复始的破坏等原因，我国古代的城市格局自秦汉以来两千多年没有发生本质变化，基本上默守着《周礼·考工记》中的规制。

### 2. 建城的目的

虽然每个时期的城市不尽相同，但西方古代城市建设的主要目的并非仅仅围绕君主或领主等单一权力中心展开。古希腊、古罗马等奴隶制下的民主体制或共和制社会，文艺复兴时期人本主义思想的昌盛，使捍卫与维持市民生活与活动权利成为建城的主要目的之一。甚至在中世纪，城市的主宰也并非是世俗的君王而是超现实的宗教设施。

而我国古代的城市建设自始至终都体现着至高无上的皇权。城市规划与建设始终围绕宫殿、官府衙署等单一中心展开；普通市民及其生活被置于从属的地位，有时甚至被作为防范的对象。因此，城市中基本上不存在广场、公共绿地等可以作为公共活动的场所。

### 3. 城市职能

城市是聚居的一种形式，因此城市的主要功能就是提供安全、适宜的居住场所，无论是宫殿还是平民住宅均在此列，正所谓"筑城以卫君，造廓以居民"，并由此派生出军事防御、政治统治、宗教信仰、手工业生产、商品交换等其他城市职能。在这一点上应该说东西方古代城市是相通的。只是相对于欧洲而言，我国古代城市中经济因素体现得较少，因城市经济发展而自发产生和发展的城市也相对较少。

此外，相对于欧洲封建社会的领主土地所有制，我国封建社会的地主土地所有制使地主可以离开土地而居住在城市中，进一步加强了城市作为封建统治中心的作用。因此，城市的对外防守、对内统治功能居首位。

### 4. 城市规模

除古罗马之外，欧洲城市的个体规模普遍较小。我国古代在不同时期人口超过百万的城市就有 7 个，一般城市的数量也多达 1 200 ～ 1 700 座。不仅如此，我国古代单一城市的用地规模也比欧洲城市大。例如同为人口超过百万的城市，唐长安城的用地面积达 $84 \, km^2$，而几乎同时期的古罗马城的用地规模仅为 $20 \, km^2$。当然这种情况也造成了古罗马城市街巷的狭窄和公寓的密集，与之相对应的是唐长安城的空旷（如城南一带里坊很少有人居住）与超尺度的街道空间（如位于城市中轴线上的朱雀大街宽达 $150 \, m$）。

### 5. 城市形态

古代城市无外乎分成两种。一种是按照一定的规划意图建设起来的，具有规整平直的道路系统、几何形的城市平面或相对自由的布局；另一种是自然发展起来的，依山傍水，道路迂回曲折。诚然，就某一具体城市而言可能两种要素兼而有之，并非绝对，可能以其中的一种为主。这两种类型均存在于欧洲与我国古代城市中，只不过欧洲主要源自不同的时期（如古罗马时期的城市与中世纪的城市），而我国则主要因城市类型而异（如都城和个别的商业、手工业城市），且自然发展起来的城市为数较少。

### 6. 城市规划

以《周礼·考工记》为核心的礼制思想以及阴阳五行、易学、风水成为我国古代都城，乃至地方城市规划建设实践的指南，历经两千余年得到不间断的发展完善和传承，形成了一系列一脉相承的古代城市建设实例。相反，欧洲城市虽在不同时期出现过有关理想城市的描述（例如公元前4世纪柏拉图的《乌托邦》、文艺复兴时期费拉锐特的《理想的城市》）和规划技法（例如公元前5世纪古希腊希波丹姆创建的方格网道路系统、文艺复兴时期巴洛克式的城市设计），但并不存在一个连续的具有传承关系的规划理论体系。

## 1.2
## 古代城市规划思想

### 1.2.1　我国古代城市规划思想

我国最早的具有一定规划格局的城市雏形大约出现在4000多年前。进入夏代后，史料已有建城的记述。商代是我国古代城市规划体系的萌芽阶段，这一时期的城市建设和规划出现了一次空前的繁荣，从目前掌握的考古资料可以看出，商西亳的规划布局采取了以宫城为中心的分区布局模式，而殷则开创了开敞性布局的先河，并且强调了与周边区域的统一规划。周朝是我国奴隶社会的鼎盛时期，也是我国古代城市规划体系形成的时期。周人在总结前人建城经验的基础上，制定了一套营国制度，包括都邑建设理论、建设体制、礼制营建制度、都邑规划制度和井田方格网系统。秦始皇统一中国后，将全国划为四大经济区，强调了区域规划，而西汉则进一步强化了区域内城镇网络的作用。以北魏洛都、隋唐长安和洛阳城为代表，都城的规划强调了规模的宏大、城郭的方整、街道格局的严谨和坊里制度，严格的功能分区体制达到了新的高度，这一时期城市数量也有很大的增长。北宋以东京汴梁为代表，城市建设中突破了旧的坊里体制约束，促进了商品经济的繁荣，这一探索在南宋临安得以充分实现，城市的功能从奴隶社会的政治职能为主走向了经济职能占主导地位。封建社会晚期，我国历代都城的规划从不同的侧面继承了业已形成的规划传统，结合当时的政治、经济形势加以变革和调整，城市化的进程加速，城市的防御功能提高到了一个新的水平，皇家园林也得到了很大的发展，城市布局的整体性进一步突出。

从以上简单的回顾可以看出，我国早在大约3100年前就已经形成了一套较为完备的城市规划体系，其中包括城市规划的基本理论、建设体制、规划制度和规划方法。在漫长的封建社会，这一套体系得到不断的补充、变革和发展，由此而造就了中华大地上一批历史名城，如商都"殷"、西周洛邑、汉长安、隋唐长安、宋东京和临安、元大都、明北京等，这些都是当时闻名于世的大城市，它们宏大的规模、先进的规划、壮观的建筑都为世人称道。我国古代的城市规划体系在相当长的一段时间内都是走在世界前列，有些成就甚至领先于西方数百年的时间。概括起来，中国古代城市规划体系最核心的内容，就是"辩方证位"、"体国经野"和"天人合一"，亦即三个基本概念——整体观念、区域观念以及自然观念。

### 1. 西周——我国古代城市规划思想最早形成的时代

西周是奴隶制社会发展的重要时代，具有完整的社会等级制度和宗教礼法关系，对于城市布局模式也有相应的严格规定。我国古代文献中对都城规划的论述也甚多，其中以《周礼·考工记》所定的一些原则最为完整也最重要，影响后世达两千多年之久。《周礼·考工记》中有"匠人营国，方九里，旁三门，国中九经九纬，经涂九轨，左祖右社，面朝后市，市朝一夫"的记载，清晰地描绘出王城的格局（图 1-11）。周代被认为是我国古代城市规划思想最早形成的时期，对后来的城市规划实践产生深远的影响。但必须说明的是，在迄今为止的考古发掘中并没有发现这一时期中完全按照这一规制建成的城市。

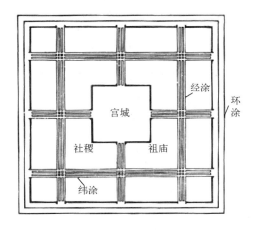

图 1-11　周王城复原想象图

### 2. 春秋和战国时期——我国古代城市规划思想的多元化时代

东周的春秋战国时期是早期城市建设大发展时期，也是一个城市建设思想大繁荣的时期。各种学术思想如儒家、道家、法家等都是在这个时期形成并传承后世，学术思想的百家争鸣，商业的发达，战争的频繁以及守城攻城技术的发展，形成了当时城市建设的高潮。既有一脉相承的儒家思想，维护传统的社会等级和宗教礼法，表现为城市形制的皇权至上理念；也有以管子为代表的变革思想，在城市建设上提出"高勿近阜而水用足，低勿近水而沟防省"，强调"因天才，就地利，故城郭不必中规矩，道路不必中准绳"的自然至上理念。

### 3. 西汉（武帝时代）以后封建礼制思想开始占统治地位

从西汉的武帝时代开始提倡"废黜百家，独尊儒术"。儒家思想提倡的礼制思想最有利于巩固皇权统治，礼制的核心思想是社会等级和宗法关系，从此封建礼制思想开始了对中国长达 3000 多年的统治，古代城市的典型格局以各个朝代的都城最为突出。同时以管子和老子为代表的自然观也长期并存，许多古代城市利用自然而非循规蹈矩，特别是宋代以后，商品经济和世俗生活的发展开始冲破《周礼·考工记》的礼制约束，建设了一系列有代表性的城市，如汴梁（开封）、临安（杭州）等。

### 4. 封建社会中后期形成完整的城市规划体系

我国长期封建社会都城建设一脉相承，不断发展，逐渐形成完整的规划体系。战国时期的列国都城还采用了大小城的制度，体现了"筑城以卫君，造廓以守民"的要求。演变到汉长安，都城中的宫殿、闾里、市肆、道路、园林等城市的各个要素的建设，已集中在一个城垣内，城市开始组合成整体汉长安城形制的形成，是我国都城前期规划形制的开端。其后，曹魏邺城和北魏洛阳进一步加强了全面规划，它的规划布局，对我国前期城市建设的高峰——隋唐长安的形成起了重要的影响。

唐长安在中国城市规划史上的成就是多方面的，无论城址的选择，规划分区的形成，宫城坊里、市肆园林的划分，方格形街道系统的拟定，水系的开拓，中轴线的运用，街道绿化的建设，城廓的建造，宫廷、坊里、宗教、园林建筑群体的组合，个体建筑的构成及艺术形象与风格的创造，建筑绘画雕塑的结合等，既吸取历史经验，又都有重要的创造。长安的城市建设成就是灿烂的盛唐文化重要组成部分，是"最为巨大的艺术结晶"。

元大都、明清北京，继承和发展隋唐长安和宋东京的优秀传统，结合北京的历史地理条件，并有意识地参照《考工记》的模式，它在城市的规划和设计上的成就，可以说是集我国都城形制之大成，经过进一步的创造，达到了我国后期都城发展的新高峰，也是最后的结晶。北京至今仍然不失为中国古代城市建筑遗产中规模最大、保存得比较完整的实例。

中国传统文化中与城市规划建设相关的文化思想总体来说可以归结为三种文化理念：① 讲究尊卑、追求秩序的宗法礼制思想；② 人与自然和谐统一的"天人合一"理念；③ 追求脱身世俗、隐居修心的宗教文化理念。中国古代城市的规划受到的影响往往是上述理念共同作用的结果，例如作为统治中心的都城建设中也常常可以窥见"天人合一"的理念，同样即使在与自然相互交融的村落，还是可以看到像宗祠、祖庙等一类体现宗法礼制的基本特征元素。由于受到各种文化理念影响的强弱不尽相同，中国的古代城市才呈现出丰富、多彩的城市空间形态；创造出了富有中国传统文化内涵和意义的城市、村镇以及宗教圣地；形成了与自然和谐交融的人文景观、人居环境以及和谐的邻里关系。

## 1.2.2　欧洲古代城市规划思想

古代西方城市规划可追溯到古希腊城邦时期，那时城市建筑中存在希波丹模式，提出了方格行的道路系统和广场设在城市中心的建筑原则，庞贝城的挖掘和古罗马在统治全部地中海时建造的大量营寨城，表明当时城市建设已达到了一定的水平。

## 1. 古希腊和古罗马时期的城市规划建设思想

古希腊人通过神话将自然力和社会活动人格化。在城市规划建设时追求人本主义与自然主义的布局手法。即追求人的尺度、人的感受及同自然环境的协调。

城市与建筑群并不追求平面视图上的平整对称，而乐于顺应和利用各种复杂的地形以构成活泼多变的城市建筑景观，整个城市多由圣地来统帅全局，从而获得较高的艺术成就。雅典卫城的建筑群布局就是以自由的、与自然环境和谐相处为原则，既照顾到从卫城四周仰望时的景观效果，又照顾到人置身其中时的动态视觉美，堪称西方古典建筑群体组合的最高艺术典范。

随着古希腊美学观念和自然科学、理性思维发展的影响，也产生了一种显现强烈人工痕迹的城市规划模式——希波丹姆斯模式。Hippodamus 被称为"西方古典城市规划之父"。

古罗马时期城市规划建设出现世俗化、军事化、君权化等特征，极大地满足了少数统治者物质享受和追求虚荣心的需要，从根本上忽视了城市的文化精神功能。古罗马城市建设的成就突出的体现在它的市政工程上。由于战争和防御的需要，古罗马军事公路也得到了大大的发展，同时城市交通也得到了发展。当时采用了世界上最早的单向交通方式，为了避免城市交通的拥挤，在城市中心的繁华街道对车辆现时通行，并且颁布了世界上最早的交通法规，后来适应实际需要又进一步作了补充。

古罗马城市规划思想特征表现为：① 强烈地实用主义态度；② 凸显永恒的秩序思想；③ 彰显繁荣与力量的大比例模数方法。古罗马建筑师和工程师维特鲁威所著的《建筑十书》是西方保存最完整的最早的建筑典籍。《建筑十书》撰于公元前 3—22 年间，分十卷，提出建筑学的基本内涵和基本理论，建立了建筑学的基本体系；主张一切建筑物都应考虑"实用、坚固、美观"，提出建筑物"均衡"的关键在于它的局部。此外，在建筑师的教育方法修养方面，特别强调建筑师不仅要重视才更要重视德。这些论点直到今天还有指导意义。

## 2. 中世纪城市规划建设思想

中世纪欧洲城市生活形态特征为教区和社区合一；城市兴起和城市自治运动；市民生活与世俗文化的萌芽。其城市规划思想特点：一是凸显以教堂为核心的空间组织理念（尤以哥特式建筑最典型）；二是实行自然主义的非干预规划；三是力显丰富多变的景观与亲和宜人的特质；四是追求有机平和背后的内在秩序。

## 3. 文艺复兴时期的城市规划建设思想

欧洲文艺复兴的时代背景带来了新的城市生活特点，城市生活追求人本主义，同时体现了城市建设活动的世俗化。文艺复兴时期城市规划思想特征：① 追求理想王国的城市图景，如斯卡莫奇的理想平面图；② 高雅与精英主义的营造思维，提倡复兴古希腊、古罗马的建筑风格，在建筑轮廓上讲究整齐、统一和条理性；③ 尊重文化和后继者原则。珍惜和慎重对待前人留下的艺术作品，虔诚地恪守着城市和谐与整体的艺术法则；④ 巴洛克风格与古典主义风格这两种城市规划思想的分野与交融。

### 4. 绝对君权时期的城市规划建设思想

唯理秩序的思想和手法是文艺复兴时期阿尔伯蒂在《论建筑》中提出的，主张自然地形服从于人工造型的规律，强调轴线和主从关系，追求抽象的对称与协调，寻求构图纯粹的几何关系和数学关系，突出表现人工的规整美，试图"以艺术的手段使自然羞愧"。古典主义园林中透射出的唯理秩序，从凡尔赛宫到城市君主气质无所不在。C. Richclien A. Lenote 等人将古典园林中规整、平直的道路系统和圆形交叉点的美学潜力移植到城市空间体系中，其中以路易十四改建巴黎规划设计最典型。

## 1.3

## 现代城市规划的产生、发展及主要理论

### 1.3.1　现代城市规划的产生背景

现代城市规划是在解决工业城市所面临的问题基础上，综合了各类思想和实践逐步形成的。在形成的过程中，一些思想体系和具体实践发挥了重要作用，并直接规定了现代城市规划的基本内容。

### 1. 空想社会主义是现代城市规划形成的思想基础

近代历史上的空想社会主义源自于莫尔的乌托邦概念。他期望通过对理想社会组织结构等方面的改革来改变当时他认为是不合理的社会，并描述了他理想中的建筑、社区和城市。近代空想社会主义的代表人物是欧文和傅立叶等人，他们不仅通过著书立说来宣传、描述对理想社会的信念，同时还通过一些实践来推广和实现这些思想。

### 2. 英国关于城市卫生和工人住房的立法是现代城市规划形成的法律实践

1848 年，英国通过了《公共卫生法》，规定了地方当局对污水排放、垃圾堆集、供水、道路等方面应负的责任。同时还通过 1868 年的《贫民窟情理法》、1890 年的《工人住房法》等来体现对工人住宅的重视。而 1909 年英国住房、城镇规划等法律的通过，则标志着现代城市规划的确立。

### 3. 法国巴黎改建是现代城市规划形成的行政实践

豪斯曼在 1853 年开始作为巴黎的行政长官，通过政府直接参与和组织，对巴黎进行了全面的改建。这项改建以道路切割来划分整个城市的结构，并将塞纳河两岸地区紧密地连接

在一起。在街道改建的同时，结合整齐、美观的街景建设的需要，出现了标准的住房布局方式和街道设施。在城市的两侧建造了两个森林公园，在城市中配置了大量的大面积公共开放空间，从而为当代资本主义城市的建设确立了典范，成为 19 世纪末 20 年代初欧洲和美洲大陆城市改建的样板。

### 4. 城市美化运动是现代城市规划形成的技术基础

城市美化源自于文艺复兴后的建筑学和园艺学传统。自 18 世纪后兴起的"英国公园运动"，试图将农村的风景引入到城市之中。这一运动的进一步发展出现了围绕城市公园布局联排式住宅的布局方式，并将住宅坐落在不规则的自然景色中的现象运用到实现如画景观的城镇布局中。与此同时，在美国也开展了纽约中央公园为代表的公园和公共绿地的建设。对市政建筑物进行全面改进为标志的城市美化运动以 1893 年在芝加哥举行的博览会为起点，综合了对城市空间和建筑设施进行美化的各方面思想和实践，在美国城市得到了全面的推广。

### 5. 公司城建设是现代城市规划形成的实践基础

资本家为了就近解决在工厂中工作的工人的居住问题，从而提高工人的生产能力而由资本家出资建设、管理的小型城镇。公司城的建设对霍华德田园城市理论的提出和付诸实践具有重要的借鉴意义。

## 1.3.2　现代城市规划的早期思想

### 1. 霍华德的田园城市理论

19 世纪末英国社会活动家霍华德提出的关于城市规划的设想，20 世纪初以来对世界许多国家的城市规划有很大影响。

霍华德在 1898 年出版的著作《明天：一条通向真正改革的和平道路》中认为应该建设一种兼有城市和乡村优点的理想城市，他称之为"田园城市"。田园城市实质上是城和乡的结合体。后来明确提出田园城市的含义为：田园城市是为健康、生活以及产业而设计的城市，它的规模能足以提供丰富的社会生活，但不应超过这一程度；四周要有永久性农业地带围绕，城市的土地归公众所有，由一委员会受托掌管。

霍华德设想的田园城市包括城市和乡村两个部分。城市四周为农业用地所围绕；城市居民经常就近得到新鲜农产品的供应；农产品有最近的市场，但市场不只限于当地。田园城市的居民生活于此，工作于此。城市的规模必须加以限制，使每户居民都能极为方便地接近乡村自然空间。

霍华德对他的理想城市作了具体的规划，并绘成简图（图 1-12）。他建议田园城市占地为 6 000 英亩（1 英亩 = 0.405 hm²）。城市居中，占地 1 000 英亩；四周的农业用地占 5 000 英亩，除耕地、牧场、果园、森林外，还包括农业学院、疗养院等。农业用地是保留的绿带，永远不得改作他用。在这6 000英亩土地上，居住32 000人，其中30 000人住在城市，2 000人散居在乡间。城市人口超过了规定数量，则应建设另一个新的城市。田园城市的平面为圆形，半径约1 240码（1码＝0.914 4 m）。中央是一个面积约145英亩的公园，有6条主干道路从中心向外辐射，把城市分成6个区。城市的最外圈地区建设各类工厂、仓库、市场，一面对着最外层的环形道路，另一面是环状的铁路支线，交通运输十分方便。霍华德提出，为减少城市的烟尘污染，必须以电为动力源，城市垃圾应用于农业。

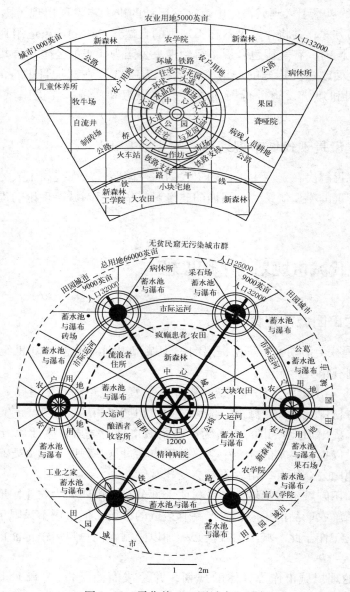

图1-12　霍华德"田园城市"图解

　　霍华德还设想，若干个田园城市围绕中心城市构成城市组群，他称之为"无贫民窟无烟尘的城市群"。中心城市的规模略大些，建议人口为 58 000 人，面积也相应增大，城市之间用铁路联系。

　　霍华德针对现代社会出现的城市问题，提出带有先驱性的规划思想；对城市规模、布局结构、人口密度、绿带等城市规划问题，提出一系列独创性的见解，是一个比较完整的城市规划思想体系。田园城市理论是一种城市建设和社会改革理论，倡议建立一种兼具城市和乡村优点的田园城市，用城乡一体的新社会结构形态来取代城乡分离的旧社会结构形态。作为 19 世纪末 20 世纪初西方重要的社会改良学说，田园城市理论的诞生有着深刻的社会和时代背景，深刻地影响着西方现代城市规划学的产生和发展。田园城市理论对现代城市规划思想起了重要的启蒙作用，对后来出现的一些城市规划理论，如"有机疏散"论、卫星城镇的理论颇有影响。40 年代以后，在一些重要的城市规划方案和城市规划法规中也反映了霍华德的思想。

### 2. 柯布西埃的现代城市设想

　　与霍华德的设想不同，柯布西埃则希望通过对过去城市尤其是大城市本身的内部改造，使这些城市能够适应城市社会发展的需要。

　　柯布西埃在 1922 年发表了"明天城市"的规划方案，阐述了他从功能和理性角度对现代城市的基本认识，从现代建筑运动的思潮中所引发的关于现代城市规划的基本构思。书中提供了一个 300 万人口的城市规划图，中央为中心区，除了必要的各种机关、商业和公共设施、文化和生活服务设施外，有将近 40 万人居住在 24 栋 60 层高的摩天大楼中，高楼周围有大片的绿地，建筑仅占地 5%。在其外围是环形居住带，有 60 万居民住在多层的板式住宅中。最外层的是可容纳 200 万居民的花园住宅。整个城市的平面是严格的几何形构图，矩形的和对角线的道路交织在一起。规划的中心思想是提高市中心的密度，改善交通，全面改造城市地区，形成新的城市概念，提供充足的绿地、空间和阳光。在该项规划中，柯布西埃还特别强调了大城市交通运输的重要性。在中心区，规划了一个地下铁路车站，车站上面布置直升机起降场。中心区的交通干道由三层组成：地下走重型车辆，地面用于室内交通，高架道路用于快速交通。市区和郊区由地铁和郊区铁路线来连接。

　　1931 年，柯布西埃发表了他的"光辉城市"的规划方案，这一方案是他以前城市规划方案的进一步深化，同时也能他的现代城市规划和建设思想的集中体现。他认为，城市必须集中，只有集中的城市才有生命力，由于拥挤而带来的城市问题是完全可以通过技术手段而得到解决的，这种技术手段就是采用大量的高层建筑来提高密度和建立一个高效率的城市交通系统。高层建筑在柯布西埃心目中象征着大规模工业社会的图腾，在技术上也是"人口集中、避免用地日益紧张、提高城市内部效率的一种极好手段"，同时也能保证城市有充足的阳光、空间和绿地，因此在高层建筑之间保持有较大比例的空旷地。他的理想是在机械化的时代里，所有的城市应该是垂直的花园城市，而不是水平方向的每家每户拥有花园的田园城市。城市的道路系统应当保持行人的极大方便，这种系统由地铁和人车分离的高架道路组成。建筑物的地面全部架空，城市的全部地面均可由行人支配，建筑屋顶设花园，地下通地铁，距地面 5 米高处设汽车运输干道和停车场网。

### 3. 索里亚·玛塔的线性城市理论

线形城市是由西班牙工程师索里亚·玛塔于 1882 年首先提出来的。当时是铁路交通大规模发展的时期，铁路线把遥远的城市连接了起来，并使这些城市得到了很快的发展，在各个大城市内部及其周围，地铁线和有轨电车线的建设改善了城市地区的交通状况，加强了城市内部及与其腹地之间的联系，从整体上促进了城市的发展。按照索里亚·玛塔的想法，在新的集约运输方式的影响下，城市将依赖交通运输线组成城市的网络。而线形城市就是沿交通运输线布置的长条形的建筑地带，"只有一条宽 500 米的街区，要多长就有多长——这就是未来的城市"，城市不再是一个一个分散的不同地区的点，而是由一条铁路和道路干道相串联在一起的、连绵不断的城市带。位于这个城市中的居民，既可以享受城市型的设施又不脱离自然，并可以使原有城市中的居民回到自然中去。

后来，索里亚·玛塔提出了线形城市的基本原则，他认为，这些原则是符合欧洲当时正在讨论的合理的城市规划的要求的。在这些原则中，第一条"城市建设的一切问题，均以城市交通问题为前提"是最主要的。最符合这条原则的城市结构就是使城市中的人从一个地点到其他任何地点在路程上耗费的时间最少。既然铁路是能够做到安全、高效和经济的最好的交通工具，城市形状理所当然就应该是线形的。这一点也就是线形城市理论的出发点。在余下的其他原则中，索里亚·玛塔还提出城市平面应当呈规矩的几何形状，在具体布局时要保证结构对称，街坊呈矩形或梯形，建筑用地应当至多只占 1/5，要留有发展的余地，要公正地分配土地等原则。

线形城市理论对 20 世纪的城市规划和城市建设产生了重要影响。20 世纪 30 年代，前苏联进行了比较系统的全面研究，当时提出了线形工业城市等模式，并在原斯大林格勒等城市的规划实践中得到运用。在欧洲，哥本哈根的指状式发展和巴黎的轴向延伸等都可以说是线形城市模式的发展。

### 4. 戈涅的工业城市设想

工业城市的设想是法国建筑师戈涅提出的，该工业城市是一个假想城市的规划方案，位于山岭起伏地带的河岸的斜坡上，人口规模为 35 000 人。城市的选址是考虑"靠近原料产地或附近有提供能源的某种自然力量，或便于交通运输"。在城市内部的布局中，强调按功能划分为工业、居住、城市中心等，各项功能之间是相互分离的，以便于今后各自的扩展需要。同时，工业区靠近交通运输方便的地区，居住区布置在环境良好的位置，中心区应联系工业区和居住区，在工业区、居住区和市中心区之间有方便快捷的交通服务。

戈涅的工业城市的规划方案已经摆脱了传统城市规划尤其是学院派城市规划方案追求气魄、大量运用对称和轴线放射的现象。在城市空间的组织中，他更注重各类设施本身的要求和与外界的相互联系。在工业区的布置中，将不同的工业企业组织成若干个群体，对环境影响大的工业如炼钢厂、高炉、机械锻造厂等布置得远离居住区，而对职工数较多、对环境影响小的工业如纺织厂等则接近居住区布置，并在工厂区中布置了大片的绿地。而在居住街坊的规划中，将一些生活服务设施和住宅建筑结合在一起，形成一定地域范围内相对自足的服务设施。居住建筑的布置从适当的日照和通风条件的要求出发，放弃了当时欧洲尤其是巴黎盛行的周边式的形式而采用独立式，并流出一半的用地作为公共绿地使用，在这些绿地中布置可以贯穿全程的步行小道。城市街道按照交通的性质分为几类，宽度各不相同，在主要街道上铺设可以把各区联系起来并一直通到城外的有轨电车线。

戈涅在工业城市中提出的功能分区思想，直接孕育了《雅典宪章》所提出的功能分区的原则，这一原则对于解决当时城市中工业居住混杂而带来的种种弊病具有重要的积极作用。

除了这些，还有诸如西谛的城市形态研究、格迪斯的学说等城市规划思想，都对后来的城市发展和理论形成了一定影响。

## 1.3.3　现代城市规划的主要理论

现代城市的发展存在着两种主要的趋势，即分散发展和集中发展。城市分散与集中发展是城市发展过程中的两个方面，任何城市的发展都是这两个方面作用的综合，或者说，是分散与集中相互对抗而形成的暂时平衡状态。就宏观整体看，广大区域范围内存在着向城市集中的趋势，而在每个城市尤其是大城市中又存在向外扩散的趋势。卫星城理论、新城理论、有机疏散理论和广亩城理论等属于城市分散发展理论，实际上是霍华德田园城市理论的不断深化和运用，即通过建立小城市来分散向大城市的集中。而关于城市集中发展的理论研究则主要处于对现象的解释方面。另外还有从城市空间组织的角度提出的各种规划理论，如从城市组成要素的空间布局角度提出的区位理论；从城市土地使用形态出发提出的同心圆理论、扇形理论和多核心理论等；从城市道路交通出发提出的线性城市等以及从城市生活出发提出的邻里单位理论等。关于城市空间组织的规划理论，本节主要简述基于城市道路交通组织的规划思想和邻里单位理论。

### 1. 卫星城理论

卫星城理论是针对田园城市实践过程中出现的背离霍华德基本思想的现象，由恩温（R. Unwin）于1920年提出。1944年完成的大伦敦规划中在伦敦周围建立了8个卫星城，已达到疏散伦敦人口的目的，从而产生了深远的影响。"二次世界大战"后至70年代之前的西方大多数国家都有不同规模的卫星城建设，其中以英国、法国、美国以及中欧地区最为典型。卫星城是指在大城市外围建立的既有就业岗位，又有较完善的住宅和公共设施的城镇，是在大城市郊区或其以外附近地区，为分散中心城市的人口和工业而新建或扩建的具有相对独立性的城镇。因其围绕中心城市像卫星一样，故名之。卫星城旨在控制大城市的过度扩展，疏散过分集中的人口和工业。卫星城虽有一定的独立性，但是在行政管理、经济、文化及生活上同它所依托的大城市有较密切的联系，与母城之间保持一定的距离，一般以农田或绿带隔离，但有便捷的交通联系。

第一代卫星城即卧城，居民的工作和文化生活仍在主城；第二代卫星城则有一定数量的工厂企业和公共设施，居民可就地工作；第三代卫星城，基本独立于主城，具有就业机会，其中心也是现代化的；而现阶段的第四代卫星城，为多中心敞开式城市结构，用高速交通线把卫星城和主城联系起来，主城的功能扩散到卫星城中去。

卫星城镇作为一种积极的城市规划理论出现，已经有 80 余年历史。卫星城市是现代化大城市发展到一定阶段的产物。世界各国建设的卫星城镇主要有两类：一类是为了疏散大城市的人口、工业或科学研究机构等而建设的；另一类是为了在大城市外围发展新的工业或第三产业而建设的。一般认为，卫星城镇对于自由涌入大城市的人口有一定的截流作用，而疏散大城市人口的效果相对较弱。世界各国实践证明，建设城市职能比较单一的卫星城镇较难取得理想的效果。近年来各国在卫星城镇规划建设方面的趋向是：人口规模适当增大；职能向多样性发展；尽量使工作与生活居住用地达到平衡；采用先进的交通系统与母城取得便捷联系。

## 2. 有机疏散理论

有机疏散理论是芬兰建筑师沙里宁为缓解由于城市过分集中所产生的弊病而提出的关于城市发展及其布局结构的理论。他在 1942 年出版的《城市：它的发展、衰败和未来》一书中详尽地阐述了这一理论。

沙里宁认为，城市作为一个机体，它的内部秩序实际上是和有生命的机体内部秩序相一致的。如果机体中的部分秩序遭到破坏，将导致整个机体的瘫痪和坏死。为了挽救今天城市免遭衰败，必须对城市从形体上和精神上全面更新。再也不能听任城市凝聚成乱七八糟的个体，而是要按照有机体的功能要求，把城市的人口和就业岗位分散到可供合理发展的远离中心的地域。有机疏散的两个基本原则是：把个人日常的生活和工作即沙里宁称为"日常活动"的区域，作集中的布置；不经常的"偶然活动"的场所，不必拘泥于一定的位置，则作分散的布置。日常活动尽可能集中在一定的范围内，使活动需要的交通量减到最低程度，并且不必都使用机械化交通工具。往返于偶然活动的场所，虽路程较长亦属无妨，因为在日常活动范围外缘绿地中设有通畅的交通干道，可以使用较高的车速迅速往返。

有机疏散论认为个人的日常生活应以步行为主，并应充分发挥现代交通手段的作用。这种理论还认为并不是现代交通工具使城市陷于瘫痪，而是城市的机能组织不善，迫使在城市工作的人每天耗费大量时间、精力作往返旅行，且造成城市交通拥挤堵塞。

有机疏散论在第二次世界大战后对欧美各国建设新城，改建旧城，以至大城市向城郊疏散扩展的过程有重要影响。20 世纪 70 年代以来，有些发达国家城市过度地疏散、扩展，又产生了能源消耗增多和旧城中心衰退等新问题。

## 3. 广亩城理论

把城市分散发展到极致的是赖特，他于 1932 年出版的著作《正在消灭中的城市》以及 1935 年发表于的论文《广亩城市：一个新的社区规划》中提出了一种新的城镇设想——广亩城市。他认为随着汽车和廉价的电力遍布各处，那种把一切活动集中于城市的需要已经终结，分散住所和分散就业岗位将成为未来的趋势，应该发展一种完全分散的、低密度的生活居住与就业结合在一起的新形式，这就是广亩城市。在这种"城市"中，每户周围都有一英亩土地（4 047 m²），足够生产粮食蔬菜；居住区之间以超级公路相连，提供便捷的汽车交通；沿着这些公路建设公共设施、加油站等，并将其自然地分布在为整个地区服务的商业中心之内。

广亩城是赖特的城市分散主义思想的总结,充分地反映了他倡寻的美国化的规划思想,强调城市中的人的个性,反对集体主义。突出地反映了本世纪初建筑师们对于现代城镇环境的不满以及对工业化时代以前人与环境相对和谐的状态的怀念。赖特所期望的那种社会是不存在的,他的规划设想也是不现实的。但美国城市在 20 世纪 60 年代以后普遍的郊区化在相当程度上是赖特广亩城思想的一种体现。

### 4. 城市聚集和大都市带理论

城市集中发展到一定程度之后出现了大城市和超大城市现象,这是由于聚集经济的作用而使大城市的中心优势得到了广泛实现所产生的结果。随着大城市的进一步发展,出现了更为庞大的城市现象。1966 年,豪尔出版了《世界城市》一书,认为世界城市在世界经济体制中将承担越来越重要的作用,世界城市是政治、商业、人才、人口、文化娱乐中心。1986年,弗里德曼发表《世界城市假说》,强调了世界城市的国际功能决定于该城市与世界经济一体化相联系的方式与程度,并提出了世界城市的 7 个指标:主要金融中心、跨国公司总部所在地、国际性机构集中地、商业部门(第三产业)的高度增长、主要的制造业中心(具有国际意义的加工工业等)、世界交通的重要枢纽(尤其是港口与国际航空港)、城市人口达到一定规模。

随着城市向外急剧扩展和城市密度的提高,在世界上许多国家中出现了空间连绵成片的城市密集地区,即城市聚集区和大都市带。联合国人居中心对城市聚集区的定义为:被一群密集的、连续的聚居地所形成的轮廓线包围的人口居住区,它和城市的行政界限不尽相同。在高度城市化地区,一个城市聚集区往往包括一个以上的城市,人口远超过中心城市的人口规模。大都市带的概念由法国地理学家戈德曼 1957 年提出,指多核心的城市连绵区,人口2 500 万人以上,如我国的长江三角洲地区、珠江三角洲地区、京津唐地区等。

### 5. 邻里单位理论

邻里单位,首先由美国社会学家佩里提出,为适应现代城市因机动交通发展而带来的规划结构的变化,改变过去住宅区结构从属于道路划分为方格状而提出的一种新的居住区规划理论。它针对当时城市道路上机动交通日益增长,车祸经常发生,严重威胁老弱及儿童穿越街道,以及交叉口过多和住宅朝向不好等问题,要求在较大范围内统一规划居住区,使每一个"邻里单位"成为组成居住的"细胞",并把居住区的安静、朝向、卫生和安全置于重要位置。在邻里单位内设置小学和一些为居民服务的日常使用的公共建筑及设施,并以此控制和推算邻里单位的人口及用地规模。为防止外部交通穿越,对内部及外部道路有一定分工。住宅建筑的布置亦较多地考虑朝向及间距,该理论对 20 世纪 30 年代欧美的居住区规划影响颇大,在当前国内外城市规划中仍被广泛应用。

根据 C · A · 佩里的论述,邻里单位(图 1–13)由六个原则组成。

① 规模:一个居住单位的开发应当提供满足一所小学的服务人口所需要的住房,它的实际的面积则由它的人口密度所决定。

② 边界:邻里单位应当以城市的主要交通干道为边界,这些道路应当足够宽以满足交

通通行的需要，避免汽车从居住单位内穿越。

③ 开放空间：应当提供小公园和娱乐空间的系统，它们被计划用来满足特定邻里的需要。

④ 机构用地：学校和其他机构的服务范围应当对应于邻里单位的界限，它们应该适当地围绕着一个中心或公地进行成组布置。

⑤ 地方商业：与服务人口相适应的一个或更多的商业区应当布置在邻里单位的周边，最好是处于交通的交叉处或与临近相邻邻里的商业设施共同组成商业区。

⑥ 内部道路系统：邻里单位应当提供特别的街道系统，第一条道路都要与它可能承载的交通量相适应，整个街道网要设计得便于单位内的运行同时又能阻止过境交通的使用。

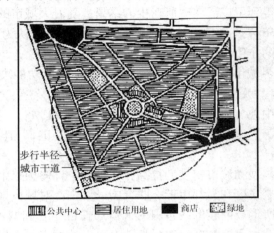

图 1-13　邻里单位规划示意图

## 6. 基于城市道路交通组织的规划思想

对城市交通问题的思考和研究，推动了现代城市规划理论和实践的进步和发展。索马里·玛塔的线性城市是铁路时代的产物，他所提出的"城市建设的一切问题，均以城市交通问题为前提"的原则，仍是城市空间组织的基本原则。法国建筑师戈涅在工业城市规划中也高度重视城市的道路组织，他提出，城市的道路应当按照道路的性质进行分类，并以此来确定道路的宽度。20 世纪初，法国巴黎总建筑师埃涅尔对城市道路交通组织作出了重要贡献。他提出，过境交通不能穿越市中心，并且改善市中心区与城市边缘区和郊区公路的联系；城市道路干线的效率取决于街道交叉口的组织方法，为了全面提高道路交叉口交通流量，提出了改进交叉口组织的两种方法：建设"街道立体交叉枢纽"和建设环岛式交叉口和地下人行通道。埃涅尔提出的城市道路交通组织原则和交叉口交通组织方法在 20 世纪的城市道路交通规划和建设中都得到了广泛的运用。

1929 年，佩里提出以"邻里单位"来组织城市居住区，以城市交通干道为边界建立起有一定生活服务设施的家庭邻里，在该单位里不应有交通量大的道路穿越；斯坦 1933 年提出"大街坊"概念，形成人车完全分离的道路系统。屈普提出交通分区，将道路按功能进行等级划分并进行划区，区内以步行交通为主，从而实现整体的步行交通与车型交通的分离。

1980 年代后，针对城市蔓延和对私人汽车交通的极度依赖，新城市主义强调要减少机动车的使用量，鼓励使用公共交通，居住区的公共设施和公共活动中心等围绕着公共交通的站点进行布局，使交通设施和公共设施能够相互促进、相辅相成，并据此提出了"公交引导开发"（TOD）模式。

## 1.3.4　现代城市规划思想的发展

现代城市规划的发展在对现代城市整体认识的基础上，在对城市社会进行改造的思想引导下，通过对城市发展的认识和城市空间组织的把握，逐步地建立了现代城市规划的基本原理和方法，同时也界定了城市规划学科的领域，形成了城市规划的独特认识和思想，在城市发展和建设过程中发挥其所担负的作用。这里围绕着三个宪章来认识城市规划思想的演变。这些文献基本上都是对当时的规划思想进行总结，然后对未来的发展指出一些重要的方向，以此成为城市规划发展的历史性文件，从中可以追踪城市规划整体的发展脉络，建立起城市规划思想发展的基本框架。

### 1.《雅典宪章》

1933 年国际现代建筑协会（CIAM）在雅典开会，中心议题是城市规划，会议发表了《雅典宪章》。《雅典宪章》依据理性主义的思想方法，对城市中普遍存在的问题进行了全面分析，提出了城市规划应该处理好居住、工作、游憩和交通的功能关系，并把该宪章称为"现代城市规划的大纲"。

《雅典宪章》认识到城市中广大人民的利益是城市规划的基础，从分析城市活动入手，提出了功能分区的思想和具体做法，并要求以人的尺度和需要来估量功能分区的划分和布置，为现代城市规划的发展指明了以人为本的方向，建立了现代城市规划的基本内涵。

《雅典宪章》最为突出的内容就是提出了城市的功能分区，而且对之后城市规划的发展影响也最为深远。它认为，城市活动可以划分为居住、工作、游憩和交通四大活动，提出这是城市规划研究和分析的"最基本分类"。

《雅典宪章》认为，居住的主要问题是：人口密度过大，缺乏敞地及绿化；太靠近工业区，生活环境不卫生；房屋沿街建造影响居住安静，日照不良，噪声干扰；公共服务设施太少而且分布不合理。因而建议居住区要用城市中最好的地段，规定城市中不同地段采用不同的人口密度。

《雅典宪章》认为，工作的主要问题是工作地点在城市中无计划地布置，与居住区距离过远："从居住地点到工作的场所距离很远，造成交通拥挤，有害身心，时间和经济都受损失"。因为工业在城郊建设，引起城市的无限制扩展，又增加了工作与居住的距离，形成过分拥挤而集中的人流交通。因此《大纲》中建议有计划地确定工业与居住的关系。

《雅典宪章》认为，游憩的主要问题是：大城市缺乏敞地。指出城市绿地面积少，而且位置不适中，无益于市区居住条件的改善；市中心区人口密度本来就已经很高，难得拆出一小块空地，应将它辟为绿地，改善居住卫生条件。因此建议新建居住区要多保留空地，旧区已坏的建筑物拆除后应辟为绿地，要降低旧区的人口密度，在市郊要保留良好的风景地带。

《雅典宪章》认为，城市道路完全是旧时代留下来的，宽度不够，交叉口过多，未能按功能进行分类。并指出，过去学院派那种追求"姿态伟大"、"排场"及"城市面貌"的做法，只可能使交通更加恶化。《雅典宪章》认为，局部的放宽、改造道路并不能解决问题，应从整个道路系统的规划入手；街道要进行功能分类，车辆的行驶速度是道路功能分类的依据；要按照调查统计的交通资料来确定道路的宽度。《雅典宪章》认为，大城市中办公楼、商业服务、文化娱乐设施过分集中在城市中心地区，也是造成市中心交通过分拥挤的重要原因。

《雅典宪章》还提出，城市发展中应保留名胜古迹及历史建筑。

《雅典宪章》最后指出，城市的种种矛盾，是由大工业生产方式的变化和土地私有引起。城市应按全市人民的意志进行规划，要有区域规划为依据。城市按居住、工作、游憩进行分区及平衡后，再建立三者联系的交通网。居住为城市主要因素，要多从居住者的要求出发，应以住宅为细胞组成邻里单位；应按照人的尺度（人的视域、视角、步行距离等）来估量城市各部分的大小范围。城市规划是一个三度空间的科学，不仅是长宽两方向，应考虑立体空间。要以国家法律形式保证规划的实现。

《雅典宪章》中提出的种种城市发展中的问题、论点和建议，很有价值，对于局部地解决城市中一些矛盾也起过一定的作用。《雅典宪章》中的一些理论，由于基本想法上是要适应生产及科学技术发展给城市带来的变化，而敢于向一些学院派的理论、陈旧的传统观念提出挑战，因此也具有一定的生命力。《雅典宪章》中的一些基本论点，也成为近代城市规划学科的重要内容，至今还发生深远的影响。

### 2. 《马丘比丘宪章》

20世纪70年代后期，国际建协鉴于当时世界城市化趋势和城市规划过程中出现的新内容，于1977年在秘鲁的利马召开了国际性的学术会议。与会的建筑师、规划师和有关官员以《雅典宪章》为出发点，总结了半个世纪以来尤其是第二次世界大战后城市发展和城市规划思想、理论和方法的演变，展望了城市规划的进一步发展方向，在古文化遗址马丘比丘山上签署了《马丘比丘宪章》。

该宪章对《雅典宪章》40多年的实践做了评价，认为实践证明《雅典宪章》提出的某些原则是正确的，而且将继续起作用，如把交通看成为城市基本功能之一，道路应按功能性质进行分类，改进交叉口设计等。但是随着时代进步，最近几十年来出现了许多新的情况要求对宪章进行一次修订。

《马丘比丘宪章》针对于《雅典宪章》和当时城市发展的实际情况，提出了一系列的具有指导意义的观点。《马丘比丘宪章》首先强调了人与人之间的相互关系对于城市和城市规划的重要性，并将理解和贯彻这一关系视为城市规划的基本任务。《马丘比丘宪章》共11节：城市和区域；城市增长；分区概念；住房问题；城市运输；城市土地使用；自然资源和环境污染；文物和历史遗产的保存和保护；工业技术；设计和实施；城市和建筑设计。

关于城市和区域关系，《马丘比丘宪章》重申了《雅典宪章》中的基本思想，认为宏观经济计划同实际的城市发展规划之间的脱节，国家和区域一级的经济决策没有把城市建设放在优先地位和很少直接考虑到城市问题的解决等，是当代普遍存在的问题。《马丘比丘宪章》明确提出规划过程，包括经济计划、城市规划、城市设计和建筑设计，必须对人类的各种需求作出分析和反应。

关于功能分区的概念，《马丘比丘宪章》认为，在城市空间结构上，为了追求分区清楚而牺牲了城市的有机构成，会造成错误的后果，这在许多新建城市中可以看到。《宪章》提出，不应当把城市当作一系列孤立的组成部分拼在一起，而必须努力去创造一个综合的、多功能的环境。

关于住房问题，《马丘比丘宪章》提出不同于《雅典宪章》的观点，认为人的相互作用和交往是城市存在的基本根据。城市规划和住房设计的重要目标是要争取获得生活的基本质量以及同自然环境的协调。《马丘比丘宪章》提出住房是促进社会发展的一种强有力的工具，住房设计必须具有灵活性，以便适应社会要求的变化。

关于城市交通，《马丘比丘宪章》认为《雅典宪章》公布后 44 年以来的经验证明，道路分类、增加车行道和设计各种交叉口方案等方面，并不存在最理想的解决方法。《宪章》主张将来城区交通政策应使私人汽车从属于公共运输系统的发展。

关于环境问题，《马丘比丘宪章》呼吁控制城市发展的当局必须采取紧急措施，防止环境继续恶化，恢复环境原有的正常状态。

关于保护历史遗产和文物，《马丘比丘宪章》在强调保存和维护的同时，进一步提出要继承文化传统。

《马丘比丘宪章》在规划和设计思想方面还提出一些重要的见解。《马丘比丘宪章》指出：区域规划和城市规划是个动态过程，它不仅包括规划的制定，也包括规划的实施；这一过程应能适应城市这个有机体的物质和文化的不断变化。《宪章》还提到每一特定城市和区域应当制定适合自己特点的标准和开发方针，防止照搬照抄来自不同条件和不同文化的解决方案。《马丘比丘宪章》在设计思想方面指出：现代建筑的主要任务是为人们创造合宜的生活空间，应强调的是内容而不是形式；不是着眼于孤立的建筑，而是追求建成环境的连续性，即建筑、城市、园林绿化的统一。宪章认为：技术是手段而不是目的，应当正确地应用材料和技术。《马丘比丘宪章》还提出了要使群众参与设计的全过程。

《马丘比丘宪章》考虑到第二次世界大战后城市化进程中出现的新的问题，总结了实践的经验，提出了一些卓越的思想的观点。

《雅典宪章》和《马丘比丘宪章》的不同体现在：《雅典宪章》的主导思想是把城市和城市的建筑分成若干组成部分；《马丘比丘宪章》的目标是将这些部分重新有机统一起来，强调它们之间的相互依赖性和关联性。《雅典宪章》的思想基石是机械主义和物质空间决定论；《马丘比丘宪章》宣扬社会文化论，认为物质空间只是影响城市生活的一项变量，并不能起决定性作用，而起决定性作用的应该是城市中各人类群体的文化、社会交往模式和政治结构。《雅典宪章》将城市规划视作对终极状态的描述；《马丘比丘宪章》更强调城市规划的过程性和动态性。

## 3.《北京宪章》

1999 年 6 月 23 日，国际建协第 20 届世界建筑师大会在北京召开，大会一致通过了由吴良镛教授起草的《北京宪章》。《北京宪章》总结了百年来建筑发展的历程，并在剖析和整合 20 世纪的历史与现实、理论与实践、成就与问题以及各种新思路和新观点的基础上，展望了 21 世纪建筑学的前进方向。

这一宪章被公认为是指导 21 世纪建筑发展的重要纲领性文献，标志着吴良镛教授的广义建筑学与人居环境学说，已被全球建筑师普遍接受和推崇，从而扭转了长期以来西方建筑理论占主导地位的局面。《北京宪章》并不是专门针对城市和城市规划问题提出的，而是继承有关人居环境科学的成就，站在人居环境创造的高度，倡导建筑学、地景学、城市规划学三位一体的融合思想。主张在新世纪中，建筑师要重新审视自身的角色，摆脱传统建筑学的桎梏，走向更加全面的广义建筑学。广义建筑学，就其学科内涵来说，是通过城市设计的核心作用，从观念上和理论基础上把建筑学、地景学、城市规划学的要点整合为一。

本章思考题

1. 谈谈《周礼·考工记》对中国都城建设的影响。
2. 我国古代城市发展主要受哪几个因素的影响？
3. 试分析我国古代有代表性的都城的城市格局及特点。
4. 欧洲古代城市的发展可分成哪几个阶段，每个阶段各有什么主要特点？
5. 简述欧洲文艺复兴时期的城市规划建设思想。
6. 简述古代东西方城市发展特征的异同。
7. 简述现代城市规划学科产生的背景？
8. 现代城市规划的早期思想有哪些？分别简述其主要思想及影响。
9. 什么是城市集中发展和城市分散发展？城市集中发展的理论有哪些？分别简述其主要内容及影响。
10. 简述邻里单位理论的目的与基本原则。
11. 简述基于城市道路交通组织的规划思想的形成过程。
12. 试述《雅典宪章》与《马丘比丘宪章》的主要内容及两者的差异。

# 2
# 第2章
# 城市规划的内容及体系

## 概　述

　　城市规划是一门自古就有的学问，关于城市规划的定义，各国由于其社会、经济体制和经济发展水平的不同而有所差异。总体来说，城市规划研究城市的未来发展、城市的合理布局和城市各项工程建设的综合部署，是一定时期内城市发展的蓝图，是城市管理的重要组成部分，是城市建设和管理的依据，也是城市规划、城市建设、城市运行三个阶段管理的龙头。我国的城市规划是为了实现一定时期内城市的经济和社会发展目标，确定城市性质、规模和发展方向，合理利用城市土地，协调城市空间布局和各项建设所作的综合部署和具体安排。

　　城市规划是人类为了在城市的发展中维持公共生活的空间秩序而做的未来空间安排的意志，是人居环境各层面上的、以城市层次为主导工作对象的空间规划。在市场经济体制下，城市规划的本质任务是合理地、有效地和公正地创造有序的城市生活空间环境。我国现阶段城市规划的基本任务是保护和修复人居环境，尤其是城乡空间环境的生态系统，为城乡经济、社会和文化协调、稳定地持续发展服务，保障和创造城市居民安全、健康、舒适的空间环境和公正的社会环境。

　　城市规划具有综合性、地方性、长期性、经常性和实践性等特点。每个城市、区域的自然条件、现状条件、发展战略、规模和建设速度各不相同，因此，规划工作的内容应根据当地的具体情况，依靠城市规划的法律体系、编制体系和行政体系，考虑到大区域之间的配合，编制城市总体规划、分区规划、控制性详细规划和修建性详细规划。

## 本章学习重点

　　本章介绍了城市规划的内容及体系，包括城市规划的定义、任务和原则、城市规划的基本内容、城市规划的层次体系、城市规划的编制程序及城市规划中的工程系统规划。通过本章的学习，明确城市规划的内容及体系，重点掌握城市规划的编制过程，理解城市规划中的工程系统规划，为以后进一步的学习奠定良好的基础。

## 2.1

# 城市规划的定义、任务及原则

## 2.1.1　城市规划定义

英国的《不列颠百科全书》中有关城市规划与建设的条目中提到："城市规划与改建的目的，不仅仅在于安排好城市形体——城市中的建筑、街道、公园、公用事业及其他的各种要求，而且，更重要的在于实现社会与经济目标。城市规划的实现要靠政府的运筹，并需运用调查、分析、预测和设计等专门技术。"

美国国家资源委员会（National Resources Committee）则将城市规划定义为："城市规划是一种科学、一种艺术、一种政策活动，它设计并指导空间的和谐发展，以适应社会与经济的需要"。

在日本城市规划专业权威教科书中，城市规划被定义为："城市规划即把城市这个地区单位作为对象，按照将来的目标，为使其经济、社会活动得以安全、舒适、高效开展，而采用独特的理论从平面上、立体上调整以满足其各种空间要求，预测、确定土地利用与设施布局和规模，并将这些付诸实施的技术"以及"城市规划是以实现城市政策为目标，为达成、实现、运营城市功能，对城市结构、规模、形态、系统进行规划、设计的技术"。此外，日本的一些文献提出："城市规划是城市空间布局、建设城市的技术手段，旨在合理地、有效地创造出良好的生活与活动环境"，强调城市规划的技术性。

德国把城市规划理解为整个空间规划体系中的一个环节，"城市规划的核心任务是根据不同的目的进行空间安排，探索和实现城市不同功能的用地之间的互相管理关系，并以政治决策为保障。这种决策必须是公共导向的，一方面以解决居民安全、健康和舒适的生活环境，另一方面实现城市社会经济文化的发展。"

计划经济体制下的前苏联将城市规划看做是"社会主义国民经济计划工作与分布生产力工作的继续和进一步具体化。它是根据发展国民经济的年度计划、五年计划和远景计划来进行的。"

我国在 20 世纪 80 年代前基本上沿用了上述定义，改革开放之后有所修正，我国的城市规划是为了实现一定时期内城市的经济和社会发展目标，确定城市性质、规模和发展方向，合理利用城市土地，协调城市空间布局和各项建设所作的综合部署和具体安排。

## 2.1.2　城市规划的任务和原则

### 1. 城市规划的任务

城市规划是人类为了在城市的发展中维持公共生活的空间秩序而做的未来空间安排的意

志。这种对未来空间发展的安排意图，在更大的范围内，可以扩大到区域规划和国土规划，而在更小的空间范围内，可以延伸到建筑群体之间的空间设计。因此，在更本质的意义上，城市规划是人居环境各层面上的、以城市层次为主导工作对象的空间规划。在实际工作中，城市规划的工作对象不仅仅指行政级别意义上的城市，也包括行政管理设置在市级以上的地区、区域，还包括够不上城市行政设置的镇、乡和村等人居空间环境，因此，有些国家采用城乡规划的名称。所有这些对未来空间发展不同层面上的规划统称为"空间规划体系"。

在计划经济体制下，城市规划的任务是根据已有的国民经济计划和城市既定的社会经济发展战略，确定城市的性质和规模，落实国民经济计划项目，进行各项建设投资的综合部署和全面安排。

在市场经济体制下，城市规划的本质任务是合理地、有效地和公正地创造有序的城市生活空间环境。这项任务包括实现社会政治经济的决策意志及实现这种意志的法律法规和管理体制，同时也包括实现这种意志的工程技术、生态保护、文化传统保护和空间美学设计，以指导城市空间的和谐发展，满足社会经济文化发展和生态保护的需要。

我国现阶段城市规划的基本任务是保护和修复人居环境，尤其是城乡空间环境的生态系统，为城乡经济、社会和文化协调、稳定地持续发展服务，保障和创造城市居民安全、健康、舒适的空间环境和公正的社会环境。

## 2. 编制城市规划应遵循的原则

制定和实施城市规划的最终目的，是促进城市经济、社会和空间的协调、可持续发展，实现经济效益、社会效益和环境效益的相互统一，促进城市的现代化，为市民提供良好的生活和工作条件。因此，制定城市规划必须遵循以下基本原则。

（1）统筹兼顾，综合部署

城市规划的编制应当依据国民经济和社会发展规划以及当地的自然地理环境、资源条件、历史情况、现实状况和未来发展要求，统筹兼顾，综合部署。要处理好局部利益与整体利益、近期建设与远期发展、需要与可能、经济发展与社会发展、城乡建设与环境保护、现代化建设与历史文化保护等一系列关系。在规划区范围内，土地利用和各项专业规划都要服从城市总体规划。城市总体规划应当和国土规划、区域规划、江河流域规划、土地利用总体规划相互衔接和协调。

（2）协调城镇建设与区域发展的关系

随着经济的发展，城市与城市之间、城市与乡村之间的联系越来越密切。区域协调发展已经成为城乡可持续发展的基础。城镇体系规划是指导区域内城镇发展的依据。要认真抓好省域城镇体系规划编制工作，强化省域城镇体系规划对全省城乡发展和建设的指导作用。制定城镇体系规划，应当坚持做到以下几点：一是从区域整体出发，明确城镇的职能分工，引导各类城镇的合理布局和协调发展；二是统筹安排和合理布置区域基础设施，避免重复建设，实现基础设施的区域共享和有效利用；三是限制不符合区域整体利益和长远利益的开发活动，保护资源、保护环境。

（3）促进产业结构调整和城市功能的提高

我国经济发展面临着经济结构战略性调整的重大任务。城市规划，特别是大城市的规划必须按照经济结构调整的要求，促进产业结构优化升级。要加强城市基础设施和城市环境建设，增强城市的综合功能，为群众创造良好的工作和生活环境。要合理调整用地布局，优化用地结构，实现资源合理配置和改善城市环境的目标。要着力发展第三产业、高新技术产业，做好这方面的规划布局和用地安排。要适应科技、信息业迅速发展及其对社会生活带来的变化，加强交通、通信工程建设。要加强居住区规划，做到布局合理、设施配套、功能齐全、生活方便、环境优美。

（4）合理和节约利用土地与水资源

我国人口众多，资源不足，土地资源尤为紧缺。城市建设必须贯彻切实保护耕地的基本国策，十分珍惜和合理利用土地。要明确和强化城市规划对于城市土地利用的管制作用，确保城市土地得以合理利用。一是科学编制规划，合理确定城市用地规模和布局，优化用地结构，并严格执行国家用地标准。二是充分利用闲置土地，尽量少占基本农田。三是按照法定程序审批各项建设用地，对城市边缘地区土地利用要严格管制，防止乱占滥用。四是严肃查处一切违法用地行为，坚决依法收回违法用地。五是深化城市土地使用制度改革，促进土地合理利用，提高土地收益。六是重视城市地下空间资源的开发和利用，当前重点是大城市中心城区。地下空间资源的开发利用，必须在城市规划的统一指导下进行，统一规划，综合开发，切忌各自为政，各行其是。

我国是一个水资源短缺的国家，水源性缺水和水质性缺水的矛盾同时存在，城市缺水问题尤为突出。目前，全国许多城市水源受到污染，使本来紧张的城市水资源更为短缺。随着经济发展和人民生活水平的提高，城市用水需求量不断增长，水的供需矛盾会越来越突出，水资源短缺已经成为制约我国经济建设和城市发展的重要因素。城市建设和发展必须坚持开源与节流并举，合理和节约利用水资源。一是把保护水资源放在突出位置，切实做好合理开发利用和保护水资源的规划。要优先保证广大居民生活用水，统筹兼顾工业用水和其他建设用水。二是依据本地区水资源状况，合理确定城市发展规模。三是根据水资源状况，合理确定和调整产业结构，缺水城市要限制高耗水型工业的发展，对耗水量高的企业逐步实行关停并转。四是加快污水处理设施建设，提高污水处理能力，并重视污水资源的再生利用。五是加强地下水资源的保护。地下水已经超采的地区，要严格控制开采。

（5）保护和改善城市生态环境

保护环境是我国的基本国策。经济建设与生态环境相协调，走可持续发展的道路，是关系到我国现代化建设事业全局的重大战略问题。保护和改善环境是城市规划的一项基本任务。当前需要注意的主要问题，一是逐步降低大城市中心区密度，搞好旧城改造工作，积极创造条件，有计划地疏散中心区人口。重点解决基础设施短缺、交通紧张、居住拥挤、环境恶化等问题，严格控制新项目的建设。二是城市布局必须有利于生态环境建设，城市建设项目的选址要严格依据城市规划进行，市区污染严重的项目要关停或迁移。三是加强城市绿化规划和建设，这是改善城市环境的重要措施。目前，全国城市人均公共绿地仅为 6.1 ㎡，要加强公共绿地、居住区绿地、生产绿地的建设，市区绿化用地绝对不能侵占。与此同时，还应加强城市外围地区生态绿地系统的建设。四是增强城市污水和垃圾处理能力，要把解决水体污染放在重要位置。

（6）正确引导小城镇的建设和发展

加快小城镇的发展是党中央确定的一个大战略，是社会经济发展的客观要求，是实现我国城镇化的一个重要途径。加快小城镇建设，有利于转移农村富余劳动力，促进农业产业化、现代化，提高农民收入；有利于促进乡镇企业和农村人口相对集中，改善生活质量，并带动最终消费，为经济发展提供广阔的空间和持续的增长动力。

发展小城镇要坚持统一规划、合理布局、因地制宜、综合开发、配套建设的方针，以统一规划为前提进行开发和建设。要量力而行、突出重点、循序渐进、分步实施，防止一哄而起。要加快编制县（市）域城镇体系规划，统筹安排城乡居民点与基础设施的建设。小城镇的规划建设要做到紧凑布局。节约用地，调整乡镇企业布局，加强乡镇企业的污染治理，保护生态环境。

（7）保护历史文化遗产

城市历史文化遗产的保护状况是城市文明的重要标志。我们的任务是既要使城市经济、社会得以发展，提高城市现代化水平，又要使城市的历史文化得以延续，提高城市的历史价值和文化素质。

历史文化遗产的保护，要在城市规划的指导和管制下进行，根据不同的特点采取不同的保护方式。一是依法保护各级政府确定的"文物保护单位"。对"文物保护单位"文物古迹的修缮要遵循"不改变文物原状的原则"，保存历史的原貌和真迹；要划定保护范围和建设控制地带，提出控制要求，包括建筑高度、建筑密度、建筑形式、建筑色彩等。要特别注意保存文物古迹的历史环境，以便更完整地体现它的历史、科学、艺术价值。二是保护好代表城市传统风貌的历史文化保护区。三是历史文化名城都要制定专门的保护规划，按照规划严加管理、妥善保护。

（8）加强风景名胜区的保护

风景名胜区集中了大量珍贵的自然和文化遗产，切实保护和合理利用风景名胜资源，对于改善生态环境，发展旅游业，弘扬民族文化，激发爱国热情，丰富人民群众的文化生活都具有重要作用。

风景名胜区要处理好保护和利用的关系，把保护放在首位。要按照严格保护、统一管理、合理开发、永续利用的原则，把风景名胜区保护、建设和管理好。搞好风景名胜区工作，前提是规划，核心是保护，关键在管理。因此，一方面要认真编制风景名胜区保护规划，根据生态保护和环境容量要求，合理确定开发利用的限度及旅游发展的容量。位于城市规划区内的风景名胜区的保护规划，应当纳入城市的总体规划，相互衔接、协调。另一方面，要加强管理，认真实施规划，对风景名胜区内各类建设活动，要严格控制。

（9）塑造富有特色的城市形象

城市的风貌和形象，是城市物质文明和精神文明的重要体现。每个城市都应根据自身的地域、民族、历史、文化特点，塑造具有特色的城市形象。

城市形象的塑造要通过城市设计的手段来实现。城市规划的各个层次，从城市的总体空间布局到局部地段建筑群体和环境规划，都要精心研究和做好城市设计，逐步加以实施。

（10）增强城市抵御各种灾害的能力

城市防灾是保证城市安全，实现城市健康、持续发展的一项重要工作，在城市规划制定和实施中，必须引起高度重视。城市防灾包括防火、防爆、防洪、防震等。要加强消防规划的编制，不论新区开发还是旧区更新改建，一定要按规划设置消防通道，配备消防设施。对于易燃、易爆及危险品仓储等设施，一定要慎重选址，要与其他建筑留出防火、防爆安全间距。要科学安排各种防汛、防洪设施，不要随意填平水面。位于地震多发地区的城市，要在规划中留出必要的避难空间。

## 2.2
## 城市规划的基本内容及特点

### 2.2.1　城市规划工作的基本内容

城市规划工作的基本内容是依据城市的经济社会发展目标和环境保护的要求，根据区域规划等上层次的空间规划的要求，在充分研究城市的自然、经济、社会和技术发展条件的基础上，制定城市发展战略，预测城市发展规模，选择城市用地的布局和发展方向，按照工程技术和环境的要求，综合安排城市各项工程设施，并提出近期控制引导措施。具体主要有以下几个方面：

① 收集和调查基础资料，研究满足城市规划工作的基本内容以及社会经济发展目标的条件和措施；

② 研究确定城市发展战略，预测发展规模，拟定城市分期建设的技术经济指标；

③ 确定城市功能的空间布局，合理选择城市各项用地，并考虑城市空间的长远发展方向；

④ 提出市域城镇体系规划，确定区域性基础设施的规划原则；

⑤ 拟定新区开发和原有市区利用、改造的原则、步骤和方法；

⑥ 确定城市各项市政设施和工程措施的原则和技术方案；

⑦ 拟定城市建设艺术布局的原则和要求；

⑧ 根据城市基本建设的计划，安排城市各项重要的近期建设项目，为各单项工程设计提供依据；

⑨ 根据建设的需要和可能，提出实施规划的措施和步骤。

由于每个城市的自然条件、现状条件、发展战略、规模和建设速度各不相同，规划工作的内容应随具体情况而变化。新建城市第一期的建设任务较大，同时当地的原有物质建设基础较差，就应在满足工业建设需要的同时特别要妥善解决城市基础设施和生活服务设施的建设。而对于现有城市，在规划时要充分利用城市原有基础，依托老区，发展新区，有计划地改造老区，使新、老城区协调发展。不论新区或老区都在不断地发生着新陈代谢，城市的发展目标和建设条件也不断地发展，所以城市规划的修订、调整是周期性的工作。

性质不同的城市，其规划的内容都有各自的特点和重点。总之，必须从实际出发，既要满足城市发展普遍规律的要求，又要针对各种城市不同性质、特点和问题，确定规划主要内容和处理方法。

## 2.2.2　城市规划工作的特点

由于生产力和人口的高度集中，城市问题十分复杂，城市规划涉及政治、经济、社会、技术与艺术，以及人民生活的广泛领域。为了对城市规划工作的性质有比较确切的了解，必须进一步认识其特点。

### 1. 城市规划是综合性的工作

城市的社会、经济、环境和技术发展等各项要素，既互为依据，又相互制约，城市规划需要对城市的各项要素进行统筹安排，使之各得其所、协调发展。综合性是城市规划工作的重要特点，它涉及许多方面的问题：如当考虑城市的建设条件时，涉及气象、水文、工程地质和水文地质等范畴的问题；当考虑城市发展战略和发展规模时，又涉及大量社会经济和技术的工作；当具体布置各项建设项目、研究各种建设方案时，又涉及大量工程技术方面的工作；至于城市空间的组合、建筑的布局形式、城市的风貌、园林绿化的安排等，则又是从建筑艺术的角度来研究处理的。而这些问题，都密切相关，不能孤立对待。城市规划不仅反映单项工程设计的要求和发展计划，而且还综合各项工程设计相互之间的关系。它既为各单项工程设计提供建设方案和设计依据，又须统一解决各单项工程设计相互之间技术和经济等方面的种种矛盾，因而城市规划部门和各专业设计部门有较密切的联系。城市规划工作者应具有广泛的知识，树立全面观点，具有综合工作的能力，在工作中主动和有关单位协作配合。

### 2. 城市规划是法治性、政策性很强的工作

城市规划既是城市各种建设的战略部署，又是组织合理的生产、生活环境的手段，涉及国家的经济、社会、环境、文化等众多部门。特别是在城市总体规划中，一些重大问题的解决都必须以有关法律法规和方针政策为依据。例如城市的发展战略和发展规模、居住面积的规划指标、各项建设的用地指标等，都不单纯是技术和经济的问题，而是关系到生产力发展水平、人民生活水平、城乡关系、可持续发展等重大问题。因此，城市规划工作者必须加强法治观点，努力学习各项法律法规和政策管理知识，在工作中严格执行。

### 3. 城市规划工作具有地方性

城市的规划、建设和管理是城市政府的主要职能，其目的是促进城市经济、社会的协调发展和环境保护。城市规划要根据地方特点，因地制宜地编制；同时，规划的实施要依靠城市政府的筹划和广大城市居民的共同努力。因此，在工作过程中，既要遵循城市规划的科学规律，又要符合当地条件，尊重当地人民的意愿，和当地有关部门密切配合，使规划工作成为市民参与规划制定的过程和动员全民实施规划的过程，使城市规划真正成为城市政府实施宏观调控，保障社会经济协调发展，保护地方环境和人民利益的有力武器。

### 4. 城市规划是长期性和经常性的工作

城市规划既要解决当前建设问题，又要预计今后一定时期的发展和充分估计长远的发展要

求；它既要有现实性，又要有预计性。但是，社会是在不断发展变化的，影响城市发展的因素也在变化，在城市发展过程中会不断产生新情况，出现新问题，提出新要求。因此，作为城市建设指导的城市规划不可能是一成不变的，应当根据实践的发展和外界因素的变化，适时地加以调整或补充，不断地适应发展需要，使城市规划逐步更趋近于全面、正确反映城市发展的客观实际。所以说城市规划是城市发展的动态规划，它是一项长期性和经常性的工作。

虽然规划要不断地调整和补充，但是每一时期的城市规划是建立在当时的经济社会发展条件和生态环境承载力的基础上，经过调查研究而制定的，是一定时期指导建设的依据，所以城市规划一经批准，必须保持其相对的稳定性和严肃性，只有通过法定程序才能对其进行调整和修改，任何个人或社会利益集团都不能随意使之变更。

### 5. 城市规划具有实践性

城市规划的实践性，首先在于它的基本目的是为城市建设服务，规划方案要充分反映建设实践中的问题和要求，有很强的现实性。其次是按规划进行建设是实现规划的唯一途径，规划管理在城市规划工作中占有重要地位。规划实践的难度不仅在于要对各项建设在时空方面做出符合规划的安排；而且要积极地协调各项建设的要求和矛盾，组织协同建设，使之既符合城市规划总体意图，又能满足各项建设的合理要求。因此要求规划工作者不仅要有深厚的专业理论和政策修养，有丰富的社会科学和自然科学知识，还必须有较好的心理素质、社会实践经验和积极主动的工作态度。当然，任何一个规划方案对实施过程中问题的预计和解决不可能十分周全，也不可能一成不变。这就需要在实践中进行丰富、补充和完善。城市建设实践也是检验规划是否符合客观要求的唯一标准。

## 2.3

## 城市规划的层次体系

我国现行的城市规划体系包括三方面的内容。

## 2.3.1　城市规划法规体系

国家和地方制定的有关城市规划的法律、行政法规和技术法规，组成完整的城市规划法规体系。

### 1. 法律法规

以《中华人民共和国城市规划法》为基本法，其他与之配套的行政法规组成了国家城市规划行政法规体系；以各省、自治区、直辖市制定的《中华人民共和国城市规划法》实施条例或办法为基础，其他与之配套的行政法规组成了地方城市规划体系，有立法权的城市也可以制定相应的规划法规。地方法规必须以国家的法律、法规为依据，相互衔接、协调。

### 2. 技术法规

国家或地方制定的专业性的标准和规范，分为国家标准和行业标准。目的是保障专业技术工作科学、规范，符合质量要求。

## 2.3.2　城市规划编制体系

根据我国 1989 年通过的《中华人民共和国城市规划法》和 1991 年颁布的《城市规划编制办法》，我国现行的城市规划编制体系由以下不同层次的规划组成。

### 1. 城镇体系规划

包括全国、省（自治区）以及跨行政区域的城镇体系规划，市域、县域城镇体系规划在制定城市总体规划时统一安排。

### 2. 城市总体规划

编制总体规划应首先由城市人民政府组织制定总体规划纲要，经批准后，作为指导总体规划编制的重要依据。在总体规划的基础上，大城市可以编制分区规划，对总体规划的内容进行必要的深化。城市总体规划依法审批后，根据实际需要，还可以对总体规划涉及的各项专业规划进一步深化，单独制定专项规划。

### 3. 城市详细规划

城市详细规划的主要任务是：以总体规划或者分区规划为依据，详细规定建设用地的各项控制指标和其他规划管理要求，或者直接对建设做出具体的安排和规划设计。城市详细规划包括控制性详细规划和修建性详细规划：控制性详细规划应该以总体规划或分区规划为依据，细分建设用地并规定其使用性质、各项控制指标和其他管理要求，强化规划的控制功能，作为城市规划管理的依据，并指导修建性详细规划的编制。对于当前要进行建设的地区，修建性详细规划应以满足修建需要为目的进行规划设计，包括总平面布置、空间组织和环境设计、道路系统和工程管线规划设计等，用以指导各项建筑和工程设施的设计和施工。

## 2.3.3　城市规划行政体系

我国的城市规划行政体系由不同层次的城市规划行政主管部门组成，即国家城市规划行政主管部门，省、自治区、直辖市城市规划行政主管部门，城市的规划行政主管部门。他们分别对各自行政辖区的城市规划工作依法进行管理。各级城市规划行政主管部门对同级政府负责，上级城市规划行政主管部门对下级城市规划行政主管部门进行业务指导和监督。

## 2.4

# 城市规划的编制程序

城市规划是城市政府为达到城市发展目标而对城市建设进行的安排，尽管由于各国社会经济体制、城市发展水平、城市规划的实践和经验各不相同，城市规划的工作步骤、阶段划分与编制方法也不尽相同，但基本上都按照由抽象到具体，从发展战略到操作管理的层次决策原则进行。一般城市规划分为城市发展战略和建设控制引导两个层面。

城市发展战略层面的规划主要是研究确定城市发展目标、原则、战略部署等重大问题，表达的是城市政府对城市空间发展战略方向的意志，当然在一个民主法制社会，这一战略必须建立在市民参与和法律法规的基础之上。我国的城市总体规划以及土地利用总体规划都属于这一层面。

建设控制引导层面的规划是对具体每一地块未来开发利用做出法律规定，它必须尊重并服从城市发展战略对其所在空间的安排。由于直接涉及土地的所有权和使用权，所以建设控制引导层面的规划必须通过立法机关以法律的形式确定下来。但这一层面的规划也可以依法对上一层面的规划进行调整。我国的详细规划属于这一层面的工作。

城市规划从收集编制所需要的相关基础资料，编制、确定具体的规划方案，到规划的实施以及实施过程中对规划内容的反馈，是一个完整的过程。从广义上来说，这个过程是一个不间断的循环往复的过程。但从城市规划所体现的具体内容和形式来看，城市规划工作又相对集中在规划方案的编制与确定阶段，呈现出较明显的阶段性特征（图2-1）。

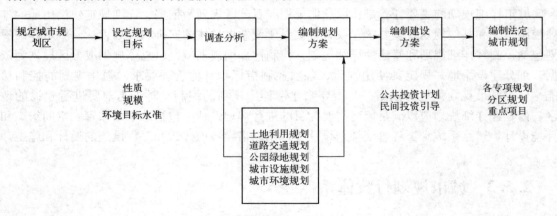

图2-1　城市规划编制与实施的过程

根据我国1989年通过的《城市规划法》和1991年颁布的《城市规划编制办法》，现将我国城市规划工作中具体各个阶段的有关内容介绍如下：基础资料调查、城市规划纲要、城镇体系规划、城市总体规划、城市详细规划。城市规划编制体系如图2-2。

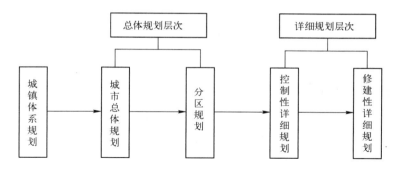

图 2-2　城市规划编制体系

## 2.4.1　城市规划的调查研究与基础资料

### 1. 城市规划的调查研究

调查研究是城市规划的必要的前期工作，必须要弄清城市发展的自然、社会、历史、文化的背景以及经济发展的状况和生态条件，找出城市建设发展中拟解决的主要矛盾和问题。没有扎实的调查研究工作，缺乏大量的第一手资料，就不可能正确认识对象，也不可能制定合乎实际、具有科学性的规划方案。实际上，调查研究的过程也是城市规划方案的孕育过程，必须引起高度的重视。

调查研究也是对城市从感性认识上升到理性认识的必要过程，调查研究所获得的基础资料是城市规划定性、定量分析的主要依据。城市的情况十分复杂，进行调查研究既要有实事求是和深入实际的精神，又要讲究合理的工作方法，要有针对性，切忌盲目烦琐。

城市规划的调查研究工作一般有以下三个方面。

① 现场踏勘。城市规划工作者必须对城市的概貌、新发展地区和原有地区要有明确的形象概念，重要的工程也必须进行认真的现场踏勘。

② 基础资料的收集与整理。主要应取自当地城市规划部门积累的资料和有关主管部门提供的专业性资料。

③ 分析研究。这是调查研究工作的关键，将收集到的各类资料和现场踏勘中反映出来的问题，加以系统地分析整理，去伪存真、由表及里，从定性到定量研究城市发展的内在决定性因素，从而提出解决这些问题的对策，这是制定城市规划方案的核心部分。

当现有资料不足以满足规划需要时，可以进行专项性的补充调查，必要时可以采取典型调查的方法或进行抽样调查。

城市建设是一个不断变化的动态过程，调查研究工作要经常进行，对原有资料要不断地进行修正补充。

城市规划所需的资料数量大，范围广，变化多，为了提高规划工作的质量和效率，要采取各种先进的科学技术手段进行调查、数据处理、检索、分析判断工作，如运用遥感技术、航测照片，可以准确地判断出地面及其地下的资源，可以准确地测绘出城市建筑的现状、绿化覆盖率、环境污染程度；又如与计算机相连，可以判读出准确的数据。运用计算机储存数据、进行分析判断的技术已广泛应用于估算人口的增长、交通的发展、用地的综合评价等，进一步提高了城市规划方法的科学性。

## 2. 城市规划的基础资料

根据城市规模和城市具体情况的不同，基础资料的收集应有所侧重，不同阶段的城市规划对资料的工作深度也有不同的要求。一般地说，城市规划应具备的基础资料包括下列部分。

① 城市勘察资料（指与城市规划和建设有关的地质资料）：主要包括工程地质，即城市所在地区的地质构造，地面上层物理状况，城市规划区内不同地段的地基承载力及滑坡，崩塌等基础资料；地震地质，即城市所在地区断裂带的分布及活动情况，城市规划区内地震烈度区划等基础资料；水文地质，即城市所在地区地下水的存在形式、储量、水质、开采及补给条件等基础资料。

② 城市测量资料：主要包括城市平面控制网和高程控制网、城市地下工程及地下管网等专业测量图以及编制城市规划必备的各种比例尺的地形图等。

③ 气象资料：主要包括温度、湿度、降水、蒸发、风向、风速、日照、冰冻等基础资料。

④ 水文资料：主要包括江河湖海水位、流量、流速、水量、洪水淹没界线等。大河两岸城市应收集流域情况、流域规划、河道整治规划、现有防洪设施。山区城市应收集山洪、泥石流等基础资料。

⑤ 城市历史资料：主要包括城市的历史沿革、城址变迁、市区扩展以及城市规划历史等基础资料。

⑥ 经济与社会发展资料：主要包括城市国民经济和社会发展现状及长远规划、国土规划、区域规划等有关资料。

⑦ 城市人口资料：主要包括现状及历年城乡常住人口、暂住人口、人口的年龄构成、劳动力构成、自然增长、机械增长、职工带眷系数等。

⑧ 市域自然资源资料：主要包括矿产资源、水资源、燃料动力资源、农副产品资源的分布、数量、开采利用价值等。

⑨ 城市土地利用资料：主要包括现状及历年城市土地利用分类统计、城市用地增长状况、规划区内各类用地分布状况等。

⑩ 工矿企事业单位的现状及规划资料：主要包括用地面积、建筑面积、产品产量、产值、职工人数、用水量、用电量、运输量及污染情况等。

⑪ 交通运输资料：主要包括对外交通运输和市内交通的现状和发展预测（用地、职工人数、客货运量、流向、对周围地区环境的影响以及城市道路、交通设施等）。

⑫ 各类仓储资料：主要包括用地、货物状况及使用要求的现状和发展预测。

⑬ 城市行政、经济、社会、科技、文教、卫生、商业、金融、涉外等机构以及人民团体的现状和规划资料：主要包括发展规划、用地面积和职工人数等。

⑭ 建筑物现状资料：主要包括现有主要公共建筑的分布状况、用地面积、建筑面积、

建筑质量等，现有居住区的情况以及住房建筑面积、居住面积、建筑层数、建筑密度、建筑质量等。

⑮ 工程设施资料（指市政工程、公用设施的现状资料）：主要包括场站及其设施的位置与规模，管网系统及其容量，防洪工程等。

⑯ 城市园林、绿地、风景区、文物古迹、优秀近代建筑等资料。

⑰ 城市人防设施及其他地下建筑物、构筑物等资料。

⑱ 城市环境资料：主要包括环境监测成果，各厂矿、单位排放污染物的数量及危害情况，城市垃圾的数量及分布，其他影响城市环境质量有害因素的分布状况及危害情况，地方病及其他有害居民健康的环境资料。

## 2.4.2　城镇体系规划

### 1. 城镇体系规划的原则和主要内容

城镇体系规划是对城镇发展战略的研究，是在现有经济社会发展的基础上，根据今后10 ～ 20 年甚至更长时间的发展需要，对一个特定的地区范围内合理地进行城镇布局，优化区域环境，协调配置区域内的交通、市政基础设施的关系，明确不同层次的城镇的地位、性质和作用，综合协调相互的关系，以实现区域经济、社会、空间的可持续发展。在规划过程中应贯彻以空间整体协调发展为重点，促进社会、经济、环境的持续协调发展的原则。

① 因地制宜的原则。

② 经济社会发展与城镇化战略互相促进的原则。

③ 区域空间整体协调发展的原则。

④ 可持续发展的原则。

城镇体系规划涉及全国、省域、市（县）域以及跨行政区域等不同范围和层次，包括以下主要内容。

（1）综合评价区域与城市的建设和发展条件

区域与城市的建设和发展条件应包括历史背景、区域基础和经济基础等方面。历史背景分析的主要内容是分析该区域各个历史时期城镇的分布格局和演变规律，揭示区域城镇发展的历史阶段以及导致每个阶段城镇兴衰的主要因素，特别要重视历史上区域中心城市的变迁。区域基础分析的目的是研究区域经济和城镇发展的有利条件和限制因素，它涉及自然资源和自然条件、劳动力、经济技术基础、区域交通条件、地理位置等广阔的领域。经济基础分析则要深入分析各产业部门的现状特点和存在问题，明确各城镇中主要部门的发展方向。

（2）预测区域人口增长，明确城市化目标

人口和城市化水平的预测所涉及的方面和影响因素较多，其中总人口预测的资料丰富、方法成熟，相对比较简单。城市化水平的预测则比较复杂，尤其因为我国城镇人口统计口径不一致，前后年份的城镇人口资料缺乏可比性，给城市化水平的预测带来了较大的难度。因此，确定城镇人口的实际含义和收集每个城镇最接近实际的城镇人口资料，是准确预测城市化水平的关键。

（3）突出城镇体系的职能结构和城镇分工

城镇在区域中承担的职能是影响城镇规模和增长的重要因素。城镇职能结构的规划首先要建立在现状城市职能分析的基础上。通过对各级城镇的定性、定量分析，对比各城镇之间职能的相似性和差异性，确定城镇的职能分类。

对重点城镇还应该具体确定他们的城镇性质，力求准确表达其主要职能，使城市总体规划编制有所依循。

（4）确定城镇体系的等级和规模结构

城镇体系等级规模结构的确立应建立在分析现状城镇规模及分布的基础上，通过城镇人口规模趋势和相对低位的变化分析，以及确定规划期内可能出现的新城镇，对新老城镇做出规模预测，制定出合理的城镇等级规模结构。城镇体系的规模等级结构规划应当建立在低于城市化水平的预测以及城镇合理发展规模的预测的基础之上。

（5）确定城镇体系的空间布局

城镇体系空间结构是指体系内各个城镇在地域空间中的分布和组合形式。城镇体系的空间布局是对区域城镇空间网络组织的规划研究，综合审度城镇与城镇之间、城镇与交通网络之间、城镇与区域之间的合理结合。这项工作包括以下主要内容。

① 分析区域城镇现状空间网络的主要特点和城市分布的控制性因素。

② 区域城镇发展的综合评价，以揭示地域结构的地理基础。

③ 设计区域不同等级的城镇发展轴线，主要轴线穿越区域城镇发展条件较好的部分，尽可能多地连接城镇，尤其是高层次的城市，体现交互作用阻力最小或开发潜力最大的方向。

④ 综合各城镇在职能和规模的网络结构中的分工和地位，对它们今后的发展对策进行归类，为未来生产力布局提供参考。

⑤ 根据城镇间和城乡间交互作用的特点，划分区域内的城市经济区，以充分发挥城市的中心作用，促进城乡经济的结合，带动全区经济的发展。

⑥ 统筹安排区域基础设施和社会设施。区域基础设施是城镇体系中城镇之间各项经济、社会、文化活动所产生的人流、物流、交通流、信息流的载体，是区域和城镇赖以生存和发展的基础条件，区域基础设施包括区域交通运输、给排水、电力供应、邮电通信以及区域防灾等，区域社会设施包括区域性的教育、文化、医疗卫生、体育设施及市场体系等。

⑦ 确定保护区域生态环境、自然环境和人文景观以及历史遗产的原则和措施。城镇的发展离不开区域生态环境，同时，城镇的发展和各种社会、经济、文化活动又会直接影响到区域生态环境的质量。在统一规划的指导下，建立良好的区域生态环境，保护好区域自然和人文景观以及历史文化遗产，是保证城镇和区域可持续发展的必要条件。

⑧ 确定各时期重点发展的城镇，提出近期重点发展城镇的规划建议。城镇体系是以各级中心城市为核心的，重点城镇的发展对整个城镇体系的发展具有重要作用。应根据区域城

镇体系的总体思路，提出基于区域合理发展的重点城镇规划对策。

⑨ 提出实施规划的政策和措施。要使城镇体系规划得以实施，必须要有可操作性的政策和措施的配合，关键是政府的引导和控制。包括：建立有效的行政管理和区域城镇建设体系发展的协调机制；通过权力与资源的分配，改变交通系统与其他基础设施系统；通过政府对工业与公共项目的直接投资，影响城镇体系的完善和发展。

**2. 城镇体系规划的成果**

城市总体规划纲要的成果包括文字说明和必要的示意性图纸。

城镇体系规划文件包括规划文本和附件。其中，规划文本是对规划的目标、原则和内容提出规定性和指导性要求的文件；附件是对规划文本的具体解释，包括综合规划报告、专题规划报告和基础资料汇编。

城镇体系规划主要图纸包括：城镇体系现状图、城镇体系规划图、基础设施及环境保护与生态环境建设等专项规划图。图纸比例一般为 1:500 000 ～ 1:1 000 000，重点地区城镇发展规划示意图用 1:50 000 ～ 1:100 000。

## 2.4.3　城市规划纲要

### 1. 城市总体规划纲要的主要任务和内容

城市总体规划纲要的主要任务是研究确定城市总体规划的重大原则，并作为编制城市总体规划的依据。

城市总体规划纲要应当包括以下内容。

① 论证城市国民经济和社会发展条件，原则确定规划期内城市发展目标。

② 论证城市在区域发展中的地位，原则确定市（县）域城镇体系的结构与布局。

③ 原则确定城市性质、规模、总体布局，选择城市发展用地，提出城市规划区范围的初步意见。

④ 研究分析确定城市能源、交通、供水等城市基础设施开发建设的重大原则问题，以及实施城市规划的重要措施。

### 2. 城市总体规划纲要的成果

城市总体规划纲要的成果包括文字说明和必要的示意性图纸。

（1）文字说明

简述城市自然、历史、现状特点；分析论证城市在区域发展中的地位和作用、经济社会发展的目标、发展优势与制约因素，初步划出城市规划区的范围；原则确定规划期内的城市发展目标、城市性质，初步预测人口规模、用地规模；提出城市用地发展方向和布局的初步方案；对城市能源、水源、交通、基础设施、防灾、环境保护、重点建设等主要问题提出原则规划意见；提出制定和实施城市规划重要措施的意见。

（2）图纸

① 区域城镇关系示意图：图纸比例为 1∶50 000 ～ 1∶200 000，标明相邻城镇位置、行政区划、重要交通设施、重要工况和风景名胜区。

② 城市现状示意图：图纸比例为 1∶10 000 ～ 1∶25 000，标明城市主要建设用地范围、主要干道以及重要的基础设施。

③ 城市规划示意图：图纸比例为 1∶10 000 ～ 1∶25 000，标明城市规划区和城市规划建设用地大致范围，标注各类主要建设用地、规划主要干道、河湖水面、重要的对外交通设施。

（3）专题研究报告

在大纲编制阶段应对城市重大问题进行研究，撰写专题研究报告。例如人口规模预测专题、城市用地分析专题等。

## 2.4.4　城市总体规划

### 1. 城市总体规划的主要任务

城市总体规划的主要任务是综合研究和确定城市性质、规模和空间发展状态，统筹安排城市各项建设用地，合理配置城市各项基础设施，处理好远期发展与近期建设的关系，指导城市合理发展。

### 2. 城市总体规划的内容

① 设计城市应当编制市域城镇体系规划，县（自治县、区）人民政府所在地的镇应当编制县域城镇体系规划。市域和县域城镇体系规划的内容包括：分析区域发展条件和制约因素，提出区域城镇发展战略，确定资源开发、产业配置和保护生态环境、历史文化遗产的综合目标；预测区域城镇化水平，调整现有城镇体系的规模结构、职能分工和空间布局，确定重点发展的城镇；原则确定区域交通、通信、能源、供水、排水、防洪等设施的布局；提出实施规划的措施和有关技术经济政策的建议。

② 确定城市性质和发展方向，划定城市规划区范围。

③ 提出规划期内城市人口及用地发展规模，确定城市建设与发展用地的空间布局、功能分区，以及市中心、区中心位置。

④ 确定城市对外交通系统的布局以及车站、铁路枢纽、港口、机场等主要交通设施的规模、位置，确定城市主、次干道系统的走向、断面、主要交叉口形式，确定主要广场、停车场的位置、容量。

⑤ 综合协调并确定城市供水、排水、防洪、供电、通信、燃气、供热、消防、环卫等设施的发展目标和总体布局。

⑥ 确定城市河湖水系的治理目标和总体布局，分配沿海、沿江岸线。

⑦ 确定城市园林绿地系统的发展目标及总体布局。

⑧ 确定城市环境保护目标，提出防治污染措施。

⑨ 根据城市防灾要求，提出人防建设、抗震防灾规划目标和总体布局。

⑩ 确定需要保护的风景名胜、文物古迹、传统街区，划定保护和控制范围，提出保护措施，历史文化名城要编制专门的保护规划。

⑪ 确定旧区改建、用地调整的原则、方法和步骤，提出改善旧城区生产、生活环境的要求和措施。

⑫ 综合协调市区与近郊区村庄、集镇的各项建设，统筹安排近郊区村庄、集镇的居住用地、公共服务设施、乡镇企业、基础设施和菜地、园地、牧草地、副食品基地，划定需要保留和控制的绿色空间。

⑬ 进行综合技术经济论证，提出规划实施步骤、措施和方法的建议。

⑭ 编制近期建设规划，确定近期建设目标、内容和实施部署。建制镇总体规划的内容可以根据其规模和实际需要适当简化。

### 3. 城市总体规划编制方法

1）基础资料的收集、整理与分析

① 城市总体规划基础资料的收集，应根据规划内容要求，结合城市特点，拟定调查内容，有计划有步骤地进行，最终形成资料汇编。

② 调查城市各项用地的分布和面积，并要求经过实地踏勘，查明各种用地的界限，在图上用不同的颜色标示，形成城市用地现状图。

③ 城市用地适用性评价是综合各项用地的自然条件以及整个用地的工程措施的可能性与经济性，对用地质量进行的评价。

城市用地适用性的评定要因地制宜，特别是抓住对用地影响最突出的主导环境要素，进行重点的分析与评价。例如，平原河网地区的城市必须重点分析水文和地基承载力的情况；在山区和丘陵地区的城市，则地形、地貌条件往往成为评价的主要因素。又如，在地震区的城市，地质构造的情况就显得十分重要；而矿区附近的城市发展必须弄清地下矿藏的分布情况等。

2）确定总体规划经济技术指标

总体规划的经济技术指标应按照国家和地方的有关法规和城市的具体情况确定。

3）确定城市性质

城市性质是由城市形成与发展的主导因素的特点所决定的，由该因素组成的基本部门的主要职能所体现。例如，北京是全国的政治、文化中心，上海是全国的经济中心等。

确定城市性质一般采用"定性分析"和"定量分析"相结合，以定性分析为主。定性分析主要是研究城市在全国或一定区域内政治、经济、文化等方面的作用和地位。定量分析是在定性基础上对城市职能，特别是经济职能，采用一定的技术指标，从数量上去确定主导的产业部门的性质。

确定城市性质不能就城市论城市，不能仅仅考虑城市本身发展条件和需要。必须坚持从全局出发，从地区乃至更大的范围着眼，根据国民经济合理布局及区域城市职能的合理分工，来分析确定城市性质。

**4）确定城市规模**

研究城市规模主要是确定人口规模与用地规模，估计规划期内的建筑量，为城市布局和各项专业规划提供基础数据。

（1）城市人口的构成

城市人口的状态是在不断变化的，可以通过对一定时期城市人口的各种现象，如年龄、寿命、性别、家庭、婚姻、劳动、职业、文化程度、健康状况等方面的构成情况加以分析，反映其特征。

年龄构成是指城市人口各年龄组的人数占总人数的比例。一般将年龄分成六组：托儿组（0～3岁）、幼儿组（4～6岁）、小学组（7～12岁）、中学组（13～17岁）、成年组（男：17～60岁、女：17～55岁）和老年组（男：61岁以上，女：56岁以上）。

了解年龄构成的意义包括：比较成年组人口与就业人数可以看出就业情况和劳动力潜力；掌握劳动后备军的数量和被抚养人口比例，对于估算人口发展规模有重要作用；掌握学龄前儿童和学龄儿童的数字和趋向是制定托、幼及中小学等规划指标的依据；分析年龄结构，可以判断城市的人口自然增长变化趋势；分析育龄妇女人口的年龄是推算人口自然增长的重要依据。

性别构成反映男女之间的数量和比例关系，它直接影响城市人口的结婚率、育龄妇女生育率和就业结构。在城市规划中，必须考虑男女性别比例的基本平衡。

家庭构成反映城市的家庭人口数量、性别和辈分组合等情况，它对于城市住宅类型的选择，城市生活和文化设施的配置，城市生活居住区的组织等有密切关系。我国城市家庭存在由传统的复合大家庭向简单的小家庭发展的趋势。

劳动构成按居民参加工作与否，计算劳动人口与非劳动人口占总人数的比例；劳动人口又按工作性质和服务对象，分成基本人口和服务人口。研究劳动人口在城市总人口中的比例，调查和分析现状劳动构成是估算城市人口发展规模的重要依据之一。

产业结构与职业构成的分析可以反映城市的性质、经济结构、现代化水平、城市设施社会化程度、社会结构的合理协调程度，是制定城市发展政策与调整规划定额指标的重要依据。在城市规划中，应提出合理的职业构成与产业结构建议，协调城市各项事业的发展，达到生产与生活设施配套建设，提高城市的综合效益。

（2）预测城市人口规模

预测城市人口发展规模，是一项受多种因素影响较为复杂的工作。一般要了解人口现状和历年来人口变化情况，并向国民经济各部门了解由于发展计划或相关政策而引起的人口机械变动，从中找出规律，确定较为接近实际情况的人口发展规模。

估算城市人口规模，既应从社会发展的一般规律出发，考虑经济发展的需求，也要考虑城市的环境容量等。

（3）确定城市用地规模

城市用地规模主要依据是人口规模。城市用地规模（$A$）等于城市人口（$P$）乘以人均用地指标（α）。

$$A = P \times \alpha$$

我国是一个人多地少的国家，规划的城市人均用地指标有比较严格的规定。一般为人均 $100\,\mathrm{m}^2$，用地偏紧的城市人均用地可以控制在 $80\,\mathrm{m}^2$ 以内，少数有特殊要求或用地比较宽裕的地区也不应超过人均 $120\,\mathrm{m}^2$。

（4）确定城市总体布局

城市总体布局反映城市各项用地和空间的内在联系，主要是通过合理组织城市用地和空间，保障城市各项功能的协调、城市安全和整体运行效率，塑造优美的城市环境和形象。城市道路交通与城市土地利用和空间布局有密切关系，因此在确定城市总体布局时，应同时确定道路网的基本框架。

① 城市总体布局的确定应遵循以下原则：

- 城乡结合，统筹安排；
- 功能协调，结构清晰；
- 依托旧区，紧凑发展；
- 分期建设，留有余地。

② 城市用地布局的主要模式。城市用地布局模式是对不同城市形态的概括表述，城市形态与城市的性质规模、地理环境、发展进程、产业特点等相互关联。大体可分为以下类型。

- 集中式的城市用地布局。特点是城市各项用地集中连片发展，就其道路网形式而言，可分为网格状、环状、环形放射状、混合状以及沿江、沿海或主要交通干道带状发展等模式。
- 集中与分散相结合的城市用地布局。一般有集中连片发展的主城区，主城外围形成若干具有不同功能的组团，主城与外围组团间布置绿化隔离带。
- 分散式城市用地布局。城市分为若干相对独立的组团，组团间被山丘、河流、农田或森林分隔，一般都有便捷的交通联系。

③ 城市用地布局的艺术问题。城市规划不仅要为城市提供良好的生产、生活条件，而且应创造优美的城市环境和形象。城市空间布局应当是在满足城市功能要求的前提下，充分利用城市自然和人文条件，对城市进行整体艺术加工和形象塑造。

- 城市用地布局的艺术问题。城市用地布局艺术是指城市在用地布局上的艺术构思及其在空间的体现。城市用地布局要充分考虑城市空间组织的艺术要求，把山川河湖、名胜古迹、园林绿地、有保留价值的建筑等有机地组织起来，形成城市景观的整体骨架。
- 城市空间布局要充分体现城市审美要求。城市之美是城市环境中自然美与人工美的综合，如建筑、道路、桥梁等的布置能很好地与山势、水面、林木相结合，可获得相得益彰的效果。不同规模的城市要有适当的比例尺度，广场的大小，干道的宽窄，建筑的体量、层数、造型、色彩的选择以及其与广场、干道的比例关系等均应相互协调。
- 城市空间景观的组织。城市中心和干道的空间布局都是形成城市景观的重点。前者反映了城市标志性的节点景观，后者反映的是标志性的通道景观，两者都是反映城市面貌和个性的重要因素。要结合城市自然条件和历史特点，运用各种城市布局艺术手段，创造出具有特色的城市中心和城市干道的艺术面貌。

- 城市轴线艺术。城市轴线是组织城市空间的重要手段。通过轴线，可以把城市空间组成一个有秩序、有韵律的整体。城市轴线又是城市建筑艺术的集中体现，在城市轴线上往往集中了城市中主要的建筑群和公共空间，因而也最能反映出城市的性质和特色。

- 继承历史传统，突出地方特色。在城市空间布局中，要充分考虑每个城市的历史传统和地方特色，创造独特的城市环境和形象。要充分保护好有历史文化价值的建筑、建筑群、历史街区，使其融入城市空间环境之中，成为城市历史文脉的见证。地方建筑布局形式大都反映地方文化特色，对富有地方特色的、建筑质量比较好的、完整的旧街道与旧居民区，应尽量采取整片保留的方法，并加以维修与改善。新建建筑也应从传统的建筑和布局形式中吸取精华，以保持和发扬地方特色。

## 4. 城市总体规划的成果要求

（1）城市总体规划文本

① 前言：说明规划编制的依据和原则。

② 市（县）域城镇体系规划的要点。

③ 城市规划区范围。

④ 城市性质、城市人口发展规模及用地规模。

⑤ 城市土地利用和空间布局。

⑥ 自然环境和历史文化环境保护。

⑦ 旧区改建原则，用地结构调整及环境综合整治。

⑧ 城市环境质量建议指标，改善或保护环境的措施。

⑨ 各项专业规划和近期建设规划。

⑩ 实施规划的措施。

（2）总体规划说明书、有关专题报告及资料汇编（略）

（3）城市总体规划的主要图纸

① 市（县）域城镇分布现状图。图纸比例一般为 1∶50 000 ～ 1∶200 000。

② 城市现状图：图纸比例一般大中城市为 1∶10 000 ～ 1∶25 000，小城市为 1∶5 000。

③ 新建城市和城市新发展地区应绘制城市用地工程地质评价图，图纸比例同现状图。

④ 市（县）域城镇体系规划图，图纸比例同现状图。

⑤ 城市总体规划图，表现规划建设用地范围内的各项规划内容，图纸比例同现状图。

⑥ 环境保护、防灾及历史文化遗产保护规划。

⑦ 近期建设规划图。

⑧ 各项专业规划图。

## 2.4.5　城市分区规划

### 1. 城市分区规划的作用

在城市总体规划完成后，大、中城市可根据需要编制分区规划。分区规划的任务是：在总体规划的基础上，对城市土地利用、人口分布和公共设施、城市基础设施的配置做出进一步的安排，为详细规划和规划管理提供依据。

### 2. 城市分区规划的主要内容

① 原则规定分区内土地使用性质、居住人口分布、建筑及用地的容量控制指标。

② 确定市、区、居住区级公共设施的分布及其用地范围。

③ 确定城市主、次干道的红线位置、断面、控制点坐标和标高，确定支路的走向、宽度以及主要交叉口、广场、停车场位置和控制范围。

④ 确定绿地系统、河湖水面、供电高压线走廊、对外交通设施、风景名胜的用地界线和文物古迹、传统街区的保护范围，提出空间形态的保护要求。

⑤ 确定工程干管的位置、走向、管径、服务范围以及主要工程设施的位置和用地范围。

### 3. 城市分区规划的成果

（1）分区规划文本的内容

① 总则：编制规划的依据和原则。

② 分区土地利用原则及不同使用性质地段的划分。

③ 分区内各片人口容量、建筑高度、容积率等控制指标，列出用地平衡表。

④ 道路（包括主、次干道）规划红线位置及控制点坐标、标高。

⑤ 绿地、河湖水面、高压走廊、文武古迹、历史地段的保护管理要求。

⑥ 工程管网及主要市政公用设施的规划要求。

（2）分区规划图纸

① 规划分区位置图：表现各分区在城市中的位置。

② 分区现状图：图纸比例为 1:5 000。

③ 分区土地利用规划图。

④ 建筑容量规划图。

⑤ 道路广场规划图。

⑥ 各项专业规划图。

（3）分区规划应收集的基础资料

总体规划对本分区的要求；分区人口现状；分区土地利用现状；分区居住、公建、工业、仓储、市政公共设施、绿地、水面等现状及发展要求；分区道路交通现状及发展要求；

分区主要设施及管网现状。

## 2.4.6　城市详细规划

城市详细规划的主要任务是：以总体规划或者分区规划为依据，详细规定建设用地的各项控制指标和其他规划管理要求，或者直接对建设做出具体的安排和规划设计。

城市详细规划分为控制性详细规划和修建性详细规划。

### 1. 控制性详细规划

1）控制性详细规划的内容

根据城市规划的深化和管理的需要，一般应当编制控制性详细规划，以总体规划或分区规划为依据，细分建设用地并规定其使用性质、各项控制指标和其他管理要求，强化规划的控制功能，作为城市规划管理的依据，并指导修建性详细规划的编制。控制性详细规划应当包括下列内容：

①详细规定所规划范围内各类不同使用性质用地的用地面积与用地界线，规定各类用地内适建、不适建或者有条件地允许建设的建筑类型；

②规定各地块建筑容量、高度控制、建筑形态、建筑密度、容积率、绿地率等控制指标，规定交通、配套设施及其他控制要求；

③确定各级支路的红线位置、控制点坐标和标高；

④根据规划容量，确定工程管线的走向、管径和工程设施的用地界线；

⑤制定相应的土地使用与建筑管理规定。

2）控制性详细规划的控制指标

（1）地块规定性指标

①用地性质：规划用地的使用功能，可根据用地分类标准小类进行标注。

②用地面积：规划用地的面积。

③建筑高度：规划地块内各类建筑基底占地面积与地块面积之比。

④建筑控制高度：由室外明沟面或散水坡面量至建筑物主体最高点的垂直距离。

⑤建筑红线后退距离：建筑最外边线后退道路红线的距离。

⑥容积率：规划地块内各类建筑总面积与地块面积之比。

⑦绿化率：规划地块内各类绿地面积的综总和占规划地块面积之比。

⑧交通出入口方位：规划地块内允许设置机动车和行人出入口的方向和位置。

⑨停车泊位及其他需要配置的公共设施：停车泊位指地块内应配置的停车车位数。其他设施的配置包括：居民区服务设施、环卫设施、电力设施、电信设施、燃气设施。

（2）指导性指标

①人口容量：规划地块内每公顷用地的居住人口数。

②建筑形式、体量、体型、色彩、风格要求。

③其他环境要求。

　　3）控制性详细规划的成果

（1）文件内容

　　控制性详细规划文件包括规划文本和附件，规划文本中应当包括规划范围内土地使用及建筑管理规定。规划文本中应当包括规划范围内土地使用与建设管理细则，重点反映规划地段各类用地控制和管理原则及技术规定，经批准后纳入规划管理法规体系。具体内容如下。

　　① 总则：制订规划的目的、依据及原则，主管部门和管理权限。

　　② 各地块划分及规划控制的原则和要求。

　　③ 各地块使用性质划分和适建要求（适建、不适建、有条件适建的建筑类型）。

　　④ 各地块控制指标一览表。

　　⑤ 建筑物后退红线距离的规定。

　　⑥ 相邻地段的建筑规定。

　　⑦ 市政公用设施、交通设施的配置和管理要求。

　　⑧ 奖励和惩罚。

（2）图纸内容

　　控制性详细规划图纸包括规划地区现状图、控制性详细规划图纸等。图纸比例一般为1∶1 000～1∶2 000。具体内容如下。

　　① 用地现状图：土地利用现状，建筑物现状、人口分布现状、市政公用设施现状。

　　② 用地规划图：规划各类用地的具体范围和使用性质、主要交通出入口、绿地和公共设施位置，表明地块编号（和文本中控制指标相对应）。

　　③ 道路交通及竖向规划图：确定道路走向、线型、横断面、各支路交叉口坐标、标高、停车场和其他交通设施位置及用地界线，各地块室外地坪规划标高。

　　④ 工程管网规划图：各类工程管网平面位置、管径、控制点坐标和标高，必要时可分别绘制，分为给排水、电力电讯、煤气、管线综合等。

## 2. 修建性详细规划

　　对于当前要进行建设的地区，应当编制修建性详细规划，为满足修建需要进行规划设计，包括总平面布置、空间组织和环境设计、道路系统和工程管线规划设计等。用以指导各项建筑和工程设施的设计和施工。

　　1）修建性详细规划的内容

　　① 建设条件分析及综合技术经济论证。

　　② 做出建筑、道路和绿地等的空间布局和景观规划设计，布置总平面图。

　　③ 道路交通规划设计。

　　④ 绿地系统规划设计。

　　⑤ 工程管线规划设计。

　　⑥ 竖向规划设计。

　　⑦ 估算工程量、拆迁量和总造价，分析投资效益。

　　2）修建性详细规划的成果

　　（1）规划说明书

① 现状条件分析。

② 规划原则和总体构思。

③ 用地布局。

④ 建筑空间组织和环境景观。

⑤ 道路和绿地系统规划。

⑥ 各项专业工程规划及管网综合。

⑦ 竖向规划。

⑧ 主要技术经济指标，一般应包括总用地面积、总建筑面积、住宅建筑总面积、平均层数、容积率、建筑密度、住宅建筑容积率、建筑密度、绿地率。

⑨ 工程量及投资估算。

（2）规划图纸

修建性详细规划图纸包括：规划地段位置图、规划地区现状图、规划总平面图等。图纸比例一般为 1∶500 ～ 1∶2 000。具体内容如下。

① 规划地段位置图：标明规划地段在城市的位置以及和周围地区的关系。

② 规划地段现状图：标明自然地形地貌、道路、绿化、工程管线及各类用地和建筑的范围、性质、层数、质量等。

③ 规划总平面图：标明地形地貌、规划道路、绿化布置及各类用地的范围和建筑平面的轮廓线、用途、层数等。

④ 道路交通规划图：标明道路控制点坐标、标高，道路断面，交通设施。

⑤ 竖向规划图：用等高线法或标注法表示规划后的地形地貌等。

⑥ 市政设施规划图：标明各类市政管线的布置，市政设施的位置、容量，相关设施和用地。

⑦ 绿化景观规划图：标明植物配置的种类、景点的名称。

⑧ 反映规划设计意图的透视图或鸟瞰图（一般应作模型）。

# 2.5

# 城市规划中的工程系统规划

## 2.5.1　工程规划概述

### 1. 工程规划的基本概念

在城市规划中要解决许多工程问题，如给排水工程、电力系统工程、电讯系统工程、燃气供应工程、供热系统工程、城市防灾工程等，这些工程规划是城市规划的重要组成部分。要了解城市规划中的工程规划首先要了解一下城市规划中的基础设施规划。

城市基础设施是维持城市正常运转的最为基础的硬件设施以及相应的最基本的服务。这些设施的建设与运营带有很强的公共性，通常由城市政府或公益性团体直接承担，或进行强有力的监管。城市基础设施规划是城市规划的重要组成部分。

我国的《城市规划基本术语标准》将城市基础设施定义为："城市生存和发展所必须具备的工程性基础设施和社会性基础设施的总称"。其中工程性基础设施主要包括城市的道路交通系统、给排水系统、能源供给系统、通信系统、环境保护和环境卫生系统及城市防灾系统等，又被称为狭义的城市基础设施。社会性基础设施则包括行政管理、基础性商业服务、文化体育、医疗卫生、教育科研、宗教、社会福利以及住房保障等。

城市规划与这两大类基础设施的规划与建设均有密切的关系。由于工程性基础设施的规划设计与建设具有较强的工程性和技术性特点，又被称为城市工程系统规划。

城市规划中的工程规划是指针对城市工程性基础设施所进行的规划，是城市规划中的专业规划的组成部分，或是单系统（如城市给水系统）的工程规划。本节主要介绍与制定城市规划时关系密切的工程规划，或称为工程系统规划。

### 2. 城市工程系统规划的任务

城市工程系统规划的任务从总体上说，就是根据城市社会经济发展目标，同时结合各个城市的具体情况，合理地确定规划期内各项工程的设施规模、容量，对各项设施进行科学合理的布局，并制定相应的建设策略和措施。专项的工程规划的任务则是根据系统所要达到的目标，选择确定恰当的标准和设施。

城市规划中的工程规划包含的专业众多，涉及面广，专业性强，同时各专业之间需要协调与配合。从本质上看，城市规划中的工程规划基本上是一种修建性规划。

### 3. 城市工程系统规划的层次

由于城市工程系统规划一方面可以作为城市规划的组成部分，形成不同空间层次与详细程度的规划，例如城市总体规划中的工程系统规划、城市分区规划中的工程系统规划以及详细规划中的工程系统规划；另一方面，也可以针对组成工程系统整体的各个专项系统，单独编制该系统的工程规划，如城市供电系统的规划。各专项规划中又包含有不同层面和不同深度的规划内容。此外，对这些专项规划之间进行综合与协调又形成了综合性的城市工程系统规划。这些不同层次、不同深度、不同类型、不同专业的城市工程系统规划构成了一个纵横交错的网络。通常，各专项规划由相应的政府部门组织编制，作为行业发展的依据。城市规划更多在吸取各专项规划内容的基础上，对各个系统之间进行协调，并将各种设施用地落实到城市空间中去。

### 4. 城市工程系统规划的一般规律

构成城市工程系统的各个专项系统繁多，内容复杂，各专项系统又具有各自性能、技术要求等方面的特点。因此，各专项规划无论是其内容还是要解决的主要矛盾各不相同。但是，作为城市规划组成部分的各专项系统规划之间又存在某些共性和普遍性的规律。首先，各专项系统规划的层次划分与编制的顺序基本相同，并与相应的城市规划层次相对应。即在拟定工程系统规划建设目标的基础上，按照空间范围的大小和规划内容的详细程度，依次分为：① 城市工程系统总体规划；② 城市工程系统分区规划；③ 城市工程系统详细规划。其次，各专项规划的工作程序基本相同，依次为：① 对该系统所应满足的需求进行预测分析；② 确定规划目标，并进行系统选型；③ 确定设施及管网的具体布局。

## 2.5.2　城市基础设施工程规划

城市工程系统规划主要是针对城市工程性基础设施所进行的规划，也可以称之为城市基础设施工程规划，本小节主要讲述与城市总体规划关系密切的工程规划，主要包括城市给排水工程规划、能源供给工程系统规划、电信系统工程规划、环保环卫工程规划、减灾工程规划及工程管线综合规划。

### 1. 城市给排水工程规划

（1）给水工程系统的构成与功能

城市给水工程系统由取水工程、净水工程、输配水工程等组成。

城市取水工程包括城市水源（含地表水、地下水）、取水口、取水构筑物、提升原水的一级泵站以及输送原水到净水工程的输水管等设施，还应包括在特殊情况下为蓄、引城市水源所筑的水闸、堤坝等。取水工程的功能是将原水取、送到城市净水工程，为城市提供足够的水源。

净水工程包括城市自来水厂、清水库、输送净水的二级泵站等设施。净水工程的功能是将原水净化处理成符合城市用水水质标准的净水，并加压输入城市供水管网。

输配水工程包括从净水工程输入城市供配水管网的输水管道，供配水管网以及调节水量、水压的高压水池和水塔、清水增压泵站等设施。输配水工程的功能是将净水保质、保量、稳压地输送至用户。

（2）给水工程规划的任务

根据城市和区域水资源的状况，最大限度地保护和合理利用水资源，合理选择水源，进行城市水源规划和水资源利用平衡工作；确定城市自来水厂等给水设施的规模、容量；布置给水设施和各级给水管网系统，满足用户对水质、水量、水压等要求，制定水源和水资源的保护措施。

（3）给水工程规划的主要内容

确定用水量标准，估算生产、生活、市政用水总量；保障水源供需平衡，选择水源地；确定供水能力、取水方式、净水方案、水厂制水能力、输水管网及配水干管布置、加压站位置和数量以及水源地保护措施。

（4）城市给水管网规划

城市给水管网由输水管渠、配水管网以及泵站、水塔、水池等附属组成，其中输水管渠的功能主要是将经过处理的水由水厂输送到给水区，其间，并不负责向具体的用户分配水量。而给水管网的任务则是将水配送给每个具体的用户。根据管线在整个供水管网中所起的作用和管径的大小，给水管可分为干管、分配管、接户管三个等级。给水管网布置形式主要分为树状管网和环状管网（图 2-3 和图 2-4）。

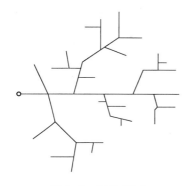

图 2-3　树状管网

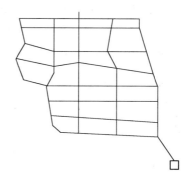

图 2-4　环状管网

树状管网是指供水管网从水厂至用户的形态呈树枝状布置。这种布置形式的特点是结构简单，管线总长度短，可节约管线材料，降低造价，但供水的安全可靠性相应降低，适于小城市建设初期采用。

环状管网中的管线相互联结串通，形成网状结构，其中某条管线出现问题时，可由网络中的其他环线迂回替代，因而大大增强了供水的安全可靠性。在经济条件允许的城市应尽量采用这种供水方式。

## 2. 城市排水工程规划

（1）排水工程系统的构成与功能

城市排水工程系统由雨水排放工程、污水处理与排放工程组成。

城市雨水排放工程有雨水管渠、雨水收集口、雨水检查井、雨水提升泵站、排涝泵站、雨水排放口等设施，还应包括为确保城市雨水排放所建的闸、堤坝等设施。城市雨水排放工程的功能是及时收集与排放城区雨水等降水，抗御洪水和潮汛侵袭，避免和迅速排除城区渍水。

污水处理与排放工程包括污水处理厂（站）、污水管道、污水检查井、污水提升泵站、污水排放口等设施。污水处理与排放工程的功能是收集与处理城市各种生活污水、生产废水，综合利用、妥善排放处理后的污水，控制与治理城市水污染，保护城市与区域的水环境。

（2）排水工程规划的任务

根据城市自然环境和用水状况，确定规划期内排水处理量，污水处理设施的规模与容量，降水排放设施的规模与容量；布置污水处理厂（站）等各种污水处理与收集设施、排涝泵站等雨水排放设施以及各级排水管网；制定水环境保护、污水利用等对策及措施。

（3）排水工程规划的主要内容

确定排水制度（合流、分流）；划分排水区域，估算雨水、污水总量，制定不同地区污水排放标准；排水管、渠系统规划布局，确定主要泵站及位置；污水处理厂布局、规模、处理等级以及综合利用的措施。

（4）城市排水工程系统布局

由于城市排水主要依靠重力使污水自流排放，必要时才采用提升泵站和压力管道，因此，城市排水工程系统的布局形式与城市的地形、竖向规划、污水处理厂的位置、周围水体状况等因素有关。常见的布局形式有正交式布置、截流式布置、平行式布置、分区式布置、分散式布置、环绕式布置、区域性布置。

### 3. 城市供热系统规划

（1）供热工程系统的构成与功能

城市供热工程系统由供热热源工程和供热管网工程组成。

供热热源工程包含城市热电厂（站）、区域锅炉房等设施。城市热电厂（站）是以城市供热为主要功能的火力发电厂（站），供给高压蒸汽、采暖热水等。区域锅炉房是城市地区性集中供热的锅炉房，主要用于城市取暖或提供近距离的高压蒸汽。

供热管网工程包括热力泵站、热力调压站和不同压力等级的蒸汽管道、热水管道等设施。热力泵站主要用于远距离输送蒸汽和热水。热力调压站调节蒸汽管道的压力。

（2）供热工程规划的任务

根据当地气候、生活与生产需求，确定城市集中供热对象、供热标准、供热方式；确定城市供热量和负荷选择并进行城市热源规划，确定城市热电厂、热力站等供热设施的数量和容量；布置各种供热设施和供热管网；制定节能保温的对策与措施以及供热设施的防护措施。

（3）供热工程规划的主要内容

确定供热标准，估算供热负荷，确定供热方式；划分供热区域范围，布置热电厂；确定热力网系统及敷设方式；联片集中供热规划。

（4）城市供热管网规划

城市供热管网又被称为热网或热力网，是指由热源向用户输送和分配热介质的管线系统，主要由管道、热力站和阀门等管道附件所组成。

城市供热管网按照热源与管网的关系可分为区域网络式与统一网络式两种形式。前者为单一热源与供热网络相连；后者为多个热源与网络相连，较前者具有更高的可靠性，但系统复杂。按照城市供热管网中的输送介质又可分为：蒸汽管网、热水管网以及包括前两者在内的混合管网。在管径相同的情况下蒸汽管网输送的热量更多，但容易损坏。从平面布局上来看，城市供热管网又可以分为枝状管网与环状管网（图2-5和图2-6）。显然后者的可靠性较强，但管网建设投资较高。此外，根据用户对介质的使用情况还可以分为开式管网与闭式管网，前者用户可以直接使用热介质，通常只设有一根输送热介质的管道；后者不允许用户使用热介质，因此必须同时设回流管。

### 4. 城市电力系统规划

（1）供电工程系统的构成与功能

城市供电工程系统由城市电源工程和输配电网络组成。

城市电源工程主要有城市电厂和区域变电所（站）等电源设施。城市电厂是专为本城市服务的。区域变电所（站）是区域电网上供给城市电源所接入的变电所（站）。区域变电所（站）通常是大于等于 110 kV 电压的高压变电所（站）或超高压变电所（站）。城市电源工程具有自身发电或从区域电网上获取电源、为城市提供电源的功能。

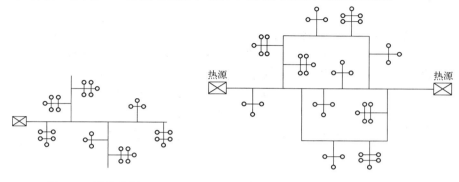

图 2-5　枝状管网　　　　　　　　　　图 2-6　环状管网

　　城市输配电网络工程由输送电网与配电网组成。城市输送电网含有城市变电所（站）和从城市电厂、区域变电所（站）接入的输送电线路等设施，具有将城市电源输入城区，并将电源变压进入城市配电网的功能。城市配电网由高压和低压配电网等组成：高压配电网电压等级为 1 ～ 10 kV，含有变配电所（站）、开关站、1 ～ 10 kV 高压配电线路；低压配电网电压等级为 220 V ～ 1 kV，含低压配电所、开关站、低压电力线路等设施，具有直接为用户供电的功能。

　　（2）供电工程规划的任务

　　结合城市和区域电力资源状况，合理确定规划期内的城市用电量和用电负荷，进行城市电源规划；确定城市输、配电设施的规模、容量及电压等级；布置变电所（站）等变电设施和输配电网络；制定各类供电设施和电力线路的保护措施。

　　（3）供电工程规划的主要内容

　　确定用电量指标、总用电负荷、最大用电负荷，分区负荷密度，选择供电电源；确定变电站位置、变电等级、容量、输配电系统电压等级、敷设方式以及高压走廊用地范围、防护要求。

　　（4）城市电力线路规划

　　电力线路按照其功能可分为高压输电线与城市送配电线路；按照敷设方式又可以分为架空线路与电力电缆线路。前者通常采用铁塔、水泥或木质杆架设，后者可采用直埋电缆，电缆沟或电缆排管等埋设形式。电力电缆通常适用于城市中心区或建筑物密集地区的 10 kV 以下电力线路的敷设。对于架空线路，尤其是穿越城市的 10 kV 以上高压电力线路，必须设置必要的安全防护距离。在这一防护距离内不得存在任何建筑物、植物及其他架空线路等。城市规划需在高压线穿越市区的地方设置高压走廊（或称电力走廊），以确保高压电力线路与其他物体之间保持一定的距离。高压走廊中禁止其他用地及建筑物的占用，进行绿化时应考虑到植物与导线之间的最小净空距离（不小于 4 ～ 7 m）。

## 5. 城市燃气系统规划

　　（1）燃气工程系统的构成与功能

城市燃气工程系统由燃气气源工程、储气工程、输配气管网工程等组成。

城市燃气气源工程包含煤气厂、天然气门站、石油液化气气化站等设施，具有为城市提供可靠的燃气气源的功能。

燃气储气工程包括各种管道燃气的储气站、石油液化气的储存站等设施。储气站储存煤气厂生产的燃气或输送来的天然气，满足城市日常和高峰小时的用气需要。石油液化气储存站具有满足液化气气化站用气需求和城市石油液化气供应站的需求等功能。

燃气输配气管网工程包含燃气调压站和不同压力等级的燃气输送管网、配气管道。一般情况下，燃气输送管网采用中、高压管道，配气管为低压管道。燃气输送管网具有中、长距离输送燃气的功能，不直接供给用户使用。配气管则具有直接供给用户使用燃气的功能。燃气调压站具有升降管道燃气压力之功能，以便于燃气输送，也可由高压燃气降至低压，向用户供气。

（2）燃气工程规划的任务

结合城市和区域燃料资源状况，选择城市燃气气源，合理确定规划期内各种燃气的用量，进行城市燃气气源规划；确定各种供气设施的规模、容量；确定城市燃气管网系统；科学布置气源厂、气化站等产、供气设施和输配气管网；制定燃气设施和管道的保护措施。

（3）燃气工程规划的主要内容

估算燃气消耗水平，选择气源、确定气源结构；确定燃气供应规模；确定配输系统供气方式、管网压力等级、管网系统，确定调压站、灌瓶站等工程设施布置。

（4）城市燃气输配管网注意的问题

城市燃气输配管网一般沿城市道路敷设，通常应注意以下问题。

① 为提高燃气输送的可靠性，主要燃气管道应尽量设计成环状布局。

② 出于安全和便于维修方面的考虑，燃气管道最好避开交通繁忙的路段，同时不得穿越建筑物。

③ 同样出于安全原因，燃气管道不应与给排水管道、热力管道、电力电缆及通信电缆铺设在同一条地沟内，如必须同沟铺设时应采取必要的防护措施。应避免燃气管道与高压电缆平行铺设。

④ 燃气管道在跨越河流，穿越隧道时应避免与其他基础设施同桥或同隧道铺设，尤其不允许与铁路同设。穿越铁路或重要道路时应增设套管。

⑤ 燃气管道可设在道路一侧，但当道路宽度超过 20 m 且有较多通向两侧地块的引入线时，也可以双侧铺设。燃气管道应埋设在土壤冰冻线以下。

## 6. 城市通信系统规划

（1）城市通信工程系统的构成与功能

城市通信工程系统由邮政、电信、广播、电视四个分系统组成。

城市邮政系统通常有邮政局所、邮政通信枢纽、报刊门市部、售邮门市部、邮亭等设施，具有快速、安全传递城市各类邮件、报刊及电报等功能。

城市电信系统从通信方式上分为有线电通信和无线电通信两部分。无线电通信有微波通信、移动电话、无线寻呼等。电信系统由电信局（所、站）工程和电信网工程组成。电信局（所、站）具有各种电信量的收发、交换、中继等功能。电信网工程包括电信光缆、电信电缆、光接点、电话接线箱等设施，具有传送电信信息流的功能。

城市广播系统有无线电广播和有线广播两种方式。广播系统包含广播台站工程和广播线路工程。广播台站工程有无线广播电台、有线广播电台、广播节目制作中心等设施，其功能是制作、播放广播节目。广播线路工程主要有有线广播的光缆、电缆以及光电缆管道等，其功能是传递广播信息给听众。

城市电视系统有无线电视和有线电视（含闭路电视）两种方式。城市电视系统由电视台（站）工程和线路工程组成，其功能是制作、发射电视节目内容，以及转播、接力上级与其他电视台的电视节目。线路工程主要是有线电视及闭路电视的光缆、电缆管道、光接点等设施，其功能是将有线电视台（站）的电视信号传送给观众的电视接收器。

（2）通信工程规划的任务

结合城市通信状况和发展趋势，确定规划期内城市通信发展目标，预测通信需求；确定邮政、电信、广播、电视等各种通信设施和通信线路；制定通信设施综合利用对策与措施，以及通信设施的保护措施。

（3）通信工程规划的主要内容

确定各项通信设施的标准和发展规模（包括长途电话、市内电话、电报、电视台、无线电台及部门通讯设施）；确定邮政设施标准、服务范围、发展目标和主要局所网点布置；确定通信线路布置、用地范围、敷设方式以及通信设施布局和用地范围，划定收发讯区和微波通道的保护范围。

（4）城市有线通信网络线路规划

城市有线通信网络是城市通信的基础和主体，其种类繁多。如果按照功能分类，有长途电话、市内电话、郊区（农村）电话、有线电视、有线广播、国际互联网以及社区治安监控系统等；如果按照线路所使用的材料分类，有光纤、电缆、金属明线等；按照敷设方式分类，有管道、直埋，架空、水底敷设等。电话线路是城市通信网络中最为常见也是最基本的线路，一般采用电话管道或电话电缆直埋的方式，沿城市道路铺设于人行道或非机动车道的下面，并与建筑物及其他管道保持一定的间距。由于电话管道线路自身的特点，平面布局应尽量短直，避免急转弯。电话管道的埋深通常在 0.8～1.2 m 之间；直埋电缆的埋深一般在 0.7～0.9 m 之间。架设电话线路应尽量避免与电力线或其他种类的通讯线路同杆架设，如必须同杆时，需要留出必要的距离。

城市有线电视、广播线路的敷设要点与城市电话线路基本相同。当有线电视、广播线路经过的路由上已有电话管道时，可利用电话管道敷设，但不宜同孔。此外，随着信息传输技术的不断发展，利用同一条线路同时传输电话、有线电视以及国际互联网信号的"三线合一"技术已日趋成熟，可望在将来得到推广普及。

## 7.　城市防灾工程规划

### 1）防灾工程系统的构成与功能

城市防灾工程系统主要由城市消防工程、防洪（潮汐）工程、抗震工程、防袭工程及救灾生命线系统等组成。

城市消防工程系统有消防站（队）、消防给水管网、消火栓等设施。消防工程系统的功能是日常防范火灾，及时发现与迅速扑灭各种火灾，避免或减少火灾损失。

城市防洪（潮、汛）工程系统有防洪（潮、汛）堤、截洪沟、泄洪沟、分洪闸、防洪闸，排涝泵站等设施。城市防洪工程系统的功能是采用避、拦、堵、截、导等各种方法，抗御洪水和潮汛的侵袭，排除城区涝渍，保护城市安全。

城市抗震系统主要在于加强建筑物、构筑物的抗震强度，合理布置避灾疏散场地和道路。

城市防袭工程系统由防空袭指挥中心、专业防空设施、防空掩体工事、地下建筑、地下通道以及战时所需的地下仓库、水厂、变电站、医院等设施组成，其功能是提供战时市民防御空袭、防御战争的安全空间和物资供应。

城市救灾生命线系统由城市急救中心、疏运通道以及给水、供电、通信等设施组成。城市救灾生命线系统的功能是在发生各种城市灾害时，提供医疗救护、运输以及供水、供电、通信调度等物质条件。

2）防灾工程规划的任务

根据城市自然环境、灾害区划和城市地位，确定城市各项防灾标准，合理确定各项防灾设施的等级、规模、布局及各项防灾措施；充分考虑防灾设施与城市常用设施的有机结合，制定防灾设施的统筹建设、综合利用、防护管理对策与措施。

3）防灾工程规划的主要内容

（1）防洪规划

确定城市需设防地区（防江河洪水、防山洪、防海潮、防泥石流）范围、设防等级、防洪标准；确定防洪区段安全泄洪量、设防方案、防洪堤坝走向、排洪设施位置和规模以及防洪设施与城市道路、公路、桥梁交叉方式；确定排涝防渍的措施。

（2）消防规划

划定消防分区，明确重点消防地段；确定消防指挥系统和消防站点布局、主要消防通道及疏散避难地。

（3）地下空间开发利用及人防规划（必要时可分开编制）

重点设防城市要编制地下空间开发利用及人防与城市建设相结合规划，对地下防灾（包括人防）设施、基础工程设施、公共设施、交通设施、贮备设施等进行综合规划，统筹安排。确定地下空间开发利用及人防工程建设的原则和重点、城市防护布局、人防工程规划布局；确定交通、基础设施的防空和防灾规划以及贮备设施布局。

## 2.5.3　城市管线工程综合规划

### 1. 城市工程管线综合规划的原则与技术规定

城市工程管线种类众多，一般均沿城市道路空间埋设或架设。各工程管线的规划设计、施工及维修管理一般由各个专业部门或专业公司负责。为避免工程管线之间及工程管线与临近建筑物、构筑物相互产生干扰，解决工程管线在设计阶段的平面走向、立体交叉时的矛盾，以及施工阶段建设顺序上的矛盾，在城市基础设施规划中必须进行工程管线综合工作。因此，城市工程管线综合对城市规划、城市建设与管理具有重要的意义。

因为城市工程管线综合工作的主要任务是处理好各种工程管线的相互关系和矛盾，所以整个工作要求采用统一的平面坐标、竖向高程系统以及统一的技术术语定义，以确保工作的顺利进行。

### 2. 城市工程管线的种类与特点

为做好城市工程管线综合工作，首先需要了解并掌握各种工程管线的使用性质、目的及技术特点。在城市基础设施规划中，通常需要进行综合的常见城市工程管线有 6 种：给水管道、排水管沟、电力线路、电信线路、热力管道以及燃气管道。在城市规划与建设中，一般将待开发地块的"七通一平"作为进行城市开发建设的必要条件。其中的"七通"即指上述 6 种管线与城市道路的接通。

城市工程管线按照其性能和用途可以分为以下种类：

① 给水管道——包括工业给水、生活给水、消防给水管道；

② 排水管沟——包括工业污水（废水）、生活污水、雨水管道及沟渠；

③ 电力线路——包括高压输电、低压配电、生产用电、电车用电等线路；

④ 电信线路——包括市内电话、长途电话、电报、有线广播、有线电视、国际互联网等线路；

⑤ 热力管道——包括蒸汽、热水等管道；

⑥ 燃气管道——包括煤气、乙炔等可热气体管道以及氧气等助燃气体管道。

其他种类的管道还有：输送新鲜空气、压缩空气的空气管道，排泥、排灰、排渣、排尾矿等灰渣管道，城市垃圾输送管道，输送石油、酒精等液体燃料的管道以及各种工业生产专用管道。

工程管线按照输送方式可分为压力管线（例如：给水、煤气管道）与重力自流管线（例如：污水、雨水管渠）两大类别。

工程管线按照敷设方式又可分为架空线与地下埋设管线。后者又可以进一步分为地铺管线（指在地面敷设明沟或盖板明沟的工程管线，如雨水沟渠）和地埋管线。地埋管线的埋深通常在土壤冰冻深度以下，埋深大于 1.5 m 的属于深埋，小于 1.5 m 的属于浅埋。

由于各种工程管线所采用的材料不同，机械性能各异，一般根据管线可弯曲的程度分为：可弯曲管线（如电信、电力电缆、给水管等）与不易弯曲的管线（如电力、电信管道、污水管道等）。

### 3. 城市工程管线综合规划原则

城市工程管线综合涉及管线种类众多，在处理相互之间矛盾以及与城市规划中的其他内容相协调时，一般遵循以下原则。

① 采用统一城市坐标及标高系统，如坐标或标高系统不统一时，应首先进行换算工作，以确保把握各种管网的正确位置。

②　管线综合布置应与总平面布置、竖向设计、绿化布置统一进行，使管线之间管线与建筑物、构筑物之间在平面及竖向上保持协调。

③　根据管线的性质、通过地段的地形，综合考虑道路交通、工程造价及维修等因素后，选择合适的敷设方式。

④　尽量降低有毒、可燃、易爆介质管线穿越无关场地及建筑物。

⑤　管线带应设在道路的一侧，并与道路或建筑红线平行布置。

⑥　在满足安全要求、方便检修、技术合理的前提下，尽量采用共架、共沟敷设管线的方法。

⑦　尽量减少工程管线与铁路、道路、干管的交叉，交叉时尽量采用正交。

⑧　工程管线沿道路综合布置时，干管应布置在用户较多的一侧或将管线分类，分别布置在道路两侧。

⑨　当地下埋设管线的位置发生冲突时，应按照以下避让原则处理：

- 压力管让自流管；
- 小管径让大管径；
- 易弯曲的让不易弯曲的；
- 临时的让永久的；
- 工程量小的让工程量大的；
- 新建的让现有的；
- 检修次数少的、方便的，让检修次数多的、不方便的。

⑩　工程管线与建筑物、构筑物之间，以及工程管线之间的水平距离应符合相应的规范（详见下述），当因道路宽度限制无法满足水平间距的要求时，可考虑调整道路断面宽度或采用管线共沟敷设的方法解决。

⑪　在交通繁忙，路面不宜进行开挖并且有两种以上工程管线通过的路段，可采用综合管沟进行工程管线集中敷设的方法。但应注意的是，并非所有的工程管线在所有的情况下都可以进行共沟敷设。管线共沟敷设的原则是：

- 热力管不应与电力、电信电缆和压力管道共沟；
- 排水管道应位于沟底，但当沟内同时敷设有腐蚀性介质管道时，排水管道应在其上，腐蚀性介质管道应位于沟中最下方的位置；
- 可燃、有毒气体的管道一般不应同沟敷设，并严禁与消防水管共沟敷设；
- 其他有可能造成相互影响的管线均不应共沟敷设。

⑫　敷设主管道干线的综合管沟应在车行道下。其埋深与道路行车荷载、管沟结构强度、冻土深度等有关。敷设支管的综合管沟应在人行道下，通常埋深较浅。

⑬　对于架空线路，同一性质的线路尽可能同杆架设，例如，高压供电线路与低压供电线路宜同杆架设；电信线路与供电线路通常不同杆架设；必须同杆架设时需要采取相应措施。

城市工程管线综合的依据可参照中华人民共和国国家标准《城市工程管线综合规划规范》（GB 50289—1998）中的具体规定。

## 4. 城市工程管线综合规划

城市工程管线综合通常根据其任务和主要内容划分为不同的阶段：① 规划综合；② 初步设计综合；③ 施工图详细检查阶段，并与相应的城市规划阶段相对应。规划综合对应城市总体规划阶段，主要协调各工程系统中的干线在平面布局上的问题，例如，各工程系统的干管走向有无冲突，是否过分集中在某条城市道路上等。初步设计综合对应城市规划的详细规划阶段，对各单项工程管线的初步设计进行综合，确定各种工程管线的平面位置、竖向标高，检验相互之间的水平间距及垂直间距是否符合规范要求，管道交叉处是否存在矛盾。综合的结果及修改建议反馈至各单项工程管线的初步设计，有时甚至提出对道路断面设计的修改要求。

1）城市工程管线综合总体协调与布置

城市工程管线综合中的规划综合阶段与城市总体规划相对应，通常按照以厂工作步骤与城市总体规划的编制同步进行。其成果一般作为城市总体规划成果的组成部分。

（1）基础资料收集阶段

包括城市自然地形、地貌、水文、气象等方面的资料，城市土地利用现状及规划资料，城市人口分布现状与规划资料，城市道路系统现状及规划资料，各专项工程管线系统的现状及规划资料以及国家与地方的相关技术规范。这些资料有些可以结合城市总体规划基础资料的收集工作进行，有些则来源于城市总体规划的编制成果。

（2）汇总综合及协调定案阶段

将上一个阶段所收集到的基础资料进行汇总整理，并绘制到统一的规划底图上（通常为地形图），制成管线综合平面图。检查各工程管线规划本身是否存在问题，各个工程管线规划之间是否存在矛盾。如存在问题和矛盾，需提出总体协调方案，组织相关专业共同讨论，并最终形成符合各工程管线规划要求的总体规划方案。

（3）编制规划成果阶段

城市总体规划阶段的工程管线综合成果包括：比例尺为 1：5 000 ～ 1：10 000 的平面图、比例尺为 1：200 的工程管线道路标准横断面图以及相应的规划说明书。

2）城市工程管线综合详细规划

城市工程管线综合的详细规划又称初步设计综合，其任务是协调城市详细规划阶段中各专项工程管线详细规划的管线布置，确定各工程管线的平面位置和控制标高。城市工程管线综合详细规划在城市规划中的详细规划以及各专项工程管线详细规划的基础上进行，并将调整建议反馈给各专项工程管线规划。城市工程管线综合详细规划的编制工作与城市详细规划同步进行，其成果通常作为详细规划的一部分。城市工程管线综合详细规划有以下几个主要工作阶段。

（1）基础资料收集阶段

城市工程管线综合详细规划所需收集的基础资料与总体规划阶段相似，但更侧重于规划范围以内的地区。如果所在城市已编制过工程管线综合的总体规划，其规划成果可直接作为编制详细规划的基础资料。但在尚未编制工程管线综合总体规划的城市除了所在地区的基础资料外，有时还需收集整个城市的基础资料。

（2）汇总综合及协调定案阶段

与城市工程管线综合总体规划阶段相似，将各专项工程管线规划的成果统一汇总到管线综合平面图上，找出管线之间的问题和矛盾，组织相关专业进行讨论调整方案，并最终确定工程管线综合详细规划。

（3）编制规划成果阶段

城市工程管线综合详细规划的成果包括：管线综合详细规划平面图（通常比例尺为1∶1 000）、管线交叉点标高图（比例尺 1∶500 ～ 1∶1 000）、详细规划说明书以及修订的道路标准横断面图。

## 2.5.4　城市用地竖向规划

### 1. 城市用地竖向规划的目的和工作内容

如何在城市规划工作中利用地形，是达到工程合理、造价经济、景观美好的重要途径。常常有这样的情况，在纸面上制定规划方案时，完全没有考虑实际地形的起伏变化，为了追求某种形式的构图，任意开山填沟，既破坏自然地形的景观，又浪费大量的土石方工程费用。有时，各单项工程的规划设计，各自进行，互不配合，结果造成标高不统一，互不衔接，桥梁的净空不够，或一些地区的地面水无出路，道路标高与居住区标高不配合等，因此需要在总体规划及详细规划阶段，按照当时的工作深度，将城市用地的一些主要的控制标高综合考虑，使建筑、道路、排水的标高相互协调。配合城市用地的选择，对一些不利于城市建设的自然地形给予适当的改造，或提出一些工程措施，使土石方工程量尽量减少。还要根据环境规划的观点，注意在城市地形地貌、建筑物高度和形成城市大空间的美观要求方面加以研究。

城市用地竖向规划工作的基本内容应包括下列方面。

① 结合城市用地选择，分析研究自然地形，充分利用地形，尽量少占或不占良田。对一些需要经过工程措施后才能用于城市建设的地段提出工程措施方案。

② 综合解决城市规划用地的各项控制标高问题，如防护堤、排水干管出口、桥梁和道路交叉口等。

③ 使城市道路的纵坡度既能配合地形又能满足交通上的要求。

④ 合理地组织城市用地的地面排水。

⑤ 合理地、经济地组织好城市用地的土方工程，考虑到填方、挖方平衡。避免填方土无土源，挖方土无出路，或填方土运距过大。

⑥ 适当地考虑配合地形，注意城市环境的立体空间美观要求。

城市用地竖向规划依据城市规划阶段划分城市用地竖向规划的工作，要与城市规划工作阶段配合进行，可分为两个阶段、四个层次，即：① 总体规划阶段，包括总体规划竖向规划和分区规划竖向规划；② 详细规划阶段，包括控制性详细规划竖向规划和修建性详细规划竖向规划。各阶段的工作内容与具体作法要与该阶段的工程深度、所能提供的资料以及要求综合解决的问题相适应。在总体规划阶段确定的一些控制标高应该是用以确定详细规划阶段标高的依据。

### 2. 总体规划阶段的竖向规划

需要对全市的用地进行竖向规划，可以编制城市用地竖向规划示意图。图纸的比例尺与总体规划相同，一般为 1∶10 000 ～ 1∶5 000，图中应标明下列内容。

① 城市用地组成及城市干道网。

② 城市干道交叉点的控制标高，干道的控制纵坡度。

③ 城市其他一些主要控制点的控制标高，铁路与城市干道的交叉点、防护堤、桥梁等标高。

④ 分析地面坡向、分水岭、汇水沟、地面排水走向。还应有文字说明及土方平衡的初步估算。

在城镇用地评定分析时，就应同时注意竖向规划的要求，要尽量做到利用、配合地形，地尽其用。要研究工程地质及水文地质情况，如地下水位的高低，河湖水位和洪水水位及受淹地区。对那些防洪要求高的用地和建筑物不应选低地，以免提高设计标高，而使填方过多，工程费用过大。

竖向规划首先要配合利用地形，而不要把改造地形、土地平整看做是主要目的。

### 3. 详细规划阶段的竖向规划

控制性详细规划竖向规划应包括下列主要内容：

① 确定主、次、支三级道路所围合的范围内的全部地块排水方向；

② 确定主、次、支三级道路交叉点、变坡点的标高以及道路的坡度、坡长、坡向等技术数据；

③ 确定用地地块或街坊用地的规划控制标高；

④ 补充与调整其他用地的控制标高。

修建性详细规划竖向规划应包括下列主要内容：

① 落实防洪、排涝工程设施的位置、规模及标高；

② 确定建（构）筑物室外地坪标高；

③ 落实各级道路标高及坡度等技术数据；落实街区内外联系道路（宽 7 m 以上）的标高；保证街区内其他通车道路及步行道的可行性；

④ 结合建（构）筑物布置、道路交通、市政工程管线敷设，进行街区用地竖向规划，确定用地标高；

⑤ 确定挡土墙、护坡等用地防护工程的类型、位置及规模；进行用地土石方工程量的估算。

详细规划阶段竖向规划的方法，一般有设计等高线法、高程箭头法和纵横断面法。

（1）设计等高线法

以居住区为例，根据规划结构，在已确定的干道网中确定居住小区内的道路线路，定出这些道路的红线。对每一条道路作纵断面设计，以已确定的城市干道的交叉口的标高及变坡点的标高，定出支路与干道交叉点的设计标高，从而求出每一条路的中心线设计标高。以道路的横断面，求出红线的设计标高。居住小区内部的车行道由外面道路引入，起点标高根据相接的城市道路的车行道的设计标高而定。在布置建筑物时应尽量配合地形，采用多种布置方式，在照顾朝向的条件下，争取与等高线平行，尽量不要过大改动原有的自然等高线或只改变建筑物基底的自然等高线（即定出设计标高）。要定出建筑物四角的设计标高及室内地坪的设计标高，如建筑物的长边与较密的等高线垂直，也可以错层布置。设计等高线（或不用设计等高线而只标明一些设计标高）全部标出后，应估算一下土方量。如土方量过大（指绝对数量大、差额大、运距远），也要适当修改设计等高线（或设计标高）。有时要反复修改几次，尽量做到土方量基本就地平衡。

（2）高程箭头法

根据竖向规划设计原则，确定出区内各种建筑物、构筑物的地面标高，道路交叉点、变坡点的标高，以及区内地形控制点的标高，将这些点的标高注在居住区竖向规划图上，并以箭头表示区内各种类用地的排水方向。

高程箭头法的规划设计工作量较小，图纸制作较快，并且易于变动、修改，为居住区竖向设计一般常用的方法。缺点是比较粗略，确定标高要有充分经验，有些部位的标高不明确，准确性差，仅适用于地形变化比较简单的情况。为弥补上述不足，在实际工作中也有采用高程箭头法和局部剖面的方法，进行居住区的竖向规划设计。

（3）纵横断面法

纵横断面法多用于地形比较复杂的地区。先在所需规划的居住区平面图上根据需要的精度绘出方格网，在方格网的每一交点上注明原地面标高和设计地面标高。沿方格网长轴方向者称为纵断面，沿短轴方向者称为横断面。此方法的优点是对规划设计地区的原地形有一个立体的形象概念，容易着手考虑利用或改造地形；缺点是工作量大，花费的时间多。

---

**本章思考题**

1. 简述城市规划的基本内容？
2. 城市规划中的总体规划层次包括什么？
3. 城市规划中的控制规划层次包括什么？
4. 城市分区规划的作用和主要内容？
5. 城市基础设施规划包括什么内容？

# 3

# 第3章
# 城市发展分析与用地评价

## 概　述

　　城市是一个极其复杂的事物，是一个典型的巨系统，其所具有的系统特征有整体性、综合性、层次性、结构性、动态性及与环境的联系性。城市系统内部是一个具有变化规律的结构严密的整体。一般我们可以从城市的社会系统、经济系统、空间系统、生态系统和基础设施系统等几个主要方面分析城市的发展构成。城市人口规模是城市社会系统的重要部分，研究城市的性质、人口及规模是城市发展分析中的关键步骤。

　　城市用地是城市规划区范围内赋以一定用途与功能的土地的统称，是用于城市建设和满足城市机能运转所需要的土地。城市土地利用规划乃是城市规划的重要工作内容之一，同时也是国土规划的基本内容之一。通过规划过程，具体的确定城市用地的规模与范围，划分土地的用途、功能组合及土地的利用强度等，以臻于合理的利用土地，合理发挥土地的效用。本章将从城市用地的属性、价值、区划、分类与构成及评价等方面详细介绍城市用地及其分类。

　　在城市人口规模及城市用地规模确定后，城市规划必须对城市用地的整体发展方向作出分析和判断，应对城市用地扩展或改造，适应城市人口的变化。这是本章最后一部分将要介绍的内容，城市用地的发展方向是城市发展战略中重点研究的问题之一。由于城市用地发展的不可逆性，对城市发展方向做出重大调整时，充分与严谨的论证是必不可少的。

## 本章学习重点

　　一个成功的城市规划方案，首先要正确认识城市的性质，掌握城市人口的变化，对城市用地属性和用地构成有清楚的认识，从用地的适用性、建设条件和经济属性等方面对城市用地进行评价。本章内容是城市规划的基础，介绍了城市性质、人口及规模预测，城市用地基本概念和属性，重点阐述了城市用地的分类及构成和城市用地评价。

## 3. 1

# 城市性质、城市人口及规模

## 3.1.1　城市的性质

### 1. 确定城市性质的意义

　　城市性质是指某一城市在国家或地区的政治、经济、文化、社会发展中所处的地位和所起的主要作用，也指在全国城市网络中的分工和职能，即为城市的个性和特点。在城市总体规划中，城市性质的确定是个首要的问题，它决定着城市规划的某些重要特征，如城市规模大小、城市用地组成特点及市政公用设施的标准等。

　　城市性质是由城市形成与发展的主导因素的特点所决定的，由该因素组成的基本部门的主要职能所体现。例如，北京是全国的政治、文化中心，上海是全国的经济中心等。

　　确定城市性质一般采用"定性分析"与"定量分析"相结合，以定性分析为主。定性分析主要是研究城市在全国或一定区域内政治、经济、文化等方面的作用和地位。定量分析是在定性基础上对城市职能，特别是经济职能，采用一定的技术指标，从数量上去确定主导的产业部门的性质。

　　确定城市性质不能就城市论城市，不能仅仅考虑城市本身发展条件和需要。必须坚持从全局出发，从地区乃至更大的范围着眼，根据国民经济合理布局及区域城市职能的合理分工，来分析确定城市性质。

　　城市性质不是一成不变的。一个城市由于建设的发展或因客观条件变化，都会促使城市性质有所变化。例如，邯郸市在"一五"期间，定为以纺织业为主的轻工业城市，后来，因附近地区发现了较大铁矿，利用其优越条件发展了钢铁和机械工业，从而该市的性质也随之改为以纺织、钢铁、机械工业为主的城市。

### 2. 城市类型

　　我国的城市按其性质，大体上可分为以下几类。

　　（1）工业城市

　　以工（矿）业为主，工业用地及对外交通运输用地占有较大的比重。这类城市又可分为两类。

　　① 具有多种工业的综合工业城市：如沈阳、常州、黄石等。

　　② 以单一工业为主的城市：如石油工业城市——大庆、玉门、茂名等；钢铁工业城市——鞍山、渡口等；矿业城市——抚顺、淮南等；森林工业城市——伊春等。

　　（2）交通港口城市

这类城市往往是由于对外交通运输而发展起来的。

① 铁路枢纽城市：如徐州、鹰潭、襄樊等；

② 海港城市：如塘沽、湛江、大连、秦皇岛等；

③ 内河港埠城市：如裕溪口等；

④ 水陆交通枢纽城市：如上海、武汉等。

（3）各级中心城市

一般都是省城或专区所在地，是省和地区的政治、经济和文化中心。如杭州市为浙江省省会。宁波、温州都是专区所在地。

（4）县城

它是一个县的政治、经济和文化中心。它是我国数量最多的一类小城镇。

（5）特殊职能的城市

① 风景旅游城市：如桂林、苏州、敦煌等；

② 革命纪念性城市：如延安、遵义、井冈山等；

③ 经济特区城市：如深圳、厦门、珠海等；

④ 其他特殊功能城市：如边防要塞城市畹町、瑞丽、黑河、凭祥等。

城市的性质往往是综合性的，只不过以某种性质为主而已。比如，杭州市是一个省会城市，有着一定规模的工业，但在城市性质的提法上，首先突出为全国的风景旅游城市，并没有提及工业发展的方面。这并不是说杭州不要发展工业，而是突出了城市的主要功能，工业发展要服从和服务于发展风景旅游事业的需要。

## 3.1.2　城市人口及规模

城市规模通常指城市人口规模和城市用地规模。由于不同城市中人口密度，即人均用地规模的不同，或者说是由于土地利用效率的不同，因此，城市人口规模与城市用地规模并不总是成正比。同时，影响城市人口规模与城市用地规模的因素也存在着显著的差异。

### 1. 城市人口的概念

虽然在计算与预测城市人口时必须对城市人口的概念进行明确地界定，但给城市人口下一个严格准确的定义，即什么样的人才能算城市人口并不是一件容易做到的事情。按照城市人口的原本语义，城市人口是指从事非农生产的、与城市活动有密切关系的人口。在 20 世纪 80 年代前，我国采用户籍管理制度中的"非农业人口"作为城市人口的数值。但在市场经济体系已基本完成的今天，这一数值显然已不能反映"与城市活动有密切关系的人口"的实际数值。目前通常指城镇集中连片部分和它周围能够享受城镇各种生活的人口。因此，在城市规划实践中，经常采用近似的计算方法来确定城市人口的现状规模，作为预测城市未来人口发展的基数。例如编制城市总体规划时，通常将城市建设用地范围内的实际居住人口视作城市人口，即在建设用地范围中居住的非农业人口、农业人口以及暂住期在一年以上的暂住人口的总和。

## 2. 城市的等级规模

按照城市人口规模对城市等级进行的划分，各个国家之间不尽相同，甚至存在着较大的差别。通常，联合国机构的出版物中多以 2 万人作为区分城市与镇的界限，视人口 10 万人以上的城市为大城市，100 万人以上的为特大城市。

我国城市规模等级，按照市区和近郊区中的非农业人口规模（可近似的看作城市人口），划分为以下 3 类。

① 小城市：城市人口不满 20 万人的城市；

② 中等城市：城市人口介于 20 万人与 50 万人之间的城市；

③ 大城市：城市人口 50 万人以上的城市。

此外，虽没有明确的定义和依据，但现实中一般将城市人口规模大于 100 万人的城市称作特大城市。

## 3. 城市人口的构成

城市人口的状态是在不断变化的，可以通过对一定时期城市人口的各种现象，如年龄、寿命、性别、家庭、婚姻、劳动、职业、文化程度、健康状况等方面的构成情况加以分析，反映其特征。在城市规划中，需要研究的主要有年龄、性别、家庭、劳动、职业等构成情况。城市规划一般从以下几个角度分析研究城市人口的组成。

（1）年龄构成

城市规划研究年龄构成的主要目的是针对特定城市中不同年龄构成的特点制定相应的规划内容。例如，对于幼儿、青少年所占比重较大的城市而言，应优先考虑各类托幼、学校设施等；而对于老龄人口所占比重较大，老龄化问题较为突出的城市而言，敬老院、社区医疗设施等就是优先考虑的对象。根据生命周期的规律性，从城市人口构成的现状中，可以较为准确地推断出未来一定时期内城市人口构成的发展趋势，从而使城市规划有计划、按步骤地做出相应的安排。例如，在某些城市老龄化趋势明显的旧城等地区，可以在规划中将现状托幼、小学等设施规划为老年活动中心等为老年人服务的设施。此外，通过对城市人口年龄构成的分析还可以获取城市未来有关劳动力储备、育龄妇女数量等方面的信息。在对城市人口年龄构成进行分析时，通常采用按年龄或年龄组绘制人口百岁（或称人口金字塔图）的方法（图 3-1）。

了解年龄构成的意义包括：比较成年组人口与就业人数（职工人数）可以看出就业情况和劳动力潜力；掌握劳动后备军的数量和被抚养人口比例，对于估算人口发展规模有重要作用；掌握学龄前儿童和学龄儿童的数字和趋向是制定托、幼及中小学等规划指标的依据；分析年龄结构，可以判断城市的人口自然增长变化趋势；分析育龄妇女人口的年龄数量是推算人口自然增长的重要依据。

（2）性别构成

指城市人口中，男女人口之间的数量和比例关系。它直接影响城市人口的结婚率、育龄妇女生育率和就业结构。在城市规划工作中，必须考虑男女性别比例的基本平衡。

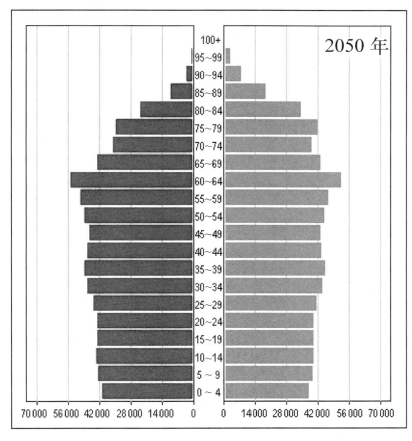

图 3-1　人口年龄百岁图及年龄结构

（3）家庭构成

家庭构成反映城市的家庭人口数量、性别和辈分组合等情况，它对于城市住宅类型的选择，城市生活和文化设施的配置，城市生活居住区的组织等有密切关系。我国城市家庭存在由传统的复合大家庭向简单的小家庭发展的趋向。例如现代城市社会中家庭成员的平均数量存在逐渐减少的倾向，对住宅户型、面积、餐饮等服务设施的要求发生变化，进而影响到城市用地规模的预测与生活服务设施的配置等与城市规划密切相关的内容。

（4）劳动构成

指城市人口中从事工作的劳动人口的比例。劳动构成按居民参加工作与否，计算劳动人口与非劳动人口（被抚养人口）占总人口的比例；劳动人口又按工作性质和服务对象，分成基本人口和服务人口。所以，城市人口可分为以下三类。

① 基本人口：指在工业、交通运输以及其他不属于地方性的行政、财经、文教等单位中工作的人员。它不是由城市的规模决定的，相反，它却对城市的规模起决定性的作用。

② 服务人口：指为当地服务的企业、行政机关、文化、商业服务机构中工作的人员。它的多少是随城市规模而变动的。

③ 被抚养人口：指未成年的、没有劳动力的以及没有参加劳动的人员。它是随职工人

数而变动的。

　　研究劳动人口在城市总人口中的比例，调查和分析现状劳动构成是估算城市人口发展规模的重要依据之一。

　　（5）职业构成

　　指城市人口中社会劳动者按其从事劳动的行业（即职业类型）划分各占总人数的比例。城市人口的职业构成直接反映了城市产业状况，其现状数据以及对未来发展的预测均影响到城市性质的确定、城市用地规模、各类城市设施容量的计算等。按国家统计局现行统计职业的类型包括 3 大产业和 13 类行业（表 3-1）。

表 3-1　职业类型

| 产　　业 | 行　　业 |
|---|---|
| 第一产业 | 农、林、牧、渔、水利业 |
| 第二产业 | 工业<br>地质<br>建筑业<br>交通运输、邮电通信业 |
| 第三产业 | 商业、公共饮食业、物资供销和仓储业<br>房地产管理、公共事业、居民服务和咨询服务业<br>卫生、体育和社会福利事业<br>教育、文化艺术和广播电视事业<br>科学研究和综合技术服务事业<br>金融、保险业<br>国家机关、党政机关和社会团体<br>期货业 |

　　产业结构与职业构成的分析可以反映城市的性质、经济结构、现代化水平、城市设施社会化程度、社会结构的合理协调程度，是制定城市发展政策与调整规划定额指标的重要依据。在城市规划中，应提出合理的职业构成与产业结构建议，协调城市各项事业的发展，达到生产与生活设施配套建设，提高城市的综合效益。

## 4. 城市人口的变化

　　对城市未来人口规模做出较为科学和合理的预测与确定是一切城市规划编制的基础。预测城市未来人口规模的基本思路是以现状城市人口为基数，按照一定的增长速度计算出逐年的城市人口规模。由于城市现状人口规模较为容易获得，因此，对人口增长速度的预测与选取就显得尤为重要。城市人口增长通常由自然增长和机械增长所组成。

　　城市人口自然增长是指一年内城市人口因出生和死亡因素所造成的人口增减数量，即一年中出生人口数量减去死亡人口的净增加值。这一数值与年平均总人口数值之比被称为城市人口自然增长率。通常以千分率来表示，即：

$$城市人口自然增长率 = \frac{本年出生人口数 - 本年死亡人口数}{年平均总人口数} \times 1\,000‰$$

　　由于影响城市人口自然增长率的出生率和死亡率在现代和平时期较为稳定且具有一定的规律性，尤其是在我国长期执行计划生育的政策的情况下，大部分城市的人口自然增长率通常在 6‰～ 8‰左右。受生育观念等因素的影响，在西方国家的一些城市和上海等我国的某些特大城市中，人口增长率甚至呈负数。因此，城市人口自然增长率可以通过对城市历年人口统计资料的汇总分析、相似城市间的类比以及对生育观念及生育政策的分析做出较为确切的预测。

城市人口机械增长是指一年内城市人口因迁入和迁出所导致的人口增减数量，即一年中迁入人口数量减去迁出人口数量的净增加值。这一数值与年平均总人口数值之比被称为城市人口机械增长率。通常以千分率来表示，即：

$$城市人口机械增长率 = \frac{本年迁入人口数 - 本年迁出人口数}{年平均总人口数} \times 1000‰$$

迁入人口的来源大致有两个，一个是由其他城市迁入，另一个是由农村人口转化而来。后者实质上是城市化在某个特定城市中的具体表现。在城市化高速发展时期，在大量中小城市中，由农村人口转化而来的城市人口是城市人口机械增长的主要组成部分。由于城市人口的机械增长主要受国家城市化与城市发展政策、城市社会经济增长、大型经济建设项目等人为因素的影响，因此表现出相当程度的不确定性，是城市人口预测工作中的重点。

城市人口自然增长与机械增长就构成了城市人口增长。城市人口增长与城市全年平均总人口数之比被称为城市人口增长率，也被称为城市人口平均增长速度。

### 5. 城市人口规模预测方法

城市人口预测是按照一定的规律对城市未来一段时间内人口发展动态所做出的判断。其基本思路是：在正常的城市化过程中，城市社会经济的发展，尤其是产业的发展对劳动力产生需求（或者认为是可以提供就业岗位），从而导致城市人口的增长。因此，整个社会的城市化进程、城市社会经济的发展以及由此而产生的城市就业岗位是造成城市人口增减的根本原因。但由于在不同经济体制下，经济发展的模式不同，因而导致对人口预测的思路与方法大相径庭。在传统的计划经济体制下，经济增长与产业门类的设置和比例事先人为确定，因此，城市人口的预测是在一个封闭的系统中，按照明确的前提假定进行的。在计划经济体制下较常采用的人口预测方法主要有劳动平衡法、职工带眷系数法等。随着社会经济发展，人口流动性的增大，原有传统的劳动平衡法、职工带眷系数法等不适用当前人口预测，一些新的预测方法如线性回归法、移动平均法、指数平滑法、宋健人口预测模型、马尔萨斯模型、logistic 曲线模型等方法得到应用。在此，简单介绍一下线性回归法。

线性回归法：① 一元线性回归方程法。用一元线性回归法预测的基本思想是：按照两个变量 $X$、$Y$ 的现有数据，把 $X$、$Y$ 作为已知数，根据回归方程寻求合理的 $a$、$b$ 确定回归曲线；再把 $a$、$b$ 作为已知数来确定 $X$、$Y$ 的未来演变。一元线性回归方程为：$Y = aX + b$。一元回归模型在短时期内精度最好，但对中长期外推预测，由于置信区间在扩大，误差较大，尤其在转折时期函数形式发生变化，误差更大。一元线性回归法一般适用于人口数据变动平稳、直线趋势较明显的预测。② 多元线性回归方程法。人类社会系统是由人口和其他多种要素组成的，同时各要素之间是相互联系、相互影响和相互制约的。因此，可根据人口与其他多种要素之间的定量关系，预测出未来不同发展阶段的人口。模型为：$Y = b_0 + b_1 x_1 + b_2 x_2 + \cdots + b_n x_n$，利用最小二乘法估计偏回归系数 $b_0$，$b_1$，$\cdots b_n$。多元回归分析方法通过研究人口数量的变化与有关经济社会变量的关系探讨人口变化的规律，预测人口的变化趋势。它的优点是考虑了人口发展与社会经济的密切关系，通过探索它们之间的关系来间接推算人口走势，比较符合实际；缺点是人口与社会经济变量之间的关系并非直接的关系，而且各变量之间又相互关联，选择最佳的指标、模型都比较困难。

### 6. 城市人口规模预测中的其他问题

由于事物未来发展不可预知的特性，城市规划中对城市未来人口规模的预测是一种建立在经验数据之上的估计，其准确程度受多方因素的影响，并且随着预测年限的增加而降低。因此，实践中多采用以一种预测方法为主，同时辅以多种方法校核的方法来最终确定人口规模。某些人口规模预测方法不宜单独作为预测城市人口规模的方法，但可以作为校核方法使用，例如以下几种方法。

① 环境容量法：某些城市的所在地区由于受自然条件的影响，如水资源、可建设用地规模的限制等，当人口规模达到一定程度时，若人口进一步增长，其增加的经济效益低于改善环境所需投入时的人口被认为是该城市的极限人口规模（又称终极人口规模）。

② 比例分配法：当特定地区的城市化按照一定的速度发展，该地区城市人口总规模基本确定的前提下，按照某一城市的城市人口占该地区城市人口总规模的比例确定城市人口规模的方法。在我国现行规划体系中，各级行政范围内城镇体系规划所确定的各个城市的城市人口规模可以看做是按照这一方法预测的。

③ 类比法：通过与发展条件、阶段、现状规模和城市性质相似的城市进行对比分析，根据类比对象城市的人口发展速度、特征和规模来推测城市人口规模。

以上对城市人口规模的讨论仅包括了在城市中有固定居住地点的人群。事实上，城市中还有大量的临时性人口，如各种目的的出差、探亲访友、求医治病等人群。他们虽然不是长期居住在城市中，但在城市中的活动也需要占用一定的城市设施资源，特别是对于一些特大中心城市、旅游城市来说，这个问题就更加明显。对于流动人口规模的计算以及其对城市设施容量的影响，虽有研究该类问题的专著，但具体应该如何计算尚无定论，实践中倾向于将其规模乘以一个小于 1 的系数折算成城市人口。

此外，实践中应对人口规模预测的局限性给予充分的认识。一方面可将根据不同方法预测、校核得来的人口规模数值作为一个大致范围（数值区间）来看待，而不必片面追求数值的精确程度；另一方面，在考虑城市建设用地规模以及城市各类设施的建设时，宜有意识地降低时间因子的作用，按照人口增长的实际情况机动地设定城市设施建设目标。

# 3.2

## 城市用地及分类

### 3.2.1　城市用地的概念

土地，是人类赖以生存与发展的基本资源，是人类社会活动的载体。我国古代学者管仲曾言："地者，万物之水原，诸生之根苑也"。同时，土地对于农业、矿业、或是土地空间开发等活动，乃是基本的生产要素。因此曾有"劳动是财富之父，土地是财富之母"之说。

城市用地是城市规划区范围内赋以一定用途与功能的土地的统称，是用于城市建设和满足城市机能运转所需要的土地。如城市的工厂、住宅、公园等城市设施的建筑活动，都要由土地来承载，而且各类功能用途的土地经过规划配置，使之具有城市整体而有机的运营功能。

通常所说的城市用地，既是指已经建设利用的土地，也包括已列入城市规划区域范围内尚待开发建设的土地。除此之外，泛义的城市用地，还可包括按照城乡规划法所确定的城市规划区内的非建设用地，如农田、林地，山地、水面等所占的土地。为了适应城市功能多样性的要求，城市用地可以施加高度的人工化处理，也可以保持某种自然的状态。

城市土地利用规划乃是城市规划的重要工作内容之一，同时也是国土规划的基本内容之一。通过规划过程，具体地确定用地的规模与范围。划分土地的用途、功能组合以及土地的利用强度等，以臻于合理地利用土地，发挥土地的效用。

土地作为一项基本资源，在我国有着特殊的价值与含义。我国虽然国土辽阔，但可用的土地并不多。随着人口的增加，大量土地用于非农用途，全国可耕地面积逐年减少，由1949 年的人均耕地 2.7 亩降到 2004 年 1.41 亩。为此，合理地利用和节约土地资源问题，已引起我国各级政府和国人的高度重视，已将之纳入我国可持续发展战略内容，并应该作为一切经济活动和包括城市规划在内的所有土地利用规划行为的重要原则之一。

## 3.2.2　城市用地的属性

城市用地不能只被简单地看做是可以进行城市建设的场所。土地利用的社会化过程，已不断地强化了土地的本质属性，和扩展了它的社会属性。这些属性已使得城市土地在城市发展、土地经济和城市规划与建设中显示出越来越重要的作用。

### 1. 自然属性

土地的自然属性，具有不可移动性。即有着明确的空间定位，由此导致每块土地各所具有相对的地理优势或劣势以及各所具有的土壤和地貌特征。另外土地还有着耐久性和不可再生性。土地不可能生长或毁失，始终存在着，可能的变化只是人为地或自然地改变土地的表层结构或形态。

土地的这些自然属性，即是土地各自具有的自然环境性能的附着与不可变更的特性，它将影响到城市用地的选择、城市土地的用途结构以及建设的经济性等方面。

### 2. 社会属性

今天地球表面，绝大部分的土地已有了明确的隶属，即是土地已依附于一定的拥有地权的社会权力，无论是公有的或私有的形式。在不同的社会形态下，政治和社会权力不同程度地是地权的延伸和表达，城市土地的集约利用和社会强力的控制与调节，特别在土地公有制的条件下，明显地反映出城市用地的社会属性。城市用地的社会性，还反映在当土地作为个人、社团或政府的置产所起到的储蓄作用。当土地或是由房屋连同土地作为产业投资而民间化或普遍化时，所具有的社会性作用得以另一方面的显示。

### 3. 经济属性

土地的经济属性是通过土地自身的价值被社会认可的条件下来体现的，也表现在土地利用过程中能以直接或间接地转化为经济效益的特性上。如土地的肥瘠所造成农产的丰歉。又如土地的位置和形态构造的可利用程度等，都可能转化为城市规划的技术经济或工程经济的优劣表现。

城市用地还可因人为的土地利用方式，得以开发土地的经济潜力，如通过不同的城市用地结构，和改变土地用途等。造成土地的价位差异，或是以增加土地的建筑容量、完善土地的基础设施等建设条件，以提高土地的可利用性等方式，由此转化为建设经济的效益，而显示出土地的经济性能。

### 4. 法律属性

在商品经济条件下，土地是一项资产。由于它的不可移动的自然属性，而归之于不动产的资产类别。城市地产产权的国有或集体所有，或是在此条件下，我国所实行的地权中部分权益转让等社会隶属形式，都经有法定程序得有立法的支持，因而土地具有明确的法律属性。

## 3.2.3　城市用地的价值

土地是一项资源，当然也具有价值。它的价值主要表现在两方面。

### 1. 使用价值

在土地上可以施加各种城市建设工程，用作城市活动的场所，而当然地具有使用价值。这一价值还可通过人为地对土地加工，使之向深度与广度延伸，如对地形地貌的塑造，而使具有景观的功能价值。又如对土地上、下空间的开发，使土地得到多层面的利用，从而扩大了原有土地的使用价值。

城市用地的形状、地质、区位、高程，以及土地所附有的建筑设施等状况，将影响土地使用价值的高低。

### 2. 经济价值

当土地作为商品或其某方面权利的有偿转移而进入市场，就显示出它的经济价值。这种价值转化以地价、租金或费用为其表现形式。由于土地的自然性状或在城市中地理位置的差别，而有不同的价值级差，如香港城市中心区的地价比之郊区，可能相差几十或几百倍。地价、租金或费用的市场调节机制，使城市的土地利用结构同土地的价格产生深刻的相互依存与制约关系。

我国新中国成立后实行土地国有化政策，把土地无偿地供给集体、单位或个人使用。随着经济改革的推进，曾以征收土地使用费的方式，来体现土地的经济价值。1987 年底起，一些城市开始将土地使用权从土地所有权中分离出来，并进行公开地有偿、有限期地转让土地使用权，将其作为一项经济活动。这一重大决策经法定过程，现已普遍的推行，在一些大中城市已经或正在形成活跃的多级土地市场。通过土地市场的营运，土地的经济性得以充分的发挥，同时也起到了对城市用地的调节作用。如我国较早开展城市土地使用权有偿转让活动的上海市，经过 10 年的实践，土地市场已逐步发育和完善，自 1987—1998 年，全市转让土地部分地权的土地共 4 279 幅，面积达 14 277 km$^2$，所得的收益为推进城市建设和城市发展发挥了重要的作用。

## 3.2.4　城市用地的区划

城市地域因不同的目的和不同的使用方式，而需将用地划分成不同的范围或区块，以表达一定的用途、权属、性质或量值等。城市规划过程中，需要了解和考虑种种既定的或是有关专业可能做出的各种城市用地的区划界限与规定，以作为规划的依据，或规划需与之配合与协调的工作内容。通常城市用地的区划有如下几种。

### 1. 行政区划

按照国家行政建制等有关法律所规定的城市行政区划系列，如市区、郊区、市、区、县、乡、镇、街道等的区划，还有如特别设置或临时设置而具有行政管辖权限的各种开发区、管理区等。城市的行政区划的性质和界限，是城市用地规划和城市规划管理的基本依据。

### 2. 用途区划

按照城市规划所确定的土地利用的功能与性质，对土地做出的划分，每块土地都具有一定的用途，如用于工业生产的称为工业用地，用于绿化的称为绿化用地等。随着规划的深化，土地的用途可以相应的进一步细划。

### 3. 房地产权属区划

由房产或地产所有权所作的权属土地区划，如国有土地、集体所有土地等。又如按地块权属的地籍区划等。这类土地区划因涉及业主的所有权益，是城市用地规划需要参照和慎重对待的依据。

### 4. 地价区划

土地作为商品进入市场，是以地价等的形式来体现土地的区位、环境、性状以及可使用程度等价值的。为了优化土地利用、保障土地所有者的合理权益以及规范土地市场和土地价格体系，对城市用地按照所具条件，进行价值鉴定，由此做出城市土地的价格或租金的区划。如北京市在全市范围实施基准地价的规定，是将全市区土地划分为 7 级，并按级规定基准地价。如图 3-2 所示为北京市市区土地由中心区到边缘地区的基准地价梯度区划。

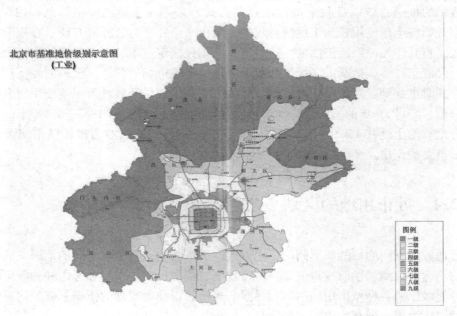

图 3-2　北京市市区土地由中心区到边缘地区的基准地价梯度区划

　　城市现状及规划的用地功能区划与城市用地结构，是制定土地地价区划的基本依据，而城市各项设施建设也要充分考虑地价的因素，做出合理的规划布置。

　　此外，与城市规划和建设相关的还有环境区划、农业区划等等专业性类别。

　　以上用地区划中行政区划与地权区划一般都有明确的立法支持，而如用途区划等专业性区划可以是城市规划和专业规划的一项结果，当被法定化后，同样具有法律性质。

　　上述各用地区划的界限、范围或数量等都是有可能变动的。城市规划过程中，既要考虑到各种区划的作用和所涉及方面的利益，同时在必要时亦可按照规划的合理需要提出维持或调整的建议。

## 3. 2. 5　城市用地的分类与构成

### 1. 城市用地的用途分类

　　城市用地对应于所担负的城市功能，划分为不同的用途。

　　城市用地的用途分类在城市的历史发展中，曾有不同的分类方法与用途名称。随着城市功能的变异与增减，用途分类也随之改变与增减。而且即使同一用途名称，也会有不同的含义。

　　我国早年城市用地功能地域划分有住宅区、工业区、商业区及文教区等类别。我国台湾省台北市 1983 年颁布的土地分区管理规定中，将城市用地分为：住宅、商业、工业、行政、文教、仓库、风景、农业和保护九种用途。

城市用地的分类方法，各个国家并不一样，例如日本将城市街区的用途地域分成八种，即：① 第一种居住专用地域；② 第二种居住专用地域；③ 居住地域；④ 近邻商业地域；⑤ 商业地域；⑥ 准工业地域；⑦ 工业地域；⑧ 工业专用地域。

为了使城市用地分类有统一而规定的划分方法与名称，并且使之具有法定性，我国新的《城市用地分类与规划建设用地标准》（GB 50137—2011）将城市用地分为城乡用地分类、城市建筑用地分类、城乡用地附加分类三部分。城乡用地分类适用于市域内全部土地，共分为 3 门类，10 大类，25 中类。城市建筑用地分类适用于规划中心城区范围内土地，共分为 9 大类，29 中类，57 小类。城乡用地附加分类是按土地使用的政策属性进行划分和归类。表 3-2 所列为城市建设用地的大类项目。

表 3-2 城市建设用地分类表

| 代码 | 用地名称 | 内 容 | 说 明 |
|---|---|---|---|
| R | 居住用地 | 安排住宅和相应的服务设施的用地 | 分为一、二、三、四类居住用地 |
| P | 公共管理与公共服务用地 | 居住区及居住区级以上的行政、文化、教育、卫生、体育等机构和设施的用地，不包括居住用地中的社区服务设施用地 | 包括行政办公用地、文化设施用地、教育用地、医疗卫生用地、体育用地 |
| C | 商业服务业设施用地 | 居住区及居住区级以上的各类零售商服、商业性办公、研发设计等综合设施用地 | 包括商业设施用地和商务设施用地 |
| M | 工业用地 | 工矿企业的生产车间、库房及其附属设施等用地，包括专用的铁路、码头和道路等用地，不包括露天矿用地 | 包括一类工业用地、二类工业用地、三类工业用地 |
| W | 物流仓储用地 | 用于物资储备、中转、配送、批发、交易等的用地，包括货运公司车队的站场等用地，但不包括加工；包括大型批发市场 | 包括普通物流仓储用地、特殊物流仓储用地 |
| S | 城市交通用地 | 市级、区级和居住区级的道路、枢纽站场、静态交通设施等用地 | 包括城市道路用地、交通枢纽站场用地、静态交通设施用地、 |
| U | 市政公用设施用地 | 市级、区级和居住区级的市政公用设施用地，包括其建筑物、构筑物及管理维修设施等用地 | 包括供应设施用地、环境设施用地、安全设施用地、殡葬设施用地、其他市政公用设施用地 |
| G | 绿化与广场用地 | 市级、区级和居住区级的公共绿地与广场等开放空间用地 | 包括公共绿地、广场 |
| X | 不确定用地 | 以控制为主的备用地 | |

在详细规划阶段，用地进一步细分。在用地名称上，除相同功能性质的仍然沿用外，还需增加新的用途类别，例如上述总体规划用地分类中的居住用地。在详细规划阶段，居住小区又可细分为：住宅用地、道路用地、绿地、公共服务设施用地等，一般使用上述用地分类规范中的小类。

城市用地分类的规划化与标准化，有利于土地的利用与管理，在不同城市、不同规划方案之间可以进行类比，以及便于规划指标的定量与统计。

## 2. 城市用地的构成

城市用地的构成，是基于城市用地的自然与经济区位，以及由城市职能所形成的城市功能组合与布局结构，而呈现不同的构成形态。

城市用地构成，按照行政隶属的等次，宏观上如分为市区、地区、郊区等。按照功能用途的组合，如分为工业区、居住区、市中心区、开发区等。

城市用地构成为某种功能需要，可以有用途能以相容的多用途用地，构成混合用途的地域。

不同规模的城市，因各种功能内容的不同，其构成形态也不一样。如大城市和特大城市，由于城市功能多样而较为复杂，在行政区划上，常有多重层次的隶属关系。如市辖县、建制镇、一般镇等；在地理上有中心城市、近郊区、远郊区等。

## 3.3

# 城市发展方向及用地评价

## 3.3.1　城市发展方向

在城市人口规模及城市用地规模确定后，城市规划必须对城市用地的整体发展方向或城市空间的发展方向作出分析和判断，应对城市用地的扩展或改造，适应城市人口的变化。由于当前我国正处于城市高速发展的阶段，城市化的特征主要体现在人口向城市地区的积聚，即城市人口的快速增长和城市用地规模的外延型扩张。因此，在城市的发展中，非城市建设用地向城市用地的转变仍是城市空间变化与拓展的主要形式。而当未来城市化速度放慢时，则有可能出现以城市更新、改造为主的城市空间变化与拓展模式。

城市用地的发展方向是城市发展战略中重点研究的问题之一。由于城市用地发展的不可逆性，对城市发展方向做出重大调整时，一定要经过充分的论证，慎之又慎。

涉及城市发展方向的因素较多，主要有自然条件、人工环境、城市建设现状与城市形态结构、规划及政策性因素等。

## 3.3.2　城市用地评价

城市用地的评价主要体现在三个方面，分别是城市用地的适用性评价、建设条件评价和经济性评价。这三方面在许多方面也是相互穿插在一起的而不是孤立的，因此必须以综合的思想和方式方法进行评价。

### 1. 城市用地的适用性评价

城市用地适用性评价就是以城市建设用地为基础，综合各项用地的自然条件以及整备用地的工程措施的可能性与经济性，对用地质量进行的评价。从自然条件出发对城市建设用地的适用性进行评价，主要是在调查研究各项自然环境条件的基础上，按城市规划与建设的需要，对用地在工程技术与经济性方面进行综合质量评价，以确定用地的适用性程度，为正确选择和合理组织城市建设和发展用地提供依据。在对城市建设用地的适用性进行考察时，主要考虑工程地质、水文、气候和地形等方面的条件。

（1）工程地质条件

表现在城市用地选择和工程建设的工程地质的分析。

① 建筑地基。了解建设用地的地基承载力。

② 滑坡与崩塌。确定滑坡地带与稳定用地边界。

③ 冲沟。分析冲沟的分布、坡度、活动与否。

④ 地震。了解建设区的地震烈度及地质、地形情况和强震区位置。

⑤ 矿藏。了解矿藏的分布与开采情况。

（2）水文条件及水文地质条件

① 水文条件。江河湖泊等水体可作城市水源，还对水运交通、改善气候、除污、排雨水、美化环境发挥作用。

② 水文地质。指地下水存在形式、含水层厚度、矿化度、硬度、水温及动态等。

（3）气候条件

① 太阳辐射。是确定建筑的日照标准、间距、朝向及热工设计的依据。

② 风象。对城市规划与建设的防风、通风、工程抗风设计和环境保护等有多方面影响。风象是以风向与风速两个量来表示。

$$工业有害气体对下风侧污染系数 = 风向频率/平均风速$$

③ 温度。纬度由赤道向北每增加 $1°$，气温平均降 $1.5℃$。如城市上空出现逆温层或"热岛效应"，在规划布局时，应重视绿化、水面对气温的调节作用。

④ 降水与湿度。对城市排水和防洪有重大影响。

（4）地形条件

地形条件对城市规划与建设的影响如下。

① 影响城市规划布局、平面结构和空间布局。

② 地面高程和用地间的高差，是用地竖向规划、地面排水和防洪设计的依据。

③ 地面坡度，对规划建设有多方面影响。

④ 地形与小气候的形成，有利于合理布置建筑。如阳坡建楼，以获得良好日照等。

⑤ 地貌对通信、电波有一定影响。

（5）城市用地的分类

城市用地的适用性一般可分为三类。

① 一类用地。一类用地即适于修建的用地。这类用地一般具有地形平坦、规整、坡度适宜，地质条件良好，没有被洪水淹没危险，自然环境条件较为优越等特点，是能适应城市各项设施的建设要求的用地。这类用地一般不需或只需稍加简单的工程准备措施，就可以进行修建。其具体要求是：地形坡度在 10% 以下，符合各项建设用地的要求；土质能满足建筑物地基承载力的要求；地下水位低于建筑物、构筑物的基础埋置深度；没有被百年一遇洪水淹没的危险；没有沼泽现象或采到简单的工程措施即可排除地面积水的地段；没有冲沟、

滑坡、崩塌、岩溶等不良地质现象的地段。

② 二类用地。二类用地即基本上可以修建的用地。这类用地由于受某种或某几种不利条件的影响，需要采取一定的工程措施改善其条件后，才适于修建的用地。这类用地对城市设施或工程项目的布置有一定的限制。其具体情况是：土质较差，在修建建筑物时，地基需要采取人工加固措施；地下水位距地表面的深度较浅，修建建筑物里，需降低地下水位或采取排水措施；属洪水轻度淹没区，淹没深度不超过 1 ～ 1.5 m，需采取防洪措施；地形坡度较大，修建建筑物时，除需要采取一定的工程措施外，还需动用较大土石方工程；地表面有较严重的积水现象，需要采取专门的工程准备措施加以改善；有轻微的活动性冲沟、滑坡等不良地质现象，需要采取一定工程准备措施等。

③ 三类用地。三类用地即不适于修建的用地。这类用地一般说来用地条件极差，其具体情况是：地基承载力小于 60 kPa 和厚度在 2 m 以上的泥炭层或流沙层的土壤，需要采取很复杂的人工地基和加固措施才能修建；地形坡度超过 20% 以上，布置建筑物很困难；经常被洪水淹没，且淹没深度超过 1.5 m；有严重的活动性冲沟、滑坡等不良地质现象，若采取防治措施需花费很大工程量和工程费用；农业生产价值很高的丰产农田，具有开采价值的矿藏埋藏，属给水水源卫生防护地段，存在其他永久性设施和军事设施等。

用地评价的成果包括图纸和文字说明，评价图内除了标出几类用地外，还要包括如地基承载力、地下水等深线、洪水淹没线、地形坡度、地质构造带等，可以综合绘于一张图上，也可以分项绘制，根据各城市的具体情况来确定。对于丘陵或山地城市，要重点对地形进行分析，以便为城市规划提供重要依据，一般可采用地形模型进行分析研究或采取地貌分析法在图纸上进行这项工作。

## 2. 城市用地的建设条件评价

城市用地的建设条件是指组成城市各项物质要素的现有状况与它们在近期内建设或改进的可能以及它们的服务水平与质量，城市用地的建设条件评价更强调人为因素所造成的方面。除了新建城市之外，绝大多数城市都是在一定的现状基础上发展与建设的，不可能脱离城市现有的基础，所以，城市既存的布局往往对城市的进一步发展的方向具有十分重要的影响。对城市用地的建设条件进行全面评价，可以对不利的因素加以改造，更好地利用城市原有基础，充分发挥城市的潜力。

① 城市用地布局结构方面，应主要考虑以下几个方面，即城市用地布局结构是否合理、城市用地布局结构能否适应发展、城市用地分布对生态环境的影响、城市内外交通系统结构的协调性、矛盾与潜力，以及城市用地结构是否体现出城市性质的要求，或是反映出城市特定自然地理环境和历史文化积淀的特色等。

② 城市市政设施和公共服务设施的建设现状，包括质量、数量、容量与改造利用的潜力等，都将影响到土地的利用及旧区再开发的可能性与经济性。

在公共服务设施方面，应包括商业服务、文化教育、邮电、医疗卫生等设施的分布、配套及质量等，尤其是在旧区改建方面，土地利用的价值往往要视旧有住宅和各种公共服务设施以及改建后所能得益的多寡来决定。

在市政设施方面，应包括现有的道路、桥梁、给水、排水、供电、煤气等的管网、厂站的分布及其容量等方面，它们是土地开发的重要基础条件，影响着城市发展的格局。

③ 在社会构成方面，对土地利用的影响主要表现在人口结构及其分布的密度，以及城市各项物质设施的分布及其容量，同居民需求之间的适应性。城市经济的发展水平、城市的产业结构和相应的就业结构都将影响城市用地的功能组织和各种用地的数量结构。

对城市用地建设条件经济因素的考虑主要包括工程准备条件和外部环境条件等两个方面。其中工程准备条件将视用地的自然状态的不同而异，常有的如地形改造、防洪、改良土壤、降低地下水位、制止侵蚀和冲沟的形成、防止滑坡等。外部环境的技术经济条件主要有经济地理条件（如国家或区域规划对拟建新城或已有城市发展地区所确定的要求，区域内城镇群体的经济联系、资源的开发利用以及产业的分布等方面）、交通运输条件（主要是发展地区的对外运输条件，如铁路、港口、公路、航空港等交通网络的分布与容量，以及接线接轨的条件等）、供电条件（指区域供电网络、变电站的位置与容量等可供利用的条件）、供水条件（建设地区所在区域内水源分布及供水条件，包括水量、水质、水温等方面在城乡、工农业，以及风景旅游业等用水部门之间的矛盾分析）等。

## 3. 城市用地经济评价

城市土地的经济评价是指根据城市土地的经济和自然两方面的属性及其在城市社会经济活动中所产生的作用，综合评定土地质量优劣差异，为土地使用与安排提供依据。城市土地的经济评价主要通过分析土地的区位、投资于土地上的资本、自然条件、经济活动的程度和频率等条件，揭示土地质量和土地收益的差异，以便在规划中做到好地优用，劣地巧用，合理确定不同地段的使用性质和使用强度，为用经济手段调节土地使用，提高土地的使用效益打下重要基础。

（1）城市土地经济评价中区位理论的应用

区位理论在城市土地经济评价中的应用主要体现在以下几个方面。

① 根据区位条件对土地的作用方式，以决定土地质量优劣的区位因素为主要依据，采用土地分等定级即级差收益测算的方法建立城市土地评价的基本思路。

② 从分析区位条件入手，取得土地评价的因素/因子体系。影响土地质量的区位因素大致可分为两类：一般区位因素指对所有城市用地都发生作用的影响因素，如商业服务繁华程度、道路交通通达度、人口分布密度等；特殊区位因素指仅对某些城市用地有影响的因素，如高级商业服务和金融设施的分布、临海位置及条件等。

③ 根据区位理论中的某些原则，确定城市土地评价因素的作用方式、作用强度及其变化规律。

（2）城市土地经济评价的主要影响因素

一般而言，影响城市土地经济评价的因素可以分为三个层次（表3-3）。

① 基本因素层，包括土地区位、城市设施、环境优劣度及其他因素等。

② 派生因素层，即有基本因素派生出来的子因素，包括繁华度、交通通达度、城市基础设施、社会服务设施、环境质量、自然条件、人口密度、建筑容积率和城市规划等子因素，它们从不同方面反映基本因素的作用。

③ 因子层，它们从更小的侧面更具体地对土地使用产生影响。

表3-3　城市土地经济评价因素因子体系

| 基本因素层 | 派生因素层 | 因子层 |
|---|---|---|
| 土地区位 | 繁华度 | 商业服务中心等级<br>高级商务金融集聚区<br>集贸市场 |
| | 交通通达度 | 道路功能与宽度<br>道路网密度<br>公交便捷度 |
| 城市设施 | 城市基础设施 | 供水设施<br>排水设施<br>供暖设施<br>供气设施<br>供电设施 |
| | 社会服务设施 | 文化教育设施<br>医疗卫生设施<br>文娱体育设施<br>邮电设施<br>公园绿地 |
| 环境优劣度 | 环境质量 | 大气污染<br>水污染<br>噪声 |
| | 自然条件 | 地形坡度<br>地基承载力<br>洪水淹没与积水<br>绿化覆盖率 |
| 其他 | 人口密度<br>建筑容积率<br>城市规划 | 人口密度<br>建筑容积率<br>用地潜力 |

**本章思考题**

1. 什么是城市的性质？
2. 什么是城市人口平均增长速度？如何计算？
3. 城市用地属性有哪些？
4. 我国将城市建筑用地分成几大类？几中类？几小类？
5. 什么是城市用地适用性评价？
6. 城市用地适用性分成几大类？

# 4 第4章 城市总体布局

## 概　述

　　城市总体布局是城市的社会、经济、环境及工程技术与建筑空间组合的综合反映。城市总体布局是通过城市主要用地组成的不同形态表现出来的。城市的历史演变和现状存在的问题、自然和技术经济条件的分析、城市中各种生产和生活活动规律的研究（包括各项用地的功能组织）、市政工程设施的配置及城市艺术风貌的探求，都要涉及城市的总体布局，而对这些问题研究的结果，最后又都要体现在城市的总体布局中。

　　城市总体布局是城市总体规划的主要内容，它是一项为城市长远合理发展奠定基础的全局性工作，它是在城市发展纲要基本明确的条件下，在城市用地评价的基础上，对城市各组成部分进行统筹兼顾、合理安排，使其各得其所、有机联系。

　　城市总体布局要力求科学、合理，要切实掌握城市建设发展过程中需要解决的实际问题，按照城市建设发展的客观规律，对城市发展做出足够的预见。它既要为城市远期发展做出全盘考虑，又要合理地安排近期各项建设。科学合理的城市总体布局将会促进城市建设的有序性和带来经营管理的经济性。

　　城市总体布局是城市在一定的历史时期，社会、经济、环境综合发展而形成的。通过城市建设的实践，得到检验，发现问题，修改完善，充实提高。随着社会经济的发展，人们生活质量水平的提高、科学技术的进步，规划布局也是不断发展的。例如社会改革和政策实施的积极作用、科学技术发展及城市产业结构的调整，交通运输的改进与提高、新资源的发现与利用、能源结构的改变与完善等因素，都会对城市未来的布局产生实质性的影响。

## 本章学习重点

　　城市总体布局要力求科学、合理，要切实掌握城市建设发展过程中需要解决的实际问题，按照城市建设发展的客观规律，对城市发展做出足够的预见。它既要为城市远期发展做出全盘考虑，又要合理地安排近期各项建设。科学合理的城市总体布局将会促进城市建设的有序性和带来经营管理的经济性。城市总体布局是城市总体规划的中心任务，是城市长期合理发展的综合性基础工作。本章主要讲述城市总体布局的主要内容、功能组织、形式类型，以及城市总体布局方案的比较与选择。通过本章的学习，理解城市总体布局的概念，重点掌握城市总体布局的主要内容和布局形式类型。

## 4.1

# 城市总体布局的主要内容

城市总体布局是城市总体规划的重要内容，它是一项为城市长远合理发展奠定基础的全局性工作。在城市性质和规模大致确定的情况下，先选定城市用地发展方向，也就是城市建成区今后拓展的主要方向，再进一步确定城市总体布局形态，对城市各组成部分进行统筹安排，使其空间结构合理、布局有序、联系密切。用地发展方向是否合理，总体布局形态是否科学，基本上决定了城市总体规划的成败，在这方面的失误将使该城市发展付出沉重代价，且损失不易挽回，因此必须格外慎重，多方论证。

## 4.1.1　城市总体布局的空间解析

城市的功能活动总是体现在城市总体布局中。将城市的功能、结构与形态作为研究城市总体布局的切入点，通过三者的相关性分析，可以进一步理解三者之间相关的影响因素，便于更加本质地把握城市发展的内涵关系，提高城市总体布局的合理性和科学性。

### 1. 城市功能

城市功能是城市存在的本质特征，是城市系统对外部环境的作用和秩序。城市功能的空间概念包括了两层含义：城市的功能定位及功能的空间分布。1930 年《雅典宪章》曾将城市的基本功能活动归结为居住、工作、游憩、交通四大活动，并提出了这四大功能要素的空间布局原则及功能分区的概念。1977 年《马丘比丘宪章》明确指出："城市规划必须在不断发展的城市化进程中，反映出城市及其周围区域之间基本动态的统一性，并且要明确邻里与邻里之间、地区与地区之间以及其中城市结构单元之间的功能关系。"现代城市功能日益增强，城市功能要素的类型和空间分布情况也愈来愈复杂。城市功能布局是"将城市中各种物质要素，如住宅、工厂、公共设施、道路、绿地等按不同功能进行分区布置组成一个相互联系的有机整体"。

### 2. 城市结构

城市结构是"构成城市经济、社会、环境发展的主要要素，在一定时间形成的相互关联、相互影响、相互制约的关系"。城市结构包含有多方面的内容：经济结构、社会结构、政治结构和空间结构等。空间结构是社会经济结构在土地使用上的反映。城市空间结构是城市要素的空间分布和相互作用的内在机制。城市结构作为城市的理性抽象，它虽然难于直接地被触摸，却蕴藏着城市各项实质的与非实质的要素在功能上与时空上的有机联系,正是这种关系的作用,引导或制约着城市的发展。城市问题的解决,包括探索可以采取对策的过程,其结果都要在城市结构中体现出来。正如丹下健三说过:"不引入结构这一概念,就不可能理解一座建筑、一组建筑群,尤其不能理解城市空间。"

### 3. 城市形态

城市形态是城市整体和内部各组成部分在空间地域的分布状态,是各种空间理念及其各种活动所形成的空间结构的外在体现。这一概念包括下列含义:它是城市各种功能活动在地域上的呈现,其显著的体现就是城市活动所占据的土地图形;用地形态是城市形态的主要外在表现。影响和制约城市形态的主要因素有:城市发展的历史过程;地理环境;城市职能、规模、结构等特征;城市交通的相对可达性;规划及政策控制等。

综上可见,城市功能是主导的、本质的,是城市发展的动力因素;城市结构是内涵的、抽象的,是城市构成的主体;城市形态是表象的,是构成城市所表现的发展变化着的一种空间形式特征。城市的总体布局是基于城市功能、结构和形态三者的相关性分析,它们之间的协调关系是城市发展兴衰的标志。

## 4.1.2 城市总体布局主要内容

城市总体布局包含两层意思:一是从区域范围研究城市布局,即城镇体系布局;二是从一个城市内部研究各功能区的关系和空间布局。本章着重探讨的是城市内部的总体布局问题。

城市总体布局就是综合考虑城市各组成要素,如工业用地、居住用地及对外交通运输用地等,并进行统筹安排。城市用地的组织结构是总体布局的"战略纲领",它明确城市用地的发展方向和范围,确定城市用地的功能组织和用地的布局形式,同时探索城市建筑艺术。城市总体布局既要掌握城市建设发展过程中需要解决的实际问题,又要按照城市建设发展的客观规律,对城市发展做出足够的预见。通过城市建设的实践,得到检验,发现问题,修改、完善、充实、提高。随着生产力的发展,科学技术的不断进步,规划布局所表现的形式也会不断发展的。

城市总体布局的核心是城市主要功能在空间形态演化中的有机构成。它研究城市各项用地之间的内在联系,综合考虑城市化的进程、城市及其相关的城市网络、城镇体系在不同时期和空间发展中的动态关系。根据制定的城市发展纲要,在分析城市用地和建设条件的基础上,将城市各组成部分按其不同功能要求、不同发展序列、有机地组合起来,使城市有一个科学、合理的总体布局。

作为城市总体规划的核心内容,城市总体布局具体内容可以通过以下几个方面来体现:①合理布置工业用地,形成城市工业区;②根据城市居民的不同需求布置城市居住用地,形成居住区;③配合城市各功能要素,组织城市绿化系统;④按居民工作、居住、游憩等活动的特点,建立各级休憩与游乐场所,组织公共建筑,形成城市公共活动中心体系；⑤按交通性质和车行速度，划分城市道路类别，形成城市道路交通体系。城市总体布局不是单一的城市用地的功能组织，而是整个城市空间的合理部署和有机组合。因此，城市用地的选择，城市规模、形态、产业结构、功能布局等也都是城市总体布局的基础和需要综合协调的内容。

**4.2**

## 城市总体布局的功能组织

城市用地的功能组织，是城市总体布局的核心问题。按照传统的概念，城市活动可概括为工作、居住、交通和休息四个方面，为了满足这四方面活动的需要，就需要有不同功能的用地。这些用地之间有联系，有依赖，也互相干扰，因此要根据各类用地的功能要求以及相互之间的关系，加以组织，形成一个协调的整体。

## 4.2.1　城市用地功能组织原则

### 1. 从市情出发，点面结合，城乡一体，协调发展

要将城市与周围影响的地区作为一个整体来考虑。如果把城市作为一个点，而以所在地区或更大的范围作为一个面，就要做到点、面结合。要分析研究城市在地区国民经济发展中的地位和作用，以明确城市发展的任务和可能的趋向，作为规划的依据。要研究地区工农业生产、交通运输、矿藏、水利资源利用等对城市布局的影响，使城市用地布局和功能组织合理。比如，江苏南通是我国著名的棉纺织工业城市，这就是在它周围的农村经济作物——棉花产区的基础上发展起来的；又如湖北荆州主要是由防洪的荆江大堤、两沙运河及西干渠构成的狭长带形城市，如图 4-1 所示。

### 2. 功能明确，重点安排城市主要用地

工业生产是现阶段城市发展的主要因素，工业布局直接影响城市功能结构的合理性。因此，要合理布置工业用地，组合考虑工业与生活居住、交通运输、公共绿地之间的关系。图 4-2 为某乡镇总体规划布局。仅就组织交通而言，工业区与居住区的具体布置中还应注意用地的长边相接，以扩大步行上下班的范围。沿着对外交通干道布置工厂，是城市边缘地段经常见到的。在布置中要合理组织工厂出入门和厂外通路交叉，避免过多地干扰对外交通。此外，要为组织生产协作、合理利用资源、物资流通、节约能源、降低成本等创造条件。同时要考虑为居民创造安宁、清洁、优美的生活环境。对交通枢纽城市，首先应选择和布置好交通枢纽用地，对于风景旅游城市则应首先考虑风景游览用地的选择和合理布局。

图 4-1　荆州市总体规划用地示意图

图 4-2　某乡镇总体规划示意图

### 3. 规划结构清晰，内外交通便捷

规划时要做到城市各主要用地功能明确，各用地间关系协调，交通联系方便、安全。城市各组成部分力求完整，避免穿插，尽可能利用各种有利的自然地形、交通干道、河流等，合理划分各区，并便于各区的内部组织。例如，安徽合肥市，因地制宜制定城市用地的功能分区，逐步形成以经过改造的原有城市为中心，沿几条主要的对外公路向东、北、西南三个方向放射发展的布局就比较合理，如图4-3所示。必须指出，市中心区是城市总体布局的心脏，它是构成城市特点的最活跃的因素，它的功能布局和空间处理的好坏，不仅影响到市中心区本身，还关系到城市的全局。必须反对从形式出发，追求图画上的"平衡"，把不必要的交通吸引到市中心来的做法。

图4-3　合肥市总体布局示意图

### 4. 便于分期建设，留有发展余地

城市建设是一个连续的过程，城市新区的发展，旧区的改造、更新，整个城市功能的完善、提高，是不可断的、渐进的。因此，在研究城市用地功能组织时，要合理确定第一期建设方案，考虑近远期结合，做到近期现实，远景合理，项目用地应力求紧凑、合理。城市建设各阶段要互相衔接，配合协调。例如湖北宜昌市，为了使葛洲坝水利枢纽的工程设计施工组织与城市的近期建设计划相统一，采取了城市道路系统与施工道路相结合，暂设工程与长久性建筑相结合，施工取土与开拓城市用地相结合等措施，各阶段的建设配合协调，做到大坝建成，城市形成，如图4-4所示。此外，规划布局中某些合理的设想，在目前或暂时实施有困难，就要留有发展余地，并通过日常用地管理严格控制，待到时机成熟，可再实施。比如，湖南长沙的铁路旅客站向城东搬迁，江苏无锡的大运河向城南重新开拓，都是20～30年前的设想，如今都已经实现了。同时，留有发展余地，可增加规划布局的"弹性"，使

各用地组成部分具有适应外界变化的能力。

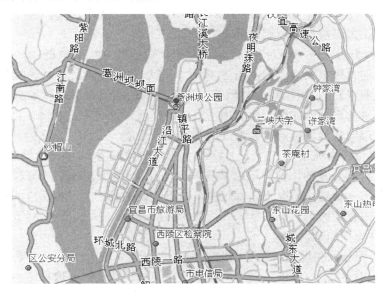

图 4-4  宜昌市区图

## 4.2.2  用地的功能组织与结构

按功能要求将城市中各种物质要素，如工厂、住宅、仓库等，进行分区布置，组成一个互相联系，布局合理的有机整体，以减少总的出行量和平均出行距离，为城市的各项活动创造良好的环境。要保证城市各项活动的正常运行，必须把各功能区的位置安排得当，既保持相互联系，又避免相互干扰，其中最主要的是要处理好工业区和居住区之间的关系。

城市用地组织应根据城市的合理规模和切合实际的用地指标，确定城市各项用地的数量，并研究这些用地在总体布局方面的具体要求，在此基础上进行城市用地的组织，形成某种规划结构，这当中要注意到下列各点。

① 工业区应该和居住区有方便的交通运输联系，货运量大的工业区与铁路和港口之间的布局关系，要从交通运输考虑，用铁路支线把它们联系起来。

② 商业批发仓库、供应仓库、市场等可以布置在居住区，为工业企业服务的材料、成品仓库应布置在工业区内，仓库必须有方便的对外交通联系。

③ 水运和铁路运输用地必须保证居住区与铁路车站和码头等有方便的交通联系，但不允许铁路路线与居住区用地过多的交叉，以防止被铁路分割。

④ 对环境有污染和危害的仓库、堆场应与居住区隔离开来，布置在城市边缘的下风向和河流的下游地带；把居住区布置在工业区上风向和河流的上游，并有卫生防护区，使规划符合基本的卫生要求。

⑤ 产生噪声大的工厂、铁路列车编组站、飞机场等应尽量远离居住区。

⑥ 在各个城市建设中，有各种各样城市主要功能区的布置方式，这些功能区是受城市的规模和城市的国民经济特征所制约的。

⑦ 为了使劳动和居住的地点更紧密结合起来，可以建立混合式的生产—居住区（布置不排放有害物质的，每昼夜货运量不超过 10 个标准车厢的科研所、高等院校、综合性的企业及其他劳动就业点），也可以建立其他整体化规划结构的组织形式，如有些发达国家在城市布局中发展起来的多功能的综合区，用高效能的交通联系起来。总之，目前正在追求功能纯化的低密度城市向功能混合的较高密度的城市方向发展。

⑧ 在大城市和特大城市中，被人工界线（公路、铁路等）和天然界线（水面、山丘、洼地、大片绿地）划分开的用地，可以被看做是若干个城市规划区。规划区的规模、功能组成及形状，在每一种具体情况下，都是由与城市建设的具体情况相适应的城市总平面图所决定的。特大城市规划区的居民人数，大约取 50 万人以内，大城市在 30 万人以内，较大中等城市大体在 10 万人以内。

⑨ 城市的规划分区和规划结构要同时考虑，并与建立城市交通干道系统及公共中心系统结合起来。目前城市正由单中心向多中心城市空间结构转变，并取得了一定实效。

⑩ 在布置城市各个功能区时，要注意用地的建设质量，不能影响整体功能的发挥。

## 4.3

## 城市总体布局的形式

城市用地布局形式指城市建成区的平面形状以及内部功能结构和道路系统的结构和形状。城市布局形式是在历史发展过程中形成的，或为自然发展的结果，或为有规划建设的结果，这两者往往是交替起作用的。影响城市布局的因素时时在发展变化，城市布局的形态也会不断的发展变化，因此，研究城市布局形式及其利弊，对制定城市总体规划有指导意义。

### 4.3.1　影响城市布局的因素

城市布局形式的形成受到众多因素的影响，有直接因素的影响，也有间接因素的影响。对于一个城市来说，往往是多种因素共同作用的结果。

#### 1. 直接因素

（1）经济因素

主要指建设项目，如工业基地、水利枢纽、交通枢纽、科学研究中心等的分布和各种项目的不同技术经济要求；资源情况，如矿产、森林、农业、风景资源等条件和分布特点；建设条件，如能源、水源和交通运输条件等。

（2）地理环境

如地形、地貌、地田、水文、气象等。

（3）城镇现状

如人口规模、用地范围等。

## 2. 间接因素

（1）历史因素

城市在长期的历史发展过程中，从城市核心的形成开始，经过自然的发展和有规划的建设，各个时期呈现不同的形式。

（2）社会因素

包括社会制度和社会不同阶层、集团的利益、意志、权力等，都对城市的选址、发展方向、规划思想和城市布局结构有着十分重要的影响。

（3）科学技术因素

现代工业的产生使城市的布局形式发生变化。钢铁工业城市要求工业区和居住区平行布置；化学工业城市要求工业区同居住区之间有一定的隔离地带；现代先进的交通运输工具和通信技术的问世，使大城市的有机疏散、分片集中的规划布局形式成为可能。

# 4.3.2　城市布局类型

## 1. 城市相对集中布局

相对集中布局的城镇，是在用地和其他条件允许，符合环境保护要求的情况下，将城镇各组成要素集中紧凑，连篇布置，使建成区相连或基本相连。这种布局形态便于集中设置较为完善的市政、公共设施，建设和管理比较经济，生产和生活比较方便。缺点是工业区和居住区距离较近、绿地较少，环境不易达到较高标准。一般二三十万人口的中小城市、县城、建制镇镇区可采用这种布局形态。但随着城市规模的不断扩大，建成区面积超过 $50\,\mathrm{km}^2$，居住人口超过 50 万，容易形成"摊大饼"形态，这样将导致城市环境恶化，居住质量下降。在城市规划中应注意改变这种已经变得不合理的布局形态。

相对集中布局形态一般可分为块状式、带状式、沿河多岸组团式等形态。

（1）块状式

又称饼状式，建成区的基本形态为一个地块，形状有圆形、椭圆形、正方形、长方形等，中间没有绿带隔离，或只有小河把街坊分开。我国地处平原的城市大多为这种形态，这种布局形式便于集中设置市政设施、合理利用土地、便捷交通、容易满足居民的生产、生活和游憩等需要。直到现在，北京、沈阳、长春、西安、石家庄、济南、成都（图 4 - 5 （a））、郑州这些特大城市仍基本保持这种形态。建成区面积较大的块状城市往往形成"摊大饼"，对城市交通、环境等方面的弊端已严重制约城市发展，影响市民生活。规划应控制这种"饼状"的继续膨胀，通过建设新城区或卫星城镇等措施来分担城市部分职能，疏散城区过密人口，改善城市布局形态。

（2）带状式

这种布局形式是受自然条件或交通干线的影响而形成的。有的沿着江河或海岸的一侧或两岸绵延，有的沿着狭长的山谷发展，还有的沿着陆上交通干线延伸。这类城市平面结构和交通流向的方向性较强，纵向交通组织困难，常有过境交通穿越，如兰州、沙市、洛阳、丹东、青岛、常州、宜昌（图4-5（b））等。

（3）沿河多岸组团式

由于自然条件等因素的影响，城市用地被分隔为几块。结合地形把功能和性质相近的部门相对集中，分块布置，每块都有居住区和生活服务设施，相对独立（称组团），组团之间保持一定的距离，并有便捷的联系，生态环境较好，并可获得较高的效益。武汉、重庆（图4-5（c））、韶关、宜宾、泸州、合川就是这种布局形态。武汉被长江和汉水分割成汉口、武昌、汉阳三部分，号称武汉三镇。重庆也被长江和嘉陵江分成中心城区、江北、南岸三部分。韶关市被北江、浈江、武水分成三江六岸布局形态。

## 2. 相对分散布局

相对分散布局城镇，是因地形、矿产资源、历史等原因，使建成区比较分散，每块建成区规模大小不一，彼此距离较远，由交通线保持联系。这种布局形态使建成区之间联系不如相对集中布局那么方便，城市道路、供水、排水、供电、通信、供气等基础设施投资可能增加，管理难度增大；优点是有利形成良好生态环境，减少人口居住密度，也有利于更合理利用土地。

相对分散布局的城市形态多样，主要有主辅城式、姐妹城式、一城多镇式、星座式、点条式等。

（1）姐妹城式

城市建成区由大小差不多的双城组成，故也称双城式。两城共同承担主城区的功能，但有所分工，如银川（图4-5（d））、包头。银川市由旧城区和新城区双城组成，旧城为行政中心，新城为经济中心，由两条主干道相联系。包头也是由旧城（东城区）和新城（青山区、昆都仑区）组成，新城是新中国成立后配合包钢建设逐渐形成新城区。银川和包头的新城区都是为了适应经济发展、大型工业建设形成的，与旧城保持一定距离，有合理分工，规划仍保持这种双城结构。

（2）主辅城式

城市建成区由主城区和1～2个辅城组成。主城为城市中心所在，规模较大，为城市主体。辅城与主城保持一定距离（十几公里至几十公里），多为港口城或新的大工业区，为主城的卫星城，居住人口较主城少。连云港、福州（图4-5（e））是典型的主辅城结构。连云港主城为新浦、海州组成的原城区，辅城为港口区。福州的主城为原城区（包括南岛），辅城为马尾港区，是建港时形成的新城区。秦皇岛是一主二辅结构，主城为秦皇岛港所在的海港区，辅城为山海关区和北戴河区。宁波市也是一主二辅结构，原城区为主城，北仑区和镇海区为辅城。

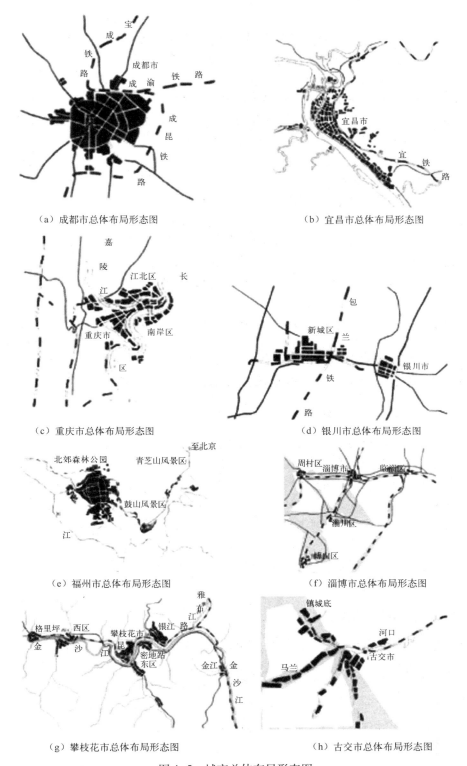

（a）成都市总体布局形态图　　　　　　　　（b）宜昌市总体布局形态图

（c）重庆市总体布局形态图　　　　　　　　（d）银川市总体布局形态图

（e）福州市总体布局形态图　　　　　　　　（f）淄博市总体布局形态图

（g）攀枝花市总体布局形态图　　　　　　　（h）古交市总体布局形态图

图 4-5　城市总体布局形态图

（3）一城多点式

这种城市的建成区由多个城市组团组成，中心区不够突出，各组团（镇）规模相当。这是因为这些城市是由相邻数镇联合发展起来，如山东的淄博市（图4-5（f））是由张店、淄川、博山、临淄（辛店）、周村五镇组成一个特大城市。不少工矿城市是由若干个矿区组成多点式结构。石油城大庆市建成区散布在萨尔图、龙凤、卧里屯、让胡路、乘风庄等十几个矿区，这是由于油井分布而形成的特殊布局形态。市中心萨尔图规模不大，中心地位不突出，大庆市规划将强化市中心区的地位，更好发展中心城区作用。

（4）点条式

有的山地城市因受地形限制，只好沿河谷发展，在地形较开阔处建设城区、工矿区、居民区，往往形成绵延数十公里，形似长藤丝瓜的点条式城市形态。这些城市建设过程中大多受到当时三线建设的"山、散、洞"布局思想的影响，造成城市布局过于分散，给生产、生活造成诸多不便。规划应根据当地的具体条件，把生产、生活区适当集中，加强配套，并控制人口规模。地处大西南金沙江畔的钢城攀枝花市（图4-5（g））、鄂西北山区的汽车城十堰市都是这类布局形态的代表。

（5）掌状式

有的山地工矿城市因受到地形和矿产资源分布的影响，建成区沿河谷发展，结合矿井布置，沿几条河谷形成长条状工矿区，酷似手掌。山西省的煤矿城市古交便是典型的掌状式结构（图4-5（h））。城市沿汾河上游5条河谷伸展，既利用河谷地形，又与矿井分布一致。不过这种布局形态对城市内部道路交通组织较困难。

## 3. 集聚－扩散型的组团布局

如何确定一个城市布局形态，如何对现状布局形态进行改造，应根据每个城市的条件、特点而定。现代城市规划一般宜采用集聚与扩散现相结合的组团布局形态，这种城市布局形态采取适当集聚、合理扩散、加强配套、弹性发展的手法，根据不同城市性质、规模、现状特点、用地条件，把城市划分成若干个大组团，每个大组团再细分成小组团。各组团规模适中，社会服务设施自行配套，中心城组团规模较大。大的城市也可采用双中心，甚至三中心结构。各组团间可利用天然水面、山体保持距离，或建立绿化隔离带，这样既可保持良好的生态环境，又富有弹性发展余地。中心城以外可规划若干个有一定规模、设施配套的卫星城镇，以分流中心城过密人口，转移部分产业。

## 4. 大都市连绵区（带）

在大城市和特大城市快速增长的同时，随着人口和产业在空间密集程度的进一步提高，城镇密集地区显著增长，成为局部高度城市化的地区。城镇密集地区作为国家和地区的经济中心区，在经济社会发展中的地位日益突出。在世界上一些人口密集的发达地区，城市化的广域扩展和近域推进高度结合，城市地域相互交融，城市之间的农村间隔地带日渐模糊，整个地区内城市用地比例日益增高，形成地域范围十分广阔的大都市连绵区（Megalopolis），亦称大都市连绵带。

20世纪50年代，大都市连绵区首先在美国东部大西洋沿岸和五大湖南部地区以及西欧发达国家出现。目前，全球典型的大都市连绵区包括美国东北部大西洋沿岸波士顿—华盛顿大都市连绵区、美国大湖地区芝加哥—匹兹堡大都市连绵区、美国西部太平洋沿岸圣迭戈—旧金山大都市连绵区、日本东海岸东京—名古屋—大阪大都市连绵区、英国伦敦—伯明翰大都市连绵区、荷兰兰斯塔德大都市连绵区等。随着世界范围城市化的普遍推进，自20世纪70年代起，许多发展中国家经济发达、人口稠密的城镇密集地区，如巴西东海岸、韩国、印度等地的城镇密集地区，以及中国东南沿海地区，也逐渐向大都市连绵区发展演化。大都市连绵区的不断形成和发展，已经成为全球城市发展的一个明显趋势。

从一定意义上讲，大都市连绵区是城市化进程中高于大都市圈的一个阶段，是多个大都市圈在功能和空间上衔接融合的结果。大都市连绵区的发展，是更宏观尺度上的人口和产业的集聚，反映了工业化后期及信息化发展进程中城市空间布局的一种新态势。大都市连绵区内部的各城市之间，已经形成了十分紧密的信息、人口、交通、产业联系，形成了有机关联的功能整体，这种集合效应可以使大城市的规模效益和带动作用得到充分的发挥。大都市连绵区区域性基础设施共建共享的程度很高，形成了十分发达的区域性基础设施网络体系，城镇沿交通轴线成带状展开，在功能紧密关联的同时又保持了相当比例的生态用地和专业化农、林业用地，形成了有效的空间间隔。大都市连绵区的这种地域空间组织形式，又在相当程度上避免了单个城市连续膨胀造成的生态环境问题。一般认为，大都市连绵区的形成和发展，一方面强化了大城市多具备的区位优势，另一方面又有效地缓解了单一中心的人口和环境压力。正因为如此，大都市连绵区成为20世纪70年代以来全球最具经济活力的地区，在国家和地区经济发展中发挥着至关重要的核心作用。

# 4.4

## 城市总体布局方案的比较与选择

### 4.4.1　城市总体布局多方案比较的意义与特点

城市总体布局的多方案比较是城市规划编制过程中的一个必不可少的环节。其主要目的是通过对不同规划方案的比较、分析与评价，找出现实与理想之间、各类问题和矛盾之间、长期发展与近期建设之间相对平衡的解决方案。

#### 1. 城市总体布局多方案比较的重要性

虽然我们通过对城市发展规律的总结归纳和科学系统的分析，可以找出影响城市总体布局的主要因素和形成城市总体布局的一般规律，但就某一个具体的城市而言，其规划中总体布局的可能性并非是唯一的，这是由以下几个原因造成的。首先，城市是一个开放的巨系统，不但其构成要素之间的关系错综复杂，牵一发而动全身，而且不同的社会阶层、集团或个人对构成要素在城市总体布局中的重要程度、主次顺序，有着不同的价值取向和判断。也就是说，面对同样的问题，由于价值取向的不同而形成不同的解决方法，反映在城市总体布局上就会形成不同的方案。例如，以公共交通和集合式住宅解决居住问题的城市与以私人小汽车和低密度独立式住宅解决居住问题的城市，其总体布局截然不同。其次，城市规划方案以满足城市的社会经济发展为前提，其中充满了不确定性因素，而这种对未来预测的不同结果、判断以及相应的政策也会影响到城市总体布局所采用的形式。例如，基于对城市郊区化进展的判断所采取的强化城市传统中心的总体布局，与解决城市中心职能过于向传统城市中心集中、疏解城市中心职能所采取的总体布局之间存在着明显的差别。再次，即使在相同的前提与价值取向的情况下，城市行政首长等决策者甚至是规划师个人的偏好也会在相当程度上影响或左右城市的总体布局形态。总之，人们对问题的认识、价值取向、个人好恶等均会影响到城市总体布局的结果。因此，城市总体布局是一个多解的，有时甚至是难以判断其总体优劣的内容。正因为如此，在城市规划编制过程中，城市总体布局的多方案比较就显得尤为重要。其主要意义和目的可以归纳为：

① 从多角度探求城市发展的可能性与合理性，做到集思广益；

② 通过方案之间的比较、分析和取舍，消除总体布局中的"盲点"，降低发生严重错误的概率；

③ 通过对方案分析比较的过程，可以将复杂问题分解梳理，有助于客观地把握和规划城市；

④ 为不同社会阶层与集团利益的主张提供相互交流与协调的平台。

## 2. 城市总体布局多方案比较的基本思路与特点

多方案的比较、分析与选择是城市规划中经常采用的方法之一。城市总体布局构思与确定阶段的多方案比较主要从城市整体出发，对城市的形态结构及主要构成要素做出多方位、多视角的分析和探讨。关键在于要抓住特定城市总体布局中的主要矛盾，明确需要通过城市总体布局解决的主要问题，不拘泥细节。例如，在 2003 年开展的北京空间战略发展研究中，改变现状单一城市中心、城市用地呈圈层式连绵发展的城市结构是北京在发展中急需解决的主要矛盾。针对这一主要矛盾，三个研究参与单位分别提出了不同的解决思路，并最终归纳出"两轴、两带、多中心"的城市格局。对于新建城市而言，城市总体布局的多方案比较可能意味着截然不同的城市结构之间的比较；而对现有城市而言，则可能是不同发展方向与发展模式之间的比较。

在城市总体布局多方案比较的实践中，存在着两种不尽相同的类型。一种是包括对城市总体布局前提条件分析研究在内的多方案比较，或者称为对城市发展多种可能的探讨。在这类多方案比较中，研究的对象不仅限于城市的形态与结构，同时往往还包括对城市性质、开发模式、人口分布、发展速度等城市发展政策的探讨。1954 年的东京圈土地利用规划、1961 年的华盛顿首都圈规划，以及 21 世纪澳门城市规划纲要研究都是这一类型的实例。城市总体布局多方案比较的另外一种类型是在规划前提已定的条件下侧重对城市形态结构的研究，常见于规划设计竞赛。著名的巴西首都巴西利亚规划设计竞赛、我国上海浦东陆家嘴

CBD 地区的规划设计竞赛等属于这一类。

此外，在城市规划实践中，除对城市总体布局进行多方案比较外，有时还会针对布局中某些特定问题进行多方案的比较，例如城市中心位置的选择、过境交通干线的走向等。

## 4.4.2　城市总体布局多方案比较与方案选择

### 1. 多方案比较的内容

城市总体布局涉及的因素较多，为便于进行各方案间的比较，通常将需要比较的因素分成几个不同的类别，详见表 4-1。

应该指出的是，现实中每个城市的具体情况不同，对上述要素需要区别对待，有所侧重，甚至不必针对所有因素进行比较。同时，方案比较本身的目的也直接影响到方案比较的主要内容和侧重点的不同。

表 4-1　城市总体布局多方案比较内容一览表

| 序　号 | 比较类别 | 详细内容说明 |
| --- | --- | --- |
| 1 | 地理位置与自然条件 | 城市选址（或发展用地）中的工程地质、水文地质、地形地貌等是否适于城市建设 |
| 2 | 资源与生态保护 | 对农田等资源的占用以及对生态系统的影响是否最小 |
| 3 | 城市功能组织 | 商务、商业服务等城市中心功能，工业区等产业功能以及居住功能等主要功能区之间的关系是否合理 |
| 4 | 交通运输条件 | 铁路、公路、机场、码头等城市对外交通设施是否高效服务城市又同时对城市发展不形成障碍；城市道路系统是否完整、通畅、高效、合理 |
| 5 | 城市基础设施 | 给水、排水、电力、电信、供热、煤气等城市基础设施的系统结构、关键设备布局是否合理；高压走廊的走向对城市是否有影响 |
| 6 | 城市安全与环境质量 | 是否有利于城市抵御洪水、地震、台风等自然灾害及火灾、空袭等人为灾害；是否有利于城市环境质量的提高 |
| 7 | 技术经济指标 | 城市建设开发的投入产出比例等经济效益是否高效、合理 |
| 8 | 分期建设与可持续发展 | 是否有利于城市的分期建设；是否留有足够的进一步发展的空间 |

### 2. 多方案比较的实例

（1）东京城市圈开发形态方案

20 世纪 50 年代中期，伴随着经济起飞和全国性中心职能向首都地区集中，东京城市圈开始出现大规模土地开发的压力。日本城市规划学会大城市问题委员会下设专门调查委员会对此进行了调查研究并提出研究报告。其中针对东京城市圈半径 40 km 范围内的开发形态，从肯定或否定大城市两个角度出发提出了 6 种不同类型的城市开发模式。方案比较侧重对人口分布、交通设施、开敞空间、居住环境、新开发与既有中心城市的关系等方面的分析。在

6 种方案中，特定城市开发型的方案后来被首都圈建设委员会采纳，并以此为基础形成了第一次首都圈建设基本规划（图 4-6）。

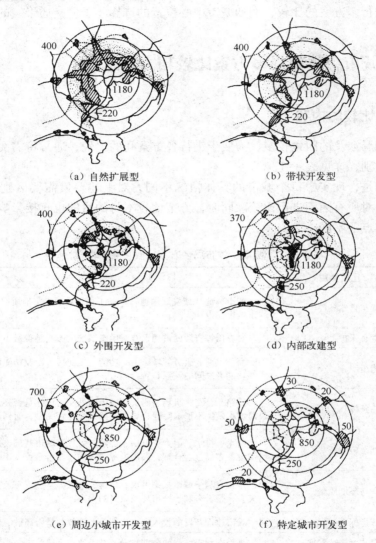

（a）自然扩展型　　　　　　　　　　　　（b）带状开发型

（c）外围开发型　　　　　　　　　　　　（d）内部改建型

（e）周边小城市开发型　　　　　　　　　（f）特定城市开发型

图 4-6　东京城市圈开发形态方案比较

（2）21 世纪澳门城市规划纲要研究

为迎接 1999 年澳门回归祖国，清华大学、澳门大学等单位联合开展了 21 世纪澳门城市规划纲要研究工作。其中，针对澳门城市现状中人口建筑密度较高、城市用地匮乏、缺少发展空间等问题，并考虑到回归后产业发展方向、规模、速度以及澳穗合作中的不确定性等因素，就城市发展规模及形态提出了"稳定型"、"调整型"以及"转换型"三个不同的方案。这一系列方案提出的目的并非希望通过方案之间的比较，来选择一个最为合理现实的方案，而是着重探讨在不同产业发展模式以及不同澳穗合作模式下的多种可能性，为回归后的特区政府制定城市发展政策提供参考（图 4-7）。

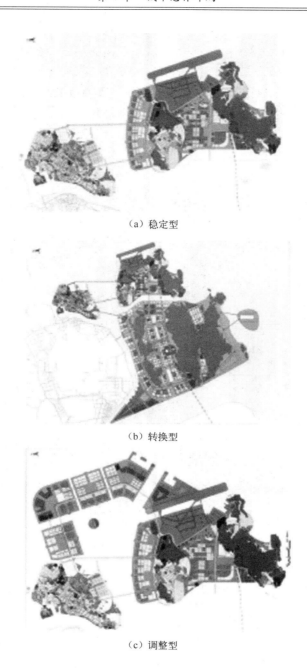

（a）稳定型

（b）转换型

（c）调整型

图 4-7　澳门三种不同发展模式与城市形态

（3）巴西利亚的城市总体设计

1956 年巴西政府决定将首都从里约热内卢迁至中部高原巴西利亚，以带动内陆地区的发展。随后举行了规划设计竞赛，共有六个方案获得一至五等奖。各获奖方案在人口规模等条件已定的情况下（50 万人），侧重对城市功能组织的形态与城市结构的表达（图 4-8）。经过评选，巴西建筑师路西奥·科斯塔的方案最终获得第一名并被作为实施方案。该方案以总统府、议会大厦和最高法院所构成的三权广场为中心，与联邦政府办公楼群、大教堂、文化中心、旅馆区、商业区、电视塔、公园等组成东西向的轴线。在轴线两侧结合地形布置了居住区、外国使馆区和大学区，并由快速干道与轴线和外部相连接。整个城市宛如一只展翅飞翔的大鸟或飞机，形成了独特的城市形态。虽然自 1960 年巴西首都迁至此地后，对该方案的批评从没有中止过，但目前巴西利亚已基本按规划建成，并作为完全按照规划所建成的现代城市，于 1987 年被联合国教科文组织列为世界文化遗产。

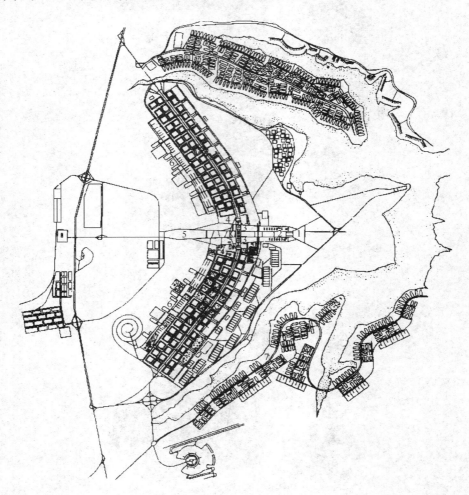

1—三权广场　2—行政区　3—文化娱乐中心　4—商业中心　5—体育场
6—居住区　7—独户住宅区　8—铁路客运站
图 4-8　巴西利亚城市示意图

### 3. 方案选择与综合

　　城市总体布局多方案比较的目的之一就是要在不同的方案中找出最优方案，以便付诸实施。方案比较时所考虑的主要内容也在上述"多方案比较的内容"中列出。然而通过分析比较找出最优方案有时并不是一件容易的事情。通常，比较分为定性分析与定量评判两大类。定性分析多采用将各方案需要比较的因素采用简要的文字或指标列表比较的方法。首先通过对方案之间各比较因素的对比找出各个方案的优缺点，并最终通过对各个因素的综合考虑，做出对方案的取舍选择。这种方法在实际操作中较为简便易行，但比较结果较多的反映了比较人员的主观因素。同时参与比较人员的专业知识积累和实践经验至关重要。事实上如果对每个比较因素的含义进行比较严格的定义，并根据具体方案的优劣程度设置相应的评价值，则可以计算出每个方案的得分值。但比较因素的选择、加权值、参评人的构成等均影响到各个方案的总得分值。这种方法虽然在一定程度上试图将比较过程量化，但仍建立在主观判断的基础上，与此相对应的是对方案客观指标进行量化选优的方法，即将各个方案转化成可度量的比较因子，例如，占用耕地面积、居民通勤距离、人均绿地面积等。但在这种方法中，存在某些诸如城市结构、景观等规划内容难以量化的问题。因此，实践中多采用多种方法相结合的方式进行方案比较。

另一方面，城市总体布局的多方案比较仅仅是对城市发展多种可能性的分析与选择，并不能取代决策。城市总体布局方案的最终确定往往还会不同程度地受到某些非技术因素的影响。此外，在某一方案确定后还要吸收其他方案的优点，进行进一步的完善。

### 4. 方案在实施过程中的深化与调整

通过多方案的比较、选择与综合，城市总体布局即可基本确定。但在城市规划实施的过程中还会遇到各种无法事先预计的情况，这些情况有时也会在不同程度上影响到城市的总布局，需要进行及时的调整和完善。例如：筑波研究学园城市是位于日本首都东京东北 60 km 处的一座新城，其总体规划于 1965 年首次颁布，随着新城建设中迁入该地区的各个研究机构、高等教育机构不断提出新的要求及土地征购进展情况的变化，新城建设总体规划分别在 1966、1967 年、1969 年进行了三次调整，保留了原有的城市结构。目前筑波的城市建设基本按照 1969 年所确定的方案实施，并有局部调整（图 4-9）。

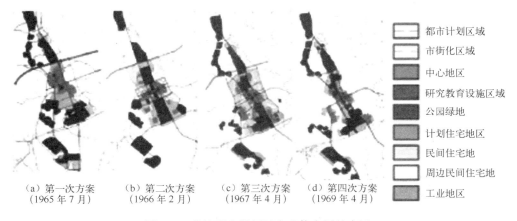

（a）第一次方案　　　（b）第二次方案　　　（c）第三次方案　　　（d）第四次方案
（1965 年 7 月）　　　（1966 年 2 月）　　　（1967 年 4 月）　　　（1969 年 4 月）

都市计划区域
市街化区域
中心地区
研究教育设施区域
公园绿地
计划住宅地区
民间住宅地
周边民间住宅地
工业地区

图 4-9　筑波研究学园城市总体布局的变迁

　　应该指出的是，城市总体布局关系到城市长期发展的连续性与稳定性，一旦确定就不宜做过多的影响全局的改动。对于涉及城市总体布局的结构性修改一定要慎之又慎，避免出现因城市总体布局的改变而引起的新问题。

---

　　本章思考题

　　1. 城市总体规划的概念以及主要内容是什么？

　　2. 城市总体布局中城市用地功能组织原则是什么？

　　3. 城市集中式总体布局的主要特征是什么，在规划过程中应妥善处理好哪些问题？

　　4. 城市分散式总体布局的主要特征是什么，在规划过程中尤其应该处理好哪些问题？

　　5. 城市总体布局的主要类型有哪些，各有什么特点，各自的适用条件是什么，规划布局中应注意哪些问题？

　　6. 城市总体布局多方案比较的基本思路与特点是什么？

# 5

# 第5章
# 城市用地的规划布局

## 概　述

  城市用地的规划布局是在对城市用地进行分析评价基础上，分别对居住用地、公共管理与公共服务用地、商业服务业设施用地、工业用地、物流仓储用地、市政公用设施用地、绿化与广场用地等城市中主要功能用地进行合理规划和布局。

  城市中的各项功能用地都有自身的功能和特点，在城市中发挥着各自的作用，而每项用地又有其规划和布局的原则和要求，各项用地之间的关系也是密切结合，相互影响的。因此，为了满足城市发展和居民生产生活的需要，按照科学的方法对城市用地进行合理的规划和布局，以充分发挥各项用地的功能和作用，具有非常重要的意义。

  本章将重点讲述居住用地组成，规划结构，居住用地条件，布置方式及居住用地指标，城市旧居住区的改造等；城市公共设施的分类，各类公共设施规划的等级及布局原则；各类公共设施布局的基本方法及城市中心区规划原理；城市公共设施建筑指标的计算方法，城市中心区用地的具体布置方式；工业在城市社会与经济发展中的作用，现代城市规划中工业用地规划思路的变迁及其原因；城市工业区规划的主要方法，旧城工业区的改造方法等；物流仓储的概念、分类、用地规模及一般布局原理等；物流仓储在现代城市中的作用；城市绿化广场用地的功能、分类，城市园林绿化系统规划的基本原理与方法；绿地规划的主要定额指标等。

## 本章学习重点

  城市用地的规划布局是对城市中主要功能用地的合理规划和布局，主要包括居住用地、公共管理与公共服务用地、商业服务业设施用地、工业用地、物流仓储用地、市政公用设施用地、绿化与广场用地等。本章将分别讲述主要城市用地的功能、分类、组成、规模、结构形式、合理规划原则、布局方法等内容。

# 5.1

## 居住用地规划布局

居住是城市居民生活、休息、购物、社交、文化体育等活动内容的统称，是城市生活的基本组成要素之一。社会的发展是一个连续的动态过程，城市的发展也如此，它反映在城市生活方面，就引起城市生活居住在质和量的内涵与外延上的不断扩展，引起其与城市生活的其他组成要素之间的互为储存、互相制约关系的不断变化。

居住用地是安排住宅和相应的服务设施的用地。包含住宅、小区级及以下级别的道路、绿地、配套服务设施等四项用地。

在城市总体规划阶段中，居住用地规划的基本任务如下。

① 正确地选择和确定整个城市居住用地的位置、规模、比例，使它与城市其他功能部分具有合理的关系。

② 确定居住用地的规划结构，使生活居住用地的各组成部分形成有机联系的整体，并且在用地规模上有合适的比例。

③ 平衡居住用地的经济技术宏观控制指标。

## 5.1.1　居住用地

### 1. 居住用地分类及组成

城市居住用地分为一、二、三、四类居住用地。

1）一类居住用地

市政公用设施齐全、布局完整、环境良好的低层住宅用地，如别墅区、独立式花园住宅、四合院等。

（1）住宅用地

住宅建筑及其必要的配建道路和绿化用地，住宅建筑可适当兼容公共管理与公共服务和商业服务业设施，其中商业性的功能兼容不应超过建设量的3%；配建绿化和道路用地为居住小区及小区级以下的小游园和道路用地，不包括承担城市公共使用的绿地和支路。

（2）社区服务设施用地

居住小区及小区级以下的主要公共设施和服务设施用地，包括幼托、文化体育设施、商业金融、社区服务、市政公用设施等用地，不包括中小学（该用地应归入中小学用地）。

2）二类居住用地

市政公用设施齐全、布局完整、环境良好的中、高层住宅用地。

（1）住宅用地

住宅建筑及其必要的配建道路和绿化用地，住宅建筑可适当兼容公共管理与公共服务和商业服务业设施，其中商业性的功能兼容不应超过建设量的3%；配建绿化和道路用地为居住小区及小区级以下的小游园和道路用地，不包括承担城市公共使用的绿地和支路。

（2）社区服务设施用地

居住小区及小区级以下的主要公共设施和服务设施用地，包括幼托、文化体育设施、商业金融、社区服务、市政公用设施等用地，不包括中小学（该用地应归入中小学用地）。

3）三类居住用地

市政公用设施比较齐全、布局相对完整、环境较好的中、高层住宅用地。

（1）住宅用地

住宅建筑及其必要的配建道路和绿化用地，住宅建筑可适当兼容公共管理与公共服务和商业服务业设施，其中商业性的功能兼容不应超过建设量的3%；配建绿化和道路用地为居住小区及小区级以下的小游园和道路用地，不包括承担城市公共使用的绿地和支路。

（2）社区服务设施用地

居住小区及小区级以下的主要公共设施和服务设施用地，包括幼托、文化体育设施、商业金融、社区服务、市政公用设施等用地不包括中小学（该用地应归入中小学用地）。

4）四类居住用地

市政公用设施不齐全，环境较差的，需要加以改造的简陋住宅用地，包括危改房、城中村、棚户区、临时住宅等。

（1）住宅用地

住宅建筑及其必要的配建道路和绿化用地，住宅建筑可适当兼容公共管理与公共服务和商业服务业设施，其中商业性的功能兼容不应超过建设量的3%；配建绿化和道路用地为居住小区及小区级以下的小公园和道路用地，不包括承担城市公共使用的绿地和支路。

（2）社区服务设施用地

居住小区及小区级以下的主要公共设施和服务设施用地，包括幼托、文化体育设施、商业金融、社区服务、市政公用设施等用地不包括中小学（该用地应归入中小学用地）。

上述内容中，住宅用地所占比重最大，是核心内容。其他各项内容所需的规模大小、位置要依据居民使用它们的频繁程度及它们自身的特点来合理确定。

## 2. 居住用地规划结构

1）居住用地规划结构的演变

居住用地的规划结构就是指生活居住用地内，居住建筑用地与公共设施用地、公用服务设施、道路、绿地等用地的功能衔接和组织方式。

在城市发展的不同历史阶段，居住用地的规划结构受到当时的社会生产力发展水平、科学技术发展水平及其与之相适应的社会形态和社会生活方式等多方面因素的综合影响。不同的社会形态有着不同的居住用地的规划结构。

在奴隶制社会，随着城市的形成，出现了人类早期的城市居住组织方式，如我国周代的

"里"，古希腊和罗马时代城市的"坊"。这些居住单位的规模都比较小，是单一的居住用地。

我国封建社会时期的城市规模和生活居住区组成单位的规模比奴隶社会要大，名称也各不相同。如秦汉时称为"闾里"的面积约 17 hm$^2$；三国时曹魏邺城的居住单位称"里"，面积在 30 hm$^2$ 左右；唐代长安城的居住单位叫"坊"，其面积大约 28 ～ 80 hm$^2$；至宋代，由于商业和手工业的进一步发展，单一的居住坊里制度已不适应社会经济和城市的变化，并逐渐演变成坊巷，并沿街布置市肆形成商业街。

在 20 世纪以前，欧洲处于封建社会和资本主义社会的前期，大多数城市都是在罗马营寨的基础上发展起来的，以道路为间隔的小块街坊是城市生活居住的基本组织成单位。进入 20 世纪后，由于城市化的发展，旧的居民区和传统的街坊结构形式越来越不能适应现代技术的发展变化和现代生活的需要。汽车的出现和发展，不仅改变了旧居住街坊的交通条件，也破坏了传统居住生活的安静与安全。如面积很小的街坊内，很难为居民布置较齐全的公共管理与公共服务和商业服务业设施，儿童上学和居民采购日常必需品往往不得不穿越交通频繁的城市道路，极易造成交通事故。另外，汽车交通带来的噪声污染和空气污染，严重影响着沿街坊周边布置的住宅和居住环境质量，因而邻里单位和居住小区的理论得以提出。

随着城市规模的不断扩大，使城市的工作地点与居住地点的分布状况越来越不合理，因而，提出城市居住用地规划结构应具有较大的灵活性，进而提出居住区规划理论。居住区是构成城市居住用地的相对独立的有机组成部分。一个城市的居住用地可以划分成若干个居住区，并可根据城市总体用地布局，以几个居住区为一组，甚至以单个居住区为独立单位灵活合理地将其布置在城市中。

从上述演变过程可以看出，城市居住用地的规划结构是随着城市发展水平和生活方式、交通方式的改变而不断发展变化的，是一个由小至大、由简至繁、由低级至高级的变化过程，这个变化过程永远也不会终止。

2）居住用地规划结构的基本形式

（1）我国现阶段居住用地规划结构的基本组成单位

① 街坊。街坊由城市街道（支路、街、巷）围合而成（图5-1），它主要用来布置居住建筑、间或有少量的幼托、小卖店等小型公共管理与公共服务和商业服务业设施。个别街坊

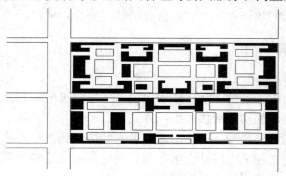

图5-1　居住街坊平面示意图

内也可保留历史遗留下来的与居民日常生活无碍的生产性建筑。街坊的规模依城市街道间距的不同而变化。

②居住建筑组团。居住建筑组团是与街道相连的相对独立的一组建筑，不由城市街道围合而成。它通常用在地形复杂的地段、城市边缘或郊区新开发建设地段的居住小区规划中，人口规模在1 000 ～ 3 000 人左右。

③居住小区。城市居住小区一般由城市次干道和支路围合而成，它除用来布置居住建筑外，还应在小区内集中布置一套可以满足居民日常基本生活需要的商业、服务等公共设施用地和公共设施。

居住小区往往是由一群街坊或由若干居住建筑组团组成，其规模一般是以一个小学的最小规模为其人口规模的下限，以小区内公共管理与公共服务和商业服务业设施的最大服务半径（400 ～ 500 m）为其用地规模的上限。这样的规模，可以使小学生在小区内即可就学，不必穿越市干道，居民日常生活所需的多数商业服务项目不出小区即可解决，使居住环境方便、安静、安全。我国各城市在实际规划中，居住小区的人口规模一般在 1 万人左右，用地规模在 10 余 hm²。

④居住区。居住区一般是由城市干道围合而成。我国城市干道的间距一般在 700 ～ 1 000 m 之间，因此，由城市干道围合而成的用地规模一般在 50 ～ 100 hm² 左右，其人口规模在 3 ～ 5 万人左右。

居住区通常包含若干个居住小区，作为城市居住用地的相对独立完整的组成部分，居住区内除安排居住建筑外，还要布置完整的商业服务中心、文化活动和相应的行政管理机构。另外，在居住区中还可以安排与居民生活密切相关的不干扰居民正常生活的区街工业用地。

（2）居住用地的规划结构

居住用地的规划结构随城市规模和自然环境条件的不同而千变万化。在我国，按组成居住区的方法，一般可抽象为以下三种基本形式：

①以街坊或居住建筑组团为基本组成单位组成居住区；

②以居住小区为基本组成单位组成居住区；

③以街坊或居住建筑组团和居住小区为基本组成单位来组织居住区（如图 5 - 2 所示）。

采取哪种规划结构方式，主要取决于所组成的居住区的功能是否满足和符合居住的生活需要。因此，居民在户外活动大致可分为两类，一类是有相对固定的出行路途的活动，另一类是出行路途随机性较大的活动，其内容如图 5 - 3 所示。从图中可以看出，出行路途相对固定的活动，是居民生活中每天都要发生的，而另外那些出行路途随机性较大的活动，虽然也为居民经常需要，但并不是每天都必须发生的。因此，那些居民日常生活必须的公共管理与公共服务和商业服务业设施要尽可能安排在与居民出行路途相吻合的地方，以方便居民生活。

## 3. 居住用地指标

居住用地的技术经济指标通常是住宅用地、公共设施用地、道路用地和公共绿地等各单

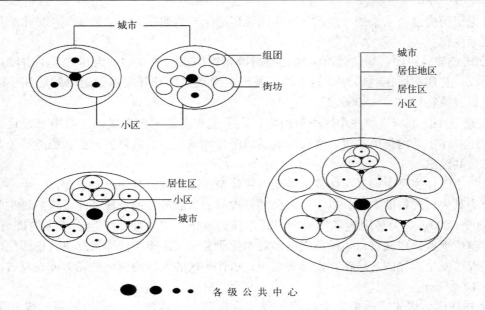

图 5-2　居住区规划结构形式示意图

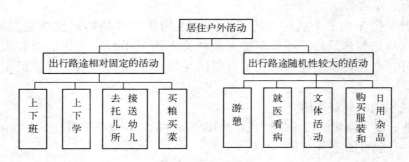

图 5-3　居民户外活动分类示意图

项指标的总和，以城市居民人均所占有的居住用地面积来表示。

正确地确定居住用地的技术经济指标，将有助于合理地确定城市的人口规模和用地规模，有助于城市居民的居住环境水平宏观控制和预测，并与城市建设的经济合理性直接相关。

居住用地指标的选择，必须综合考虑城市经济和人民生活的现状水平和规划期可能达到的水平，并根据城市性质、规模等条件的不同来区别对待。一般，城市小，居住用地比重高；城市大，居住用地比重低。而公共设施、道路和绿地用地则相反，城市小，比重低；城市大，比重高。

按照《城市用地分类与规划建设用地标准》（GB 50137—2011）提出的建设用地指导性标准，我国城市居住用地人均指标，人口在 500 万以上的城市可以在 $16 \sim 26 \, \text{m}^2 /$ 人；200 万～500 万的城市可以在 $20 \sim 30 \, \text{m}^2 /$ 人；100 万～200 万的城市可以在 $22 \sim 32 \, \text{m}^2 /$ 人；50 万～100 万的城市可以在 $25 \sim 35 \, \text{m}^2 /$ 人。规定中居住用地的指标不包括居住用地中居住用地以外的其他组成内容的指标。住宅用地指标是由居住面积定额（m²/人）、居住建筑平面系数（%）、居住建筑密度（%）、建筑平均层数等四项技术经济指标来确定的，其关系如下：

$$人均住宅用地面积 = \frac{居住面积定额}{建筑密度 \times 建筑层数 \times 平面系数}$$

居住面积定额反映了城市的居住水平，也反映了城市在一定时期内的社会经济发展水平和人民生活水平。目前，我国城市居民的居住水平还比较低，但将随着经济发展水平的提高而逐渐提高。

平面系数是指住宅建筑中的居住面积与建筑面积之比。平面系数除了与建筑中的结构面积和交通面积（楼梯、门厅、走廊等）所占的比例有关外，主要取决于住户内辅助设施（卫生间、厨房等）的水平和标准。辅助设施标准越高，所占的建筑面积越大，平面系数越低。目前，我国新建住宅建筑的平面系数在 55% 左右。

居住建筑密度是指居住建筑基底面积与居住用地面积之比，它的大小主要取决于建筑层数、建筑组合方式、地形条件以及不同地区采用的日照标准。

## 5.1.2　居住用地规划布局

城市生活中的居住、工作、交通等项活动是相互密切联系的。在考虑居住用地的规划布置时，必须考虑其与工业用地布局、交通运输用地布局的关系，同时，也应考虑城市用地未来的发展方向对居住用地可能带来的要求。

### 1. 居住用地的合理布置

1）居住用地与工业用地的关系

在城市用地中，居住用地和工业用地所占比例最大，因此，规划中要着重处理两者之间的关系。

① 居住用地应布置在工业用地，特别是有污染源的工业用地的上风地区；沿河流布置时，居住用地应该布置在工业用地的上游地区。

② 居住用地的布置应坚持集中布局与分散布局相结合的方法，在符合居住卫生条件下，尽可能缩短居住区与工业用地之间的距离，以方便城市居民的工作和生活，减轻城市公共交通压力。

③ 居住用地和工业用地都采用相对分散布置时，各工业分区的用地规模与其就近安排的生活用地的规模就保持一个恰当的比例。

④ 选择居住用地时，要充分考虑其自身未来发展和工业用地未来发展的可能性和用地发展方向，以保证发展后的居住用地和工业用地仍能保证前述的要求。

2）居住用地与道路交通用地的关系

① 居住用地的布置应保证居住区与铁路客运站、客运港口码头、长途公共汽车站等设

施之间具有方便的道路交通联系。

②铁路干线、专用线、港口码头集疏运汽车专用线及城市货运干道，不应该从居住用地中穿过；居住用地的布置不应该与机场净空限制条件相冲突。

③居住用地的布置要保证铁路枢纽站和港口码头有充分发展的余地，同时也要充分考虑居住用地的发展不会受到铁路和港口码头用地的障碍和影响。

④居住用地的布置应方便城市公共交通场、站、换乘枢纽和营运线路的布设。

3）居住用地的用地条件

（1）地形条件

居住用地的最小坡度一般不小于3‰，以利于组织排水，其适用上限一般控制在10%。在山区或丘陵地区的城市，居住用地的最大坡度可达到20%～30%左右，在这种情况下，应在规划设计中保证居住用地内的道路纵坡不大于8%。

（2）地质条件

居住用地土壤承载力应不小于150 kPa，地下水位埋深应大于1.50 m；低于上述条件的用地，经特殊工程措施处理后也可用做居住用地。

（3）为节约用地，减少投资，居住用地要尽可能选用坡地、荒地，不占或少占用良田。

## 2. 居住用地的布置方式

居住用地的布置方式与城市其他用地一样，要服从城市用地的总体布局形态，当城市用地较少受地形地质条件限制时，如在平原地区，城市用地布局形态大多呈集中团状；当城市用地受地形地质条件限制较大或被河流、山脉以及铁路等天然和人工建筑物分割时，城市用地布局形态则多为带状、放射状；在一些大城市和特大城市，为了控制城市规模，改善城市环境，常在母城之外以建设卫星城的方式，疏散和迁出一部分居民，形成子母状布局形态。

（1）集中式布置（图5-4）

这种布置方式多见于城市用地条件良好，并且具有较完善的城市基础设施的老城市。随着城市的发展，在城市原有用地周边，不断布置新的城市居住用地和工业用地。

（2）带状布置（图5-5）

这种布置方式多因城市受山川、河流、海岸、铁路及公路等条件约束而成。按与工业用地的相对位置而言，居住用地可选择平行布置、行列式布置和梳状布置等几种方法。

（3）放射状布置（图5-6）

这种布置方式多见于丘陵、山区城市。主要是因为城市建设发展用地受山川走势的限制和引导而成，也有一些是因为某些特殊原因，工业用地需要分散布置造成的。

（4）母城带卫星城状布置（图5-7）

这种布置方式多见于一些大城市和特大城市。主要是为了控制母城的发展规模，减轻母城的压力，改善城市的生活居住环境。

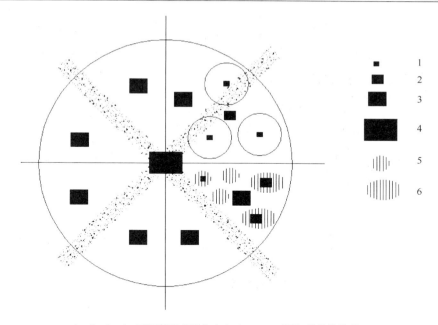

1、2、3、4—不同等级的服务中心；5、6—不同规模的结构单元

图5-4 集中式布置方式示意图

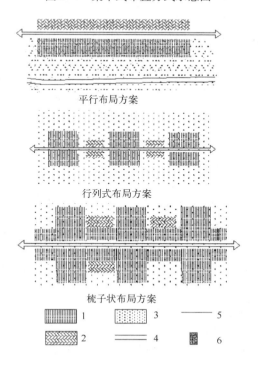

| | | |
|---|---|---|
| 1 | 3 | 5 |
| 2 | 4 | 6 |

1—生活居住用地；2—工业用地；3—绿地；4、5—交通运输线路；6—公共中心

图5-5 带状布置方式示意图

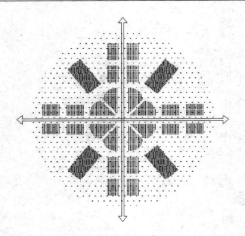

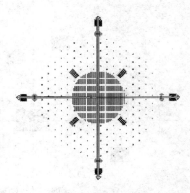

图 5-6　放射状布置方式示意图　　　　图 5-7　母城带卫星城状布置方式示意图

## 3. 当代城市居住区规划的发展趋势

1）意念

城市居住区规划发展趋势，可从下列四方面来表述，即未来城市居住区将是：

① 人文与自然协调共存的生态环境型居住区；

② 生产与生活综合开发的经济文化型居住区；

③ 物质享受与精神健康相结合的祥和社区型居住区；

④ 快速公交与远程通讯相结合的信息交通型居住区。

2）探索

上述未来城市居住区意念是由全球环境意识，全球经济竞争和全球住处传播的经济、社会、环境、文化等发展契机所决定的。我们每个人为爱护地球环境而努力，这就是城市居住区规划的世界观。目前，世界上城市居住区规划出现许多新的实验。

（1）住宅采用自然仿生和节能模式

人类的健康和幸福主要决定于生态的健康和环境的清洁。住宅设计采用自然仿生、节能措施是爱护全球的必要，也是人类本性的必要。住宅的自然仿生和节能模式的主要内容如屋顶复土植树，以 50 年计，可节约电能开支 40% ～ 70%。从心理精神分析，人类智慧的最重要的因素是与大地联系接触。屋顶复土植树利用雨水浇灌喷淋植被，南窗植落叶树，以利夏遮阴，冬采阳；北窗植常绿的防风林，以御寒风；前门采用风力泵，以汲取地面雨水灌溉绿地。

（2）居住区采用综合开发和清洁技术

居住区规划最重要的是处理好自然与人的关系，纵观人类发展的历史，是人类向自然学习的历史。自然界的生态整体综合开发，水资源的再生循环系统以及减少和降低最低限度的废物等启示，对城市居住区规划有很大影响。如居住区内增加清洁工业园区，林荫商业步行街，人工湖、绿色走廊等，特别是结合快速有轨交通车站进行上述综合开发，以节约土地获得较高的社会、经济、环境和景观效益。特别要强调的是，很多国家提出为环境而设计的新学科（Design For Environment，DFE）。这个学科提倡再生循环系统理论，如污水处理系统主张处理后尾水，经过氧化塘氧化后再用以灌溉，其污泥作为颗粒肥料，返回大地，培育花木绿地，为此，城市居住区规划采用就地设污水处理厂，以充分利用资源，节约投资。

（3）居住区设施讲究高效和重视景观

人类有爱自然的天性，也有爱科学技术的本能。人类的社会文化生活可以说是由生活活力、科学技术和生态环境三方面构成的。人类对技术的爱慕，是为了更好的生活和塑造更美好的环境。但是到了 20 世纪 70 年代，人们发现滥用汽车、空调（氟利昂）、农肥、农药使生态环境遭受破坏，因此，人类懂得要选用技术，使技术与自然融合。因此，在规划居住区中心时，要重视公共设施的高效化和景观化，如居住区中心、购物中心与学校、公园相结合，形成新的住区活动中心。

（4）居住区与公交结合和无障碍设施

城市居住区与公共交通结合主要体现在城市公共交通管理的自动化，使公共交通的停车站成为居住区活动中心，沿公交专用道两侧为居住区的商业核心、办公楼群。而车站背景为公园，使四周住宅共享天然绿景。这种以公交站为中心的开发模式（Transit Oriented Development，TOD）如图 5-8 所示，在美国加州的萨格拉门多已开始建设，规模为 $32\,km^2$，1 000人，2 300 户，其中 $26\,km^2$ 为公园及湖泊。

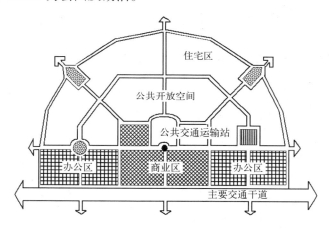

图 5-8　以公交站为中心的开发模式（TOD）

城市居住区实施无障碍设计已得到普遍关注，这主要是很多城市老年人比重逐渐增长的缘故。斯德哥尔摩城市共有 65 万人，其中年龄在 65 岁以上的人已占 21.4%，该市每 900 人设一所老年之家；日本的千叶县把 153 户老年人形成一个组团，与 198 户一般家庭及 54 户多代家庭形成一个综合性居住区，不把老人孤立起来，而是作为社会成员参与居住区活动；美国加州的奥克兰市开辟了圣玛利花园，共有 101 户和一座公共服务楼，设有洗衣房、理发厅、游戏室、工艺室、邮局及管理办公室。

3）特征

未来城市居住区规划的主要特征如下。

① 观念的转变，需要从以人为核心的观念转变为以环境为核心的理念。人类发展到现在，由于工业革命，滥用技术，使地球濒临危机，人类的永续生存受到威胁，因此，未来居

住区规划，一定要对全球环境尽心尽力尽责，务必营造人与自然环境和谐共存、生态健康、富有特色、富有自然美的城市居住区。

②未来城市居住区规划同时要参与全球经济竞争，营造一种造价低、质量高，耗能低、效率高的低资源消耗，高技术含量，具有社会经济协调发展，生机勃勃、富有活力的城市居住区。

③未来城市居住区规划又要吸引公众参与全过程的规划设计和建造管理。公众参与意味着当地政府权力机构、开发企业、金融机构、社区组织、公众代表均能参与规划的讨论和审核，使公众认识到规划是对环境有利，对全体居住区人民有利，对保护和巧妙利用资源有利，对经济投入和产出的效果有利，对实现理想、营造居住区文化和城市美学有利，同时对物业管理、创造收入、降低运营成本有利。

# 5.1.3　城市旧居住区的改造

随着国民经济的发展，旧居住区的改造是城市规划建设中不可避免的问题。目前，我国城市旧居住区大致可以分为两大类：一类是新中国建立以前，城市中广大劳动群众聚居的棚户区以及后来建设的简易住宅区；另一类是位于城市中心商业区中的旧居住区。

旧居住区的改建的主要目的有两条：一是提高城市居民的生活居住水平；二是调整城市用地布局，提高城市经济活力。

## 1. 旧居住区存在的主要问题

（1）居住面积水平低

居住面积水平一般是与城市社会经济发展水平相适应的。由于旧居住区建设年代的社会经济发展水平的限制，旧居住区的许多建筑居住面积水平低，质量差，其中不少还是简易房和棚厦房，年久失修，成为危险房。

（2）居住外部环境差

旧居住区现状建筑密度一般都很高，有的是因为建设之初就没有规划设计或规划设计不合理造成的，也有的是随着居住人口的逐渐增加，旧居住区内的居民违章插建造成的。这使一些旧居住区日照、通风和环境卫生条件很差，缺乏必要的公共绿地和户外活动场地，影响城市的风貌。

（3）缺少必要的市政公用设施

许多旧居住区的市政公用设施不配套，大多都没有设置城市供气和供热系统，还有许多甚至没有给排水系统，公共管理与公共服务和商业服务业设施也是量少质差，不能满足城市居民的日常生活的基本要求。

（4）结构布局混乱

一些旧居住区中的结构布局混乱，区中路网多是自然形成的，质量很差，路面狭窄。区中居住建筑与工业建筑和仓库建筑混杂，互相干扰，环境污染严重。

（5）用地位置与城市发展矛盾

这种情况多发生于城市中心商业区附近。由于城市社会经济的发展，城市中心商业区的经济活动强度增大，吸引力增强，因而城市中心商业区附近的一些旧居住区或因拓宽城市干道而需要改建，或因要扩大城市中心商业区的用地面积而需要重建。

## 2. 旧居住区的改造方式

城市旧居住区的改造方式一般可分为维修改善、局部改造和成片改造三种方式。

（1）旧居住区的维修改善

由于城市建设资金的安排受多方面因素的限制，不可能对所有的旧居住区同时进行改造，而且旧居住区的范围和标准是随时间发展变化的，旧居住区的改造完成后，还会陆续出现新的需要改造的旧居住区。所以，对那些一时难于立即全面改造的旧居住区和地块，应视实际情况单独进行或结合其周围地段旧的居住建筑的改造进行维修和完善。如完善给排水系统，从临近必建区内引进燃气和供热系统，拆除违章乱建的棚厦和临时建筑，搬迁旧居住区中影响居民日常生活的工厂、仓库等。

（2）旧居住区的局部改造

旧居住区的局部改造分为两种情况，一种是因为旧居住区的某些地段中的危险房屋太多，直接危及居民生活安全，或因特殊建设项目施工需要而进行局部改建；二是在城市道路改建、拓宽的同时，对其道路沿线两侧的旧居住建筑进行改造。

（3）成片改造

成片改造就是在财力和物力充足的情况下，对城市旧居住区内的连续多个街坊进行较大规模的集中改造。这种方式的优点是能比较严格地执行城市规划设计的意图，较快地改变城市旧居住区的面貌，提高居民生活居住的条件，并且工程经济效益较高。

## 3. 旧居住区的改造中应该注意的几个技术问题

① 旧居住区的改造要以城市总体规划、分区规划为依据，在详细规划指导下进行。特别是在局部改造时，要充分考虑带有全局性的问题，使近期改造不至于影响长远规划设想的实施，尤其要避免出现二次改造问题。

② 旧居住区的改造应着重注意新建建筑物之间及其与相邻的原有居住区之间在规划布局、单体建筑的体形、风格、色彩、质感及建筑物外部空间处理等方面的相互协调，尤其是对位于市中心的旧居住区的改造时更要注意处理好上述问题。

③ 在对位于市中心商业区内的旧居住区进行改造时，要注意处理好商业用地与居住用地的比例关系。既要适当提高商业用地的比重，以提高城市土地使用强度和城市中心的经济活力，又要避免因城市商业、服务业或行政办公用地的过度集中给城市各项基础设施带来过高的压力。根据我国各城市的实际情况，市中心商业区中商业、行政办公用地与居住用地之比在 7∶3 ～ 4∶6 之间比较恰当。

④ 旧居住区的改造要注意居住区规划结构的调整。对位于居住区中且影响居民生活的工厂、仓库等要予以合并集中或迁出，并调整和完善居住区的道路交通系统。

⑤ 旧居住区在改造中，应利用改造的机会，增加绿化用地和停车场用地。

## 5.2

# 公共设施用地的规划布局

除了居住用地和工业用地外，城市中还存在着大量的从事城市管理的设施以及为城市居民日常生活所必需的商业、服务等公共设施。这些用地分为公共管理与公共服务用地、商业服务业设施用地，这里将其统称为公共设施用地。

## 5.2.1  公共设施用地

### 1. 公共管理与公共服务用地的分类

公共管理与公共服务用地指居住区及居住区级以上的行政、文化、教育、卫生、体育等机构和设施的用地，不包括居住用地中的社区服务设施用地，核心内涵在于必须控制以保障满足民生需求的公共服务设施。

1）行政办公用地

党政机关、社会团体、群众自治组织等设施用地。

2）文化设施用地

图书展览等文化活动设施用地。

（1）图书展览设施用地

公共图书馆、展览馆、博物馆、科技馆、纪念馆、美术馆和会展中心等设施用地。

（2）其他活动设施用地

综合文化活动中心、文化宫、青少年宫、儿童活动中心、老年活动中心等设施用地。

3）教育用地

高等院校、中等专业学校、中学、小学等用地，包括为学校配建的独立地段的学生生活用地。

（1）高等院校用地

大学、学院、专科学校、研究生院及其附属用地，包括军事院校用地。

（2）中等专业学校用地

中等专业学校、技工学校、职业学校等用地，不包括附属于普通中学内的职业高中用地。

（3）中小学用地

中学、小学等用地。

（4）其他教育用地

独立地段的电视大学、夜大学、教育学院、党校、干部学校、业余学校、培训中心、聋哑盲人学校及工读学校等用地。

4) 医疗卫生用地

医疗、保健、卫生、防疫、康复和急救设施等用地。

(1) 一般医疗用地

一般综合医院、专科医院、急救中心和血库等用地。

(2) 特殊医疗用地

对环境有特殊要求的传染病、精神病等专科医院。

(3) 卫生防疫用地

卫生防疫站、专科防治所和检验中心等用地。

(4) 其他医疗卫生用地

动物检疫站、宠物医院、兽医站等。

5) 体育用地

基本的体育场馆和体育训练基地等用地，不包括学校等单位内的体育用地。

(1) 体育场馆用地

室内外体育运动用地，如体育场馆、游泳场馆、各类球场等，包括附属的业余体校用地。

(2) 体育训练用地

为各类体育运动专设的训练基地用地。

6) 社会福利设施用地

为社会提供福利和慈善服务的设施及其附属设施的用地，包括福利院、养老院、孤儿院等用地。

## 2. 商业服务业设施用地分类

居住区及居住区级以上的各类零售商，商业性办公、研发设计等综合设施用地。以营利为主要目的的商业服务设施，不一定完全由市场经营，政府如有必要亦可独立投资或合资建设，如剧院、音乐厅等机构。

1) 商业设施用地

从事各类商业销售活动及容纳餐饮旅馆业、娱乐康体等各类活动的用地。

(1) 大型零售商业用地

为全市或更大区域提供服务的各式零售业用地，包括综合百货商场、大型购物中心、大型超市等。

(2) 中小型零售商业用地

主要为周围小区或更大社区提供各式商业服务，包括小型零售、影楼等商业设施以及独立地段以零售为主的农贸市场、商品市场等用地。

(3) 餐饮旅馆用地

饮食、宾馆、旅馆、招待所、度假村等及其相应附属设施用地。

（4）娱乐设施用地

单独设置的剧院、音乐厅、电影院、歌厅、舞厅、洗浴中心等用地。

（5）康体设施用地

保龄球馆、台球厅、健身房、高尔夫球场、赛马场、溜冰场、跳伞场、摩托车场、射击场以及水上运动的陆域部分等用地。

2）商务设施用地

除政府机关团体以外的金融、保险、证券、新闻出版、文艺团体等行业的写字楼或以写字楼为主的综合性设施用地。

（1）金融保险业用地

银行及分理处、信用社、信托投资公司、证券交易所、保险公司，以及外国驻本市的金融和保险机构等用地。

（2）贸易咨询用地

各种贸易公司、商社及其咨询机构等贸易咨询业用地。

（3）传媒业用地

包括广播电视制作及管理、新闻出版等传媒业用地。

（4）文化艺术团体用地

各种文化艺术团体等用地。

（5）其他商务设施用地

包括电信服务、计算机服务及软件业、房地产业等其他办公用地。

3）研发设计用地

科学研究、勘测设计、技术服务咨询等机构用地，不包括附设于其他单位内的研究室用地。

4）其他商服设施用地

如私人诊所、私立学校等其他商服设施用地。

## 3. 公共设施的等级

城市公共设施的等级不是按某单一类别公共设施规模的大小来划分的，而是以在某一用地范围内布设的所有的配套公共设施所能提供的服务范围来划分的。一般可分为三级：市级、居住区级、居住小区和街坊级。

每一等级的公共设施为居民提供服务的质和量是有区别的，即公共设施的各个等级并不一定都包含所有的公共设施分类项目。

以商业设施用地为例，居住小区和街坊级公共设施一般能满足居民日常生活需要服务项目的50%左右即可，即居民日常生活需要的最简单、最经常的服务项目，如购买粮食、油、盐、酱、醋、蔬菜、小食品等；居住区级公共设施除应包含上述服务项目外，还应满足居民购买服装、中小型日用五金、家电等项目要求，一般居住区级公共设施提供的服务项目应能达到居民日常生活需要的80%左右；市级公共设施提供的服务项目应能满足城市居民日常生活的全部需要。

## 5.2.2　公共设施用地规划布局

在城市总体规划阶段，公共设施用地的分布规划主要是在确定公共设施用地用地指标的基础上，根据公共设施用地不同的性质，采用集中与分散相结合的方式，对全市性和地区性一级的公共设施用地进行用地分布，组织城市和地区的公共中心。详细规划阶段则通过具体计算，得出所需公共设施用地的用地与建筑面积，结合规划地区的其他建筑内容，进行具体的布置。

### 1. 公共设施用地规划布局原则

（1）公共设施用地的项目要成套地配置

配套的含义可以有两个方面：一是指对整个城市各类的公共设施用地，应该配套齐全；另一是在局部地段，如在居民的公共活动中心，要根据它们的性质和服务对象，配置相互有联系的设施，以方便群众。

同时，公共设施用地要分级布置，分级的级次要根据城市规模和布局特点来考虑，原则上应该同城市居住用地组织结构相适应。

（2）各类公共设施用地要按照与居民生活的密切程度确定合理的服务半径

根据服务半径确定其服务范围大小及服务人数的多少，以此推算出公共设施用地的规模。服务半径的确定首先是从居民对公建方便使用的要求出发，同时也要考虑到公共设施用地经营管理的经济性与合理性。不同的设施有不同的服务半径。某项公共设施用地服务半径的大小，又将随它的使用频率、服务对象、地形条件、交通的便利程度以及人口密度的高低等而有所不同。

（3）公共设施用地的分布要结合城市交通组织来考虑

公共设施用地是人、车流集散的地点，尤其是一些吸引大量人、车流的大型公共设施用地，公共设施用地的分布要从其使用性质及交通的状况，结合城市道路系统一并安排。如幼儿园、小学校等机构最好是与居住地区的步行道路系统组织在一起，避免车辆交通的干扰；而车站等交通量大的设施，则要与城市干道系统相连接，并且不宜过于集中设置，以免引起局部地区交通负荷的剧增。

（4）根据公共设施用地本身的特点及其对环境的要求进行布置

公共设施用地本身作为一个环境形成因素，它们的分布对周围环境也有所要求。例如，医院一般要求有一个清洁安静的环境；露天剧场或球场的布置，则既要考虑它们自身发生的声响对周围的影响，同时也要防止外界噪声对表演和竞技的妨碍。

（5）公共设施用地布置要考虑城市景观组织要求

公共设施用地种类多，而且建筑的形体和立面也比较多样而丰富。因此，可通过不同的公共设施用地和其他建筑的谐调处理与布置，利用地形等其他条件，组织街景与景点，以创造具有地方风貌的城市景观。

（6）公共设施的分布要考虑合理的建设顺序

在按照规划进行分期建设的城市，公共设施用地的分布及其内容与规模的配置，应该与不同建设阶段城市的规模、建设的发展和居民生活条件的改善过程相适应。安排好公共设施用地项目的建设顺序，预留后期发展的用地，使得既在不同建设时期保证必要的公共设施内容，又不至过早或过量地建设，造成投资的浪费。

（7）公共设施的布置要充分利用城市原有基础

老城市公共设施的内容、规模与分布一般不能适应城市的发展和现代城市生活的需要。它的特点是：布点不均匀；门类余缺不一；用地与建筑缺乏：同时建筑质量也较差。具体可以结合城市的改建、扩建规划，通过留、并、迁、转、补等措施进行调整与充实。

## 2. 公共设施用地指标

公共设施用地指标的确定，是城市规划技术经济工作的内容之一。它不仅直接关系到居民的生活，同时对城市建设经济也有一定的影响，特别是一些大量性公共设施用地，指标确定的得当与否，更有着重要的经济意义。

1）公共设施用地指标的内容

公共设施用地指标是按照城市规划不同阶段的需要来拟定的，其内容包括两个部分：在总体规划时，为了进行城市用地的计算，需要提供城市总的公共设施用地的用地指标和城市主要公共设施用地的分项用地指标；在详细规划阶段，为了进行建筑项目的布置，并为建筑单体设计、规划地区的公共设施用地总量计算及建设管理提供依据，必须有公共设施用地分项的用地指标和建筑指标，有的公共设施用地还包括有设置数量的指标等。

2）确定指标需考虑的因素

（1）使用上的要求

使用上的要求包括两方面：一是指所需的公共设施用地项目的多少；二是指对各项公共设施用地使用功能上的要求。这两方面使用上的要求是拟定指标的主要依据。

（2）生活习惯的要求

我国是多民族的国家，因而各地有着不同的生活习惯，反映在对各地公共设施用地的设置项目、规模及指标的制定上，应有所不同。

（3）城市的性质、规模及城市布局的特点

城市性质不同，公共设施的内容及其指标应随之而异。如一些省会或地、县等行政中心城市、机关、团体、招待所及会堂等设施数量较多；在旅游城市或交通枢纽城市，则需为外来游客设置较多的服务机构，因而相对地公共设施用地指标就要高一些。城市规模大小也影响到公共设施指标的确定。规模较大的城市，公共设施用地的项目比较齐备，专业分工较细，规模相应的较大，因而指标就比较高；而小城市，公共设施项目少，专业分工不细，规模相应较小，因而指标就比较低。但在一些独立的工矿小城镇，为了设施配套齐全，和考虑为周围农村服务的需要，公共设施的指标又可能比较高。

（4）经济条件和人民生活的水平

公共设施用地指标的拟定要从国家和所在城市的经济条件和人民生活实际需要出发。如果所定指标超过了现实或规划期内的经济条件和人民生活的需要，会影响居民对公共设施用地的实际使用，造成浪费。如果盲目降低应有的指标，不能满足群众正当的生活需要，会造成群众生活的不便。

（5）社会生活的组织方式

城市生活随着社会的发展而不断地充实和变化。一些新的建筑项目的出现，以及旧有设施内容与服务方式的改变，都将需要对有关指标进行适时的调整或重新拟定。此外，公共设施用地的组织与经营方式及其技术设备的改革、服务效率的提高，对远期公共设施指标的拟定也会带来影响，应予考虑。

总之，公共设施用地的指标的确定涉及经济、社会、自然、技术等多种因素。应该在充分调查研究的基础上，从实际的需要与可能出发，全面地、科学合理地予以制定。

3）指标确定的方法

具体指标的确定方法，根据不同的公共设施用地，一般有下列三种。

（1）按照人口增长情况通过计算来确定

这主要是指与人口有关的中小学、幼儿园等设施。它可以从城市人口年龄构成的现状与发展的资料中，根据教育制度所规定的入学、入园（幼儿园）年龄和学习年制，并按入学率和入园率（即入学、入园人数占总的适龄人数的百分比），计算出各级学校和幼儿园的入学、入园人数。通常是换算成"千人指标"，也就是以每一千城市居民所占有若干的学校（或幼儿园）座位数来表示。然后再根据每个学生所需要的建筑面积和使用面积，计算出建筑与用地的总需要量。之后，还可以按照学校的合理规模和规划设计的要求来确定各所学校的班级数和所需的面积数。

（2）根据各专业系统和有关部门的规定来确定

有些公共设施，如银行、邮电局、商业、公安部门等，由于它们本身的业务需要，都各自规定了一套具体的建筑与用地指标。这些指标是从其经营管理的经济与合理性来考虑的。这类公共设施指标，可以参考专业部门的规定，结合具体情况来拟定。

（3）根据实际需要来确定

这类公共设施用地多半是与居民生活密切相关的设施，如医院、电影院、食堂、理发店等。可以通过现状调查、统计与分析或参照其他城市的实践经验来确定它们的指标。一般可以以每一个人占多少座位（或床位）来表示。至于一些有明显地方特色的设施，更需要就地调查研究，按实际需要具体拟定。

公共设施用地作为城市十大类用地之一，用地计算范围限于居住区和居住区级以上，小区和小区级以下，公共设施用地归入居住用地大类中。但在需要对城市局部地区或居住区进行用地平衡计算时，可将所属的公共设施用地列入，以反映地区的用地配置关系和指标的合理性。

## 3. 公共设施用地的规模

城市公共设施用地的规模包括两层含义：一层是公共设施用地总量在城市用地结构中所占的比例；另一层是每一类公共设施数量在公共设施总量中所占的比例。

城市公共设施的规模要结合各城市的不同情况来确定，其总的趋势是，随着城市产业结构的调整，第三产业发展速度要远远超过其他产业。因此，公共设施在城市总用地中所占的比例将会逐渐增大。

确定城市公共设施规模，主要应考虑下列因素的作用。

（1）城市产业结构的现状比例及发展趋势

城市公共设施的规模与城市第三产业在国民经济中所占的比例直接相关。第三产业所占比例越高，城市公共设施所需的规模就越大。我国是一个发展中国家，城市中第三产业现状比例虽然不高，却正经历一个高速发展时期。因此，在规划城市公共设施的规模时，应认真做好城市产业结构发展趋势的预测。

（2）城市的性质

由于城市的性质不同，各城市中公共设施的内容和规模会有较大的差异。比如省会和地区的中心城市，政治、文教、科研等非经济机构的职能远比其他城市大。因此，城市中党政管理、机关、教育、科研、广播通信等类公共设施规模就要相对大一些；经济发展水平较高的城市，特别是沿海对外开放的一些大城市，在规划时不仅要考虑国内居民对公共设施规模的要求，还要考虑外商在国内使用和兴办第三产业的需要等。

（3）城市规模

城市规模不同，公共设施的规模也不同。一般来说，大城市的公共设施规模指标要高于小城市，而且公共设施的项目和专业分工也比小城市完整和细化。

此外，还应考虑居民使用上的要求、生活水平、生活习惯等。

## 4. 公共设施分布

城市公共设施是组成城市整体的一个重要组成部分，它的分布规划不能离开城市生活居住用地规划和城市综合交通规划而孤立进行。由于各类公共设施的性质、服务对象不同，它们的一般分布规律也不相同。

### 1）公共设施分布与生活居住用地分布的关系

多数类别的公共设施为居民提供的服务项目是与居民日常生活直接相关的，但相关程度不同。如幼儿园、蔬菜食杂店等是居民使用最频繁的公共设施；而服装店、家具店、中小型五金家电等，居民日常使用的频率就要小一些；还有一些专业商店和服务机构，居民日常使用的频率就更小一些。如果不分情况，将商业建筑过分集中，则会使居民使用不方便；若过分分散布置，又会降低经营效益。因此，这些公共设施的分布应该与城市生活居住用地的规划分级结构统一来考虑。一般可以分为三级：市级、居住区级、居住小区和街坊级。

各级公共设施的商业服务特征如下。

（1）市级

商店规模是大、中、小俱全，以大、中型为主，专业商店多；行业类型是吃、穿、用、服务、娱乐等行行齐全；商店品种和服务水平是高、中、低档并存；分布特点是大规模集中布置，与居住用地相对分离。

（2）居住区级

商店规模是中、小型并存，以中型为主；行业服务类型比较齐全；商品品种和服务水平以中、低档为主；分布特点是相对集中布置，与居住用地紧密结合。

（3）居住小区和街坊级

商店规模是小型综合商店；行业类型是以日常的吃、用为主；商品品种和服务水平以低档为主；分布特征是小规模集中布置与街坊内均匀布置相结合，并且尽量与多数居民的日常出行主要路线相吻合。

2）公共设施分布与城市综合交通规划的关系

公共设施的分布要结合城市交通组织来进行布置。公共设施比较集中的地区往往也是城市主要的交通产生源和吸引点，人流、车流非常集中。公共设施的使用性质不同，其交通生成量和交通流的特征也不相同，要认真区别对待。

① 幼儿园、小学不应该布置在城市干道的两侧，以避免交通噪声干扰和空气污染的侵害，同时也可减少小学生穿越城市干道的次数。

② 交通生成量大且交通流时间分布不均匀的大、中型公共设施，如体育场馆、俱乐部、博览中心等，在布置时必须考虑用地周围的城市干道是否有足够的通行能力，是否能方便快捷的集疏人流和车流，避免出现交通阻塞。

③ 大、中城市的市级公共设施最好能以适当的规模，采取集中式布局方式，以形成商业区。不宜将所有的大、中型公共设施沿一、二条城市干道布置成辐射状，更不宜将城市干道主要交叉口的四周都布满大型公共设施。

④ 在城市对外交通枢纽附近，如火车站、港口码头附近需要布置为旅客服务的旅馆、商店和饮食服务店等公共设施。在大、中城市中，不宜将以本市居民为主要服务对象的市级商业中心与对外交通枢纽布置在一起。

⑤ 大、中型公共设施必须配置足够面积的停车场，可根据有关规范配置。

3）各类公共设施之间的布置关系

公共设施等级不同，其配套内容也有所区别。在布置各等级的公共设施时，应以满足居民生活需要为目的配套布置。在布置中各类公共设施要有合理的联系或分隔，既要避免不同类别的公共设施在使用中互相干扰，又要便于集中经营和管理，并方便居民使用。比如，学校、医院和科研等公共设施，要求有良好的环境条件，不应与影剧院，游乐场等布置在一起；行政管理机构也不宜与体育场馆、影剧院等布置在一起。

4）公共设施的合理服务半径

公共设施的服务半径是指某类公共设施到其服务范围最远处的直线距离，它是检验公共设施布置是否合理的标准之一。影响公共设施服务半径的因素很多，比如，在人口密度高、公共设施需求量大的地区，相同规模公共设施的服务半径比人口密度低的地方要小一些；小学、幼儿园、食杂店的服务半径小一些，不直接为居民日常生活服务的部门和管理机构的服务半径就大一些；居住小区级公共设施的服务半径小一些，居住区级和市级的公共设施的服务半径就要大一些；还有自然条件、交通方便程度等也是影响公共设施服务半径的因素。

目前，在我国城市规划中，主要是依据居住用地的规划结构等级来确定公共设施的服务半径。居住小区级的公共设施的服务半径在 500 m 左右，居住区级公共设施有服务半径在1 000 ～ 1 500 m 左右，市级公共设施的服务半径不限。

## 5.2.3　城市中心区用地布置

### 1. 城市中心区规划原理

城市中心是指城市中各类大、中型公共设施用地相对高度集中的地区，是居民进行政治、文化、商业、金融、娱乐等社会活动比较集中的地方，也是城市第三产业发展最活跃的地方。因此，城市中心规划在城市规划中占有极其重要的地位，必须给予足够的关注。

城市中心不是凝固不变的。事实上，所有城市的中心都经历了从无到有，从小到大，从简到繁的动态的历史发展过程，并且这个过程仍在继续。因此，城市中心规划要尊重客观发展规律，立足现实，着眼未来。

1）城市中心分类

在小城市，一般有一个城市中心地区就可以了。在大、中城市中，城市中心往往存在多个相对独立的副中心或功能区别比较清楚的并列中心。因此，可按使用功能将大、中城市中心分为：行政中心；文教、科研中心；体育中心；商务贸易中心；金融、保险中心；综合性中心。

2）城市中心的功能

城市中心对整个城市的政治、经济和日常生活起组织核心作用，它能集中反映出城市的政治、经济、文化发展水平，是城市风貌特色的缩影。

（1）行政和金融中心的功能

这一类中心一般是国家、省、市各级机关和大型金融机构所在地。它是整个城市的社会政治、经济的管理指挥中心，对城市的政治、经济发展方向和进程负责监督、检查和调整。在大城市中，这些机构的相当一部分不直接为本市居民服务或只是其中的某部分为本市居民服务，其控制和影响范围远超出城市的行政区划范围。

（2）商务贸易中心的功能

这类中心是城市大型商业、旅游业、服务业的集中地，是直接为城市居民服务的，为满足城市居民的商业购物需求和社会需求而设。在大的行政中心城市和旅游城市，这类中心的很大一部分还为非本市的流动人口服务。这类中心能直接反映出城市社会经济发展水平和居民生活水平，是展示城市风貌的"窗口"。

（3）文教、科研和体育中心的功能

在大城市中，这类中心除满足本市中高等教育和科研的需求外，更大量的是为本市以外的同类需求提供服务。它反映了一个城市的社会文化发展水平和居民的综合文化素养。

3）城市中心的用地规模与构成

（1）城市中心的用地规模

城市中心的用地规模很难准确统计，因为多数城市的中心区并没有实际的用地界限，对城市中心的不同理解和不同的统计方法会产生较大的统计差异。

英国的 J·M·汤姆逊曾统计了世界各地 20 个城市的中心区规模，最大的是伦敦，占地 27.3 km$^2$；最小的是哥德堡，占地 0.9 km$^2$；20 个城市中心区的平均占地规模是 8.6 km$^2$。据我国北京、上海等 6 座百万人口以上特大城市的调查，城市中心区平均用地规模为 $4.9\,km^2$，占城市总用地面积的 2.16%。

城市中心用地规模的扩展与社会经济发展和产业结构的变化有密切关系。从世界范围看，西方发达国家由于科学技术的迅猛发展，促进了社会经济的发展，产业结构也发生了明显变化。农业人口下降，第二产业在国民经济中所占比重也有下降趋势，第三产业则显示出上升趋势。城市从产业型向信息、服务型转化，商业、商贸、金融、服务、行政办公越来越向城市中心汇集，使城市中心规模不断扩大。从我国情况看来，城市社会经济发展已进入高速发展阶段。城市的产业结构已发生了明显的变化，各城市中心区的规模也在有组织地或自发地扩大。在实际规划中，要尽可能准确地预测出各城市变化的总体趋势，总结发展规律，提出引导政策和办法，合理确定城市中心的用地规模。

（2）城市中心的用地构成

在城市中心，公共设施用地所占的比例在城市其他地区大，但与居住等其他用地相比，并不一定占数量上的绝对优势。城市中心的功能不是靠公共设施在城市中心用地构成中的数量优势才存在，而是因为整个城市公共设施的最主要的那部分集中在城市中心，因而对整个城市甚至比之更广的地区具有城市其他地段不可能与之比拟的强大吸引力和辐射力。

公共设施用地是城市中心用地构成的基础，居住建筑用地是城市中心用地构成中不可缺少的部分。据统计，部分城市公共设施用地平均只占城市中心的 17.5%（不包括体育用地），居住建筑用地平均占城市中心用地的 32.6%。

据调查，我国大城市中心区中，公共设施用地一般占城市中心用地 30% 左右，居住建筑用地占 30% ～ 50% 之间，表 5-1 是我国大连市城市中心用地构成情况。

表 5-1　大连市中心区用地构成

| 用 地 分 类 | 面积（$hm^2$） | 比例（%） | 用地分类 | 面积（$hm^2$） | 比例（%） |
|---|---|---|---|---|---|
| 工　　业 | 12.80 | 4.74 | 对外交通 | 12.63 | 4.68 |
| 居　　住 | 87.61 | 32.44 | 公用事业 | 4.21 | 1.55 |
| 公共设施 | 58.95 | 21.83 | 特殊用地 | 4.54 | 1.68 |
| 公共绿地 | 11.90 | 4.41 | | | |
| 道路广场 | 77.44 | 28.67 | 合　　计 | 270.08 | 100.00 |

城市中心区中的居住建筑用地问题比较复杂。从理论上说，应尽量减少城市中心居住建筑用地的比重。在新建的小城市中，这一要求有可能得到满足，但是对我国大多数老城市来说，大量减少城市中心区的居住建筑用地是非常困难的，尽管有的城市曾经提出过建立城市纯商务中心区的规划设想，但在实际规划建设中，又都不得不放弃这一目标。这是因为，城市中心区用地构成并不单纯取决于规划构想，而是多因素综合影响的结果。

首先是受到城市发展历史沿革的影响。对我国多数的老城市来说，城市中心区随着城市的发展而不断扩大内在功能和用地规模。这种扩展一般是沿着城市中心区的道路向外辐射，原先靠近城市中心区的纯居住街坊的沿街部分改做商业经营，而街坊内部仍为居住建筑用地。城市中心区的这种扩展形式，在我国不少城市中仍然存在。

其次是受城市社会经济发展水平的影响。目前，我国城市中心区中的居住建筑密度一般都很大，各项市政基础设施也不配套，若拆迁改造所需费用很大。就我国目前的社会经济发展水平来说，无论是政府部门还是投资部门都少有兴建大规模纯商务中心的经济实力。城市社会经济发展水平还同时制约着城市对商业、服务业、金融业、信息业等第三产业的需求程度。城市中心区的规模和用地构成，与城市对此的客观需求也应保持相对平衡。

第三是城市居民居住方式、心理习惯的影响。这既受城市社会经济发展水平的制约，又具有相对稳定性。虽然城市中心区居住建筑密度高，而且由汽车造成的空气和噪声污染较重，但是比城市边缘新建的居住区，又具有交通方便，社会生活气息浓厚，社会服务保障设施齐全等优点。现阶段，城市居民很难把是否有空气和噪声污染作为选择居住地区的首要条件。因此，房地产开发部门仍把城市中心区看做建造居住建筑的理想地区。另外，我国城市居民交通出行方式基本上是以步行、骑自行车和乘公交车为主。纯商务中心区的用地规模过大，会给居民生活带来不方便，这同时也意味着城市中心服务功能降低了。因而，在城市中心区，适当地布置居住建筑用地还是利大于弊。

## 2. 城市中心区用地布置

### 1）城市中心的位置选择

城市中心位置，应根据城市规模、性质、地形条件、主要交通设施的分布、城市中现况用地分布的特点、城市未来发展方向等因素来确定。

对于小城市，一般只设一个综合性城市中心。由于城市规模不大，各生活居住区至城市中心区的交通可达性都很好，不会给居民生活带来不方便。但由于小城市用地规模进一步扩大的可能性较高，在选择城市中心位置时，要考虑城市用地的发展方向，以避免城市中心位置过于偏离城市未来用地的几何中心。

在大城市和特大城市中，除了要设一个主要的综合性城市中心外，还应分散设置几个城市副中心。主、副中心之间应有方便的交通联系。对城市中的某些专业中心，如体育中心、政治、行政中心等，可以离开城市中心区单独布设。

旧城市中心的选择，要以实际出发，充分利用原有的基础条件，避免大量拆迁，节省建设资金。

### 2）城市中心的布置方式

常见的城市中心的基本布置方式有三种。

（1）围绕广场布置

这种布置方式通过广场形状和周围建筑物的变化，较好地体现不同类别城市中心的性质和风格。城市的政治、行政中心常采用这种布置方式，空间组织层次比较丰富，城市景观效果好。

（2）沿街布置

这种布置方式商业服务气氛较浓，常见于城市综合商业服务中心。

（3）在城市街区内成片布置

这种布置方式的商业服务气氛较浓，且有利于组织区内步行交通系统，对城市干道交通干扰较小。

### 3）城市中心交通组织的基本要求

城市中心是城市中社会活动最集中的地方，人流、车流很大，是城市交通的主要产生源和吸引源，也是解决城市交通问题的关键区域。因此，在布置城市中心时，应注意以下问题：

① 注意掌握城市中心用地所产生和吸引的交通量与中心区道路交通设施所提供的通行能力的宏观平衡，以避免或减轻城市中心区交通阻塞状况；

② 城市中心既要与城市干道系统有可靠的联系，以疏散车流、人流，又要避免将城市主要干道两侧都布满大型公共设施用地；

③ 在城市中心地区应在商业街内部设置步行交通系统，并在其周围设置适当规模和数量的自行车停车场和机动车停车场；

④ 城市中心要与城市对外交通枢纽和市内公共交通系统有便捷的联系。在大城市中，要尽量避免将为城市常住居民服务为主的大型公共设施用地群与火车站、港口等对外交通枢纽混合在一起集中布置。

## 5.3

## 工业用地的规划布局

工业是城市形成的基础因素，工业的发展促进了城市的发展。工业布置往往决定了城市的规划布局、结构及居民的劳动和生活条件。就现有城市而言，工业往往决定着这些城市的发展方向和改造的形式，影响着城市的建筑面貌、卫生条件、环境保护、交通联系和工程设施。这一切都要求对城市的工业用地作出合理的规划，以满足城市工业发展的要求，使城市本身健康地发展。

### 5.3.1　工业用地

#### 1. 工业在城市社会与经济发展中的作用

工业是现代城市发展的主要因素。大规模的工业建设带动原有城市的发展，使得许多传统城镇进入现代城市的行列，如上海的安亭镇，由于大众汽车厂的投资建设而成为全国著名的汽车城，浦东金桥镇随着出口加工区的开发建设成为知名的现代工业区；大型的企业也可促进新城市的产生，如随钢铁工业建设而建立的包头市，随石油开采和石油工业发展建立的大庆、金山卫，随汽车工业发展建立的十堰，随化肥工业发展建立的金堂、纳溪、枝江等。工业提供大量就业岗位，是构成城市人口的主要部门。工业发展也带动了其他各项事业的发展，如市政公用设施、工业及各项服务等都获得相应发展，以保证生产的顺利进行。城市，尤其是中心城市的工业发展和兴盛还包括它自身在内许多城市第三产业的基本支撑，城市工业的衰落会同时带来第三产业的衰落。城市工业用地的扩展也直接影响着第一产业用地，并与整体城市产业结构变迁密切相关。工业的布置方式在相当程度上影响城市的空间布局。工业需要大量的劳动，并产生客货运量，它对城市的主要交通的流向、流量起决定影响。任何新工业的布置和原有工业的调整，都会带来城市交通运输的变动。许多工业在生产中散发大量废水、废气、废渣和噪声，引起城市自然环境生态平衡的破坏和环境质量的恶化。工业给城市以生命力，使城市发展、壮大，并富有生气，但同时也给城市带来各种问题。城市规划的任务在于全面分析工业对城市的影响，使城市中的工业布局，既满足工业发展的要求，又有利于城市本身健康地发展。

## 2. 工业在城市中的配置

工业在城市中的配置随着城市的性质、规模和工业的内容、性质、工业区组成及建设条件和自然条件的不同而有所不同。在城市用地规划中正确地配置工业是建立合理的城市结构，有计划地控制城市发展的重要条件之一。其主要目的是为工业的生产和经营及运输管理创造有利的条件，使工业同城市协调发展，保证工业区与居住区有方便的联系，并使城市具有良好的卫生环境条件。

在城市中配置工业区，必须遵循从总体到局部的规划原则，即首先从城市的性质出发，确定城市工业配置的总体系，然后根据城市内工业发展需要和原有工业的改造需要，按照专业化、协作和环境等特点将工业分类，再根据生产的共同性、服务设施和职工居住区的共用性，确定城市中应设多少个工业区。在城市规划中，应避免把工业集中在城市的一片成一个区，防止交通和环境污染的集中；从另一角度讲，也应避免把工业过于分散于城市中，而导致无法提高各种设施的相互协作与使用效率。

在城市中统一配置工业是城市总体规划的任务。我国城建部门要求在 30 万人口以下的城市安排 1 ~ 2 个工业区；30 ~ 50 万人口的城市安排 2 ~ 3 个工业区。前苏联城建部门也规定，在城市工业配置中要求 10 ~ 20 万人口的城市，宜建立一个大型工业区；在人口超过 12 万人的城市，适宜建 2 ~ 3 个专业化工业区。但实际上我国中小城市工业区工业规模小，项目多，许多 10 万人口以下城市都有两个以上工业区。如江苏杨中三茅镇有 5 万人口，却有化工、机械、电子、轻纺等工业区，这些工业区多是性质相同的厂集中布置，厂际协作少，并给城市带来许多不利的影响。沈阳市 1990 年有人口 308 万，建成区用地 171.2 km²。从市区总体规划看，在城市的西部、东部、北部配置了铁西、大东、沈海和陵北四个工业区（图 5-9），一般认为较为合理。

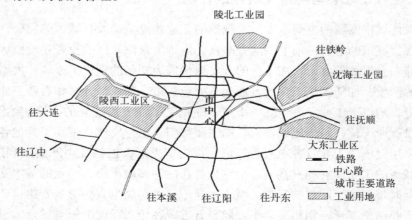

图 5-9　沈阳市工业配置示意图

深圳特区华侨城的规划将工业区集中布置，采用全局控制、局部灵活的规划设计手法，使工业的配置更具现实性（图 5-10）。

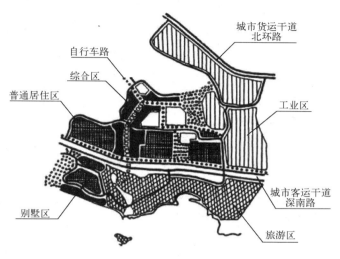

图 5-10　深圳华侨城规划结构示意图

### 3. 工业用地的分类及用地指标

工业用地指工矿企业的生产车间、库房及其附属设施等用地，包括专用的铁路、码头和道路等用地，不包括露天矿用地。工业用地是城市用地的重要组成部分，其在城市中的布置直接影响到城市功能的发挥。在城市总体规划中，应综合考虑工业用地、居住、交通等各项用地之间的关系，布置好工业用地。

1）工业用地的分类

工业用地有各种分类方法，如按工业性质或工业门类划分，优点是与国家有关工业的分类相一致，资料来源面广，容易获得统计数据，也便于分析工业的性质、产品、产值等，但在统计口径上往往与城市规划工作的要求不一致，也不适用于工业选址和用地管理工作，不能满足城市规划工作的需要。本分类按工业对居住和公共设施等环境的干扰污染程度，将工业用地分成三类。

（1）一类工业用地

对环境基本无干扰污染。

（2）二类工业用地

有一定干扰污染。

（3）三类工业用地

对环境有严重干扰污染。

各类工业用地布置特征如图 5-11 所示。

2）工业用地指标

不同性质规模的城市，工业用地规模指标有所不同，《城市用地分类与规划建设用地标准》（GB 50137—2011）提出了工业用地指导性标准：人口在 200 万以上的城市，人均工业

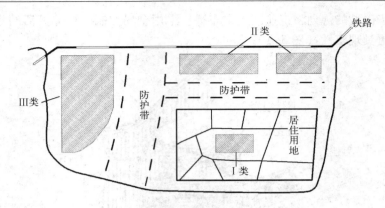

图 5-11　不同类型工业用地布置

用地面积 6 ~ 25 m²/人；50 万~ 200 万的城市为 20 ~ 30 m²/人；20 万~ 50 万的城市为 20 ~35 m²/人；20 万以下的城市为 8 ~ 20 m²/人。

城市规划中工业用地规模指标的选择应从当地的实际情况出发，贯彻因地制宜的原则。

### 4. 工业在城市中布置的基本要求

工业在城市中的布置应为每一工厂创造良好的生产和建设条件，处理好工业与城市其他部分的关系，特别是工业区与居住区之间的关系。工业用地的布置应符合以下原则。

1）符合工业建设用地的要求

工业建设用地要综合考虑用地的形状、大小、地形特征、水源条件、能源条件、地质、水文条件及其他一些工业用地的特殊要求。

工业用地的形状、大小和地形要求与工业的生产类别、自动化程度、运输方式、工艺流程等有紧密的关系，在安排工业用地中，既要精打细算，节约用地，又要给工业区留有适当发展余地。当厂内需铁路运输时，场地坡度不宜大于 2%，但也不宜小于 0.5%，以便保证地面排水的需要。

安排工业用地必须保证工厂有满足生产需要的能源和水源。工厂应靠近水质、水量均能满足生产需要的水源，并在安排工业项目时注意工业与农业用水的协调平衡；大量用电的工厂应争取发电厂直接输电；需大量热能的工厂应尽可能靠近热电站。

工业用地应选在优良地质、水文条件区域，不宜设在洪水淹没地区。工厂用地一般应高出洪水位 0.5 m 以上。最高洪水频率，大、中型企业为百年一遇，小型企业为 50 年一遇。

另外，一些特殊的工业对地区的气压、湿度、空气含尘量、电磁波强度有一定要求，布置时应充分考虑这些因素。同时工业区还应避开军事用地、水利枢纽、大桥等战略目标区和矿藏区、文物古迹区、生态保护区、风景旅游区等。

2）符合交通运输的要求

在确定工业布局时，要根据工业区货运量的大小、货物单件尺寸、货物种类、运输距离等情况，综合考虑各种运输方式的特点和要求，选择适宜的运输方式使其互相联系，互相补充，形成系统，将有关内容布置在有相应运输条件的区域。

通常，需大量能源、原材料和生产大量产品的工业、或年运输量大于 10 万吨、或有特殊要求需要铁路运输的工业区宜设置于铁路附近，或有专用线与编组站接轨；通航的城市，大宗货物（如木材、砖石、煤炭等）的运输应尽量采用水运；同时，工业布置应为各种运输方式的衔接和联运创造条件。

3）减少工业对城市的污染

工业生产中噪声及排放的废气、废水、废渣等造成环境质量的恶化。为了减少有害气体对城市的污染，在工业布置时除注意将排放有害气体的工业布置在主导风向的下风向和空气流通的高地外，还应注意不宜将散发有害气体的工业过分集中在一个地段，特别是不要把排放的废气能相互作用产生新污染源的工厂布置在一起；再是将污染少的工业靠近居住区布置，污染多的工业远离居住区布置，并设置必要的防护带。

为了减少有害废水对城市的污染，在工业布置时要注意在城市现有和规划水源的上游，不得设置排放有害废水的工业，在排放有害污水工业的下游附近不得开辟新的水源；还可按不同水质要求，把工厂串联起来，实行水的重复使用，以减少废水。

为了减少工业废渣对城市的污染，在城市中布置工业时，可根据其废渣成分及综合利用的可能，适当安排一些配套项目，以求物尽其用。

4）有利于工业区与居住区的联系

在城市出行中，劳动出行最大，为减少客运交通消耗，降低劳动出行对城市交通的压力，节约职工在途时间和精力，在布置工业区时，应使工业区与居住区联系方便。一般要求工业区与居住区的距离以步行不超过 30 min 为宜，当工厂规模很大时，应组织安排好交通。

## 5. 工业用地布局与城市的关系

工业用地的布局对城市的总体布局和城市的发展有很大的影响。在考虑其与城市的关系时，主要要看工业区和居住区用地的相对位置，在城市规划中以下几种布置方式已被采用。

（1）将工业区配置在居住用地的周围

这种布置方式可以减轻工业的大量运输对城市的干扰，但由于工业区已将城市包围，会使城市在任何一种风向下受到工业排放的有害气体的污染，而且城市的发展受到限制，因而这种布置方式是不恰当的。

（2）将工业区布置在居住区的中心

这种布置形式容易使居住区受工业区的污染，而且工业运输穿越居住用地，易产生交通阻塞和不安全，而且工业区的发展也会受到影响，因而这一形式也是不恰当的。

（3）将工业区布置在居住用地的一边

这是一种比较好的布置方式，适宜于中、小城市的工业区布局。

（4）工业区和居住用地平行布置

这种布置方式可使居住地和工业区之间有方便的联系，工业区和居住用地可以独立地发展。但这一种布置，由于铁路对外运输线路的位置，会使工业区发展受对外运输的限制。如果将铁路布置在居住区和工业区之间，则城市的工业区和居住区均有扩展的余地，但居住区和工业区之间的交通要穿越铁路线。

（5）工业区和居住区呈线条状平行布置

从城市规划的观点看，这是较合理的布置方式，它允许城市的工业区和居住区朝三个方向发展，城市规模可以发展得相当大，由于居住区沿快速路交通线布置，居民可以从居住点迅速到达工业区。

（6）在多个居住区组群之中建立一个大工业区

结合现状和地形条件，有时也可布置得较为合理。

（7）将工业区和居住用地综合布置

这种将工业区和居住用地布置成综合区的形式适宜于在大城市和特大城市中采用。

## 6. 工业用地布局对城市用地形态的影响

（1）工业地带

随着现代化大工业和工业联合化的趋势，城市化程度越来越高。某些地区，由于交通、消费，资源等有利条件，工业大量集中，城市之间几乎连成一片，这就形成了新的城市形态，即工业地带或称城市集聚区。如美国东北部大西洋沿岸北起波士顿、南至华盛顿、东起纽约、西至芝加哥的巨大城市带，就是在开发资源，建立工业区，集中发展交通运输、商业、金融、服务业的基础上，形成的庞大的工业地带。再如日本，由于资源贫乏，工业原料大多来自国外，因此大型工业企业都沿海布置。目前东京与南面的横滨连成片，形成京滨工业地带；往东向千叶县发展，成为京叶工业地带，东北向茨城发展，是鹿岛工业区。东京附近地区已形成了巨大的东京首都圈工业地带：该地区主要工业是钢铁、石化、机械等，职工和产值都占了日本全国的1/3。图5-12为德国鲁尔工业地带。鲁尔区是以采矿业为基础形成的著名工业地带，这里煤炭资源丰富，工业用水充足。水陆交通方便，就近还可利用洛林的铁矿石，工业发展条件十分优越，现拥有煤炭、钢铁、机械、电力和化工等工业部门，工业产值占前西德工业总产值的40%，是前西德的工业心脏，也是欧洲重要的工业中心。鲁尔区内，大小城镇鳞次栉比，城镇之间距离只有几公里至几十公里，包括8个大城市区，十几个10万~100万较大的中心城市。

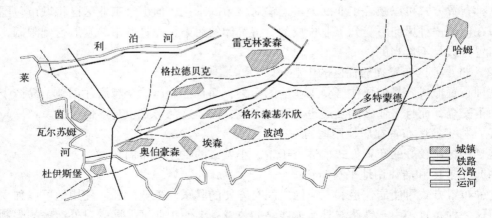

图5-12　德国鲁尔工业地带布局示意图

我国的辽中地区、京津唐地区、沪宁地区工业基础较好，随着今后工业的发展，也将会有形成工业地带的趋势。

（2）组合城市

从 20 世纪 50 年代起，我国已开始注意到控制大城市的问题，比较有计划地、由近及远地发展市郊工业区、卫星城镇，形成以母城为中心的组合城市。图 5-13 是上海市组合城市示意图。上海市从 50 年代开始由近及远，逐步开辟了吴淞、五角场、桃浦、漕河泾、长桥、高桥等 6 个近郊工业区和嘉定、安亭、松江、闵行、吴泾、金山卫、宝山等 7 个远郊卫星城镇。这些工业区和卫星城镇既有工业又有生活居住区，对于促进生产发展，调整城市布局，合理分布工业，控制市区规模等方面都起了一定的作用，使上海市从一个单一城市，逐步向群体组合城市发展。

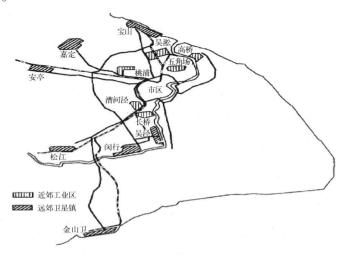

图 5-13　上海市组合城市形态示意图

（3）多功能综合区和带形城市

随着城市现代化的进程，对生产和生活又有了新的要求；多功能的综合区和多心开敞的带形城市的规划思想有了发展。图 5-14 是多功能综合区和带形城市示意图。

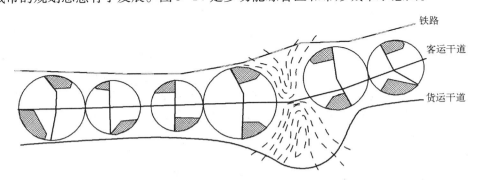

图 5-14　多功能综合区和带形城市示意图

在带形结构中的每一个综合区既有生产又有生活，形成一定规模。这种城市形态，便于逐个建设，比较机动灵活。在道路布置方面，中心部分可以以生活性街道相联结，边缘地带有交通性干道或铁路通过，以解决工业生产的交通运输问题。

## 5.3.2　工业区规划布局

工业区是把密切协作的工业企业集中地布置在一起,促进工业综合能力的形成,达到良好的经济效果。工业区由生产厂房、仓库、动力和市政设施、维修和辅助企业、运输设施、厂区公共管理与公共服务和商业服务业设施及科学实验中心等组成。

工业区的规划必须与城市总体规划相协调,符合城市总体利益的要求。因而规划时应综合解决功能、社会经济、立体、规划、建筑技术、环境卫生、工程和美观等方面的问题。

### 1. 工业区规划的任务

城市工业区规划的任务如下。

① 将生产上具有共同性的专业化协作工业企业组成一个或几个企业群,使企业之间有方便、直接的联系,并在生产、工程设施、能源利用等方面具有良好的协作,一次规划,分期建设,并留有发展余地。

② 为工业的生产创造有利条件,考虑采用最完善的生产工艺。

③ 为职工劳动和工间休息创造最有利的条件,提供最完善的服务设施。

④ 合理利用土地,使土地利用达到最高的技术经济指标。

⑤ 提供必要的卫生条件,防止空气、土壤和水域受到有害物的污染,对工业区用地、各企业厂址和防护带进行绿化设计。

⑥ 在工业的对外运输方面和工业之间及工业区和职工居住区之间组织便捷的交通联系,综合布置工业区内的铁路、公路专业线、货运专业码头和停泊处。

⑦ 与周围地区的规划、建筑、绿地和当地地形协调配合。根据城市总体构图和建筑艺术特点,保证工业区规划和修建具有一定建筑艺术水平。

⑧ 对各工业的空间、平面布局和建筑设计实行统一规范化设计。

### 2. 工业协作

在工业区规划时,按照专业化协作原则规划工业,共同使用厂外工程,可大大节约用地和建设投资,最大限度地实现原料和"三废"的综合利用,改善城市环境卫生,并可以提高生产自动化程度,提高劳动生产率。在规划城市工业区时,应考虑以下几方面的协作:

① 产品、原料、副产品及废渣回收利用的协作;

② 生产技术的协作;

③ 动力设施的协作;

④ 备料车间及辅助设施的协作;

⑤ 地方工业部门的协作;

⑥ 行政管理和文化、服务建筑、场外工程的协作。

在工业区规划时,如果城市或者邻近工业区内已拥有服务性设施或其他协作设施,而且可充分供所规划的工业区利用时,就不应重复设置。

联合设置仓库区是一种很好的协作形式，它能为区内各工业企业供应燃料、原材料及其他数量很大的货物。这种联合仓库设施，宜配置在最大用户的附近，并使总体效率最佳。

### 3. 工业区的规模

目前，还没有确定城市工业区规模的标准。工业区的规模随城市的性质、工业的性质以及工业区在城市中的布置不同而有较大差别。但从城市交通及总体规划角度出发，也必须为工业区规定一个合理的用地限度，工业企业过分集中于一个工业区，不但会导致工业区的规模过大，而且也易招致交通阻塞，有害物大量浓集，并使城市的市政工程负担过大。如果工业区规模过小，则无法提高各种设施的协作程度和使用效率。

根据实践，对城市工业区的规模可作如下考虑：

① 布置在居住用地范围内的工业区规模一般以 50 ～ 100 hm$^2$ 为宜，最大不应超过 400 hm$^2$。职工 10 000 人左右，这样才有可能在职工的居住点和工厂之间建立方便的联系，使职工可以步行上下班。

② 远离居住用地的工业区，可以布置占地较大的工业区，但工业区用地以不超过 1 000 hm$^2$，职工人数不超过 5 万～ 6 万人为宜。

在确定城市工业区用地规模时，必须为工业区的发展留有余地。最好应考虑到 20 ～ 30 年的远景期建设。

### 4. 工业区的布置形式

城市工业区的工业企业布置形式主要有三种（图 5-15）。

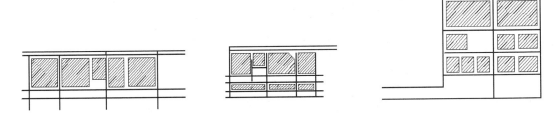

图 5-15　城市工业区工业企业的布置形式

单列长方块（矩形）布置适用于排放有害物情况比较一致的工业，它们所需卫生防护带宽度相近；双列长方块布置适用于排放有害情况相同但运输方式不同的企业；多列长方块布置适宜于排放有害物程度不同的企业，采用这种形式可以将最有害的企业配置在离居住地最远的那列长方块中。

## 5.3.3　旧城工业区的改造

城市总体规划的任务除对新建工业区进行合理布置外，还须对城市现有工业布局上的问题进行研究，并作出旧城工业改造的合理计划与建设。在新建工业区时，可以按现代化的城市规划要求来建设工业区，但对于旧城工业的改造而言，情况则很复杂，必须予以足够的重视。

## 1. 旧城工业与城市的矛盾

旧城工业改造的目的在于消除工业区及其与城市其他部分之间的矛盾，这些矛盾体现如下。

① 工厂与生活居住混杂，废气、废水、烟尘和噪声污染严重，影响附近居民健康。

② 工业区内各企业的配置不成体系；工厂布局混乱，缺乏生产上的统一安排。

③ 交通混杂，人流过分集中；还有一些工厂缺乏运输条件，造成交通堵塞和事故。

④ 工厂用地面积小，一厂分散几处，并且仓库、堆场不足，工业发展受到严重的限制。

因而，实现对旧城工业的改造目的就是要提高土地利用效率，改善企业的劳动条件，改善工业区及邻接地区的卫生条件，对工业区的规划和建设及交通运输进行整顿，改善工业之间的协作，以适应现代化的要求。

## 2. 旧城工业改造的原则

旧城工业区的改造原则应反映先进的科学技术成就，并考虑现代社会的需求，一般应做到：

① 充分利用与逐步改造相结合来发展生产；

② 必须有利于专业化生产，有利于提高劳动生产率；

③ 有利于居民身心健康与环境改善；

④ 分清轻重缓急，妥善安排，分期实现。

## 3. 旧城工业改造的途径

要根据城市的性质和特点及现有工业存在的问题，选择可行的改造途径。一般有以下三种途径。

（1）改

在原有的厂区，通过改进生产技术，强化管理，使产值增加；如对周围环境有影响的，应采取改变生产性质、生产工艺等措施，以减轻或消除对环境的污染。

（2）并

规模小、车间分散的工厂适当合并，以改善技术设备，提高生产率。

（3）迁

凡在生产过程中有严重污染源又不易治理的工业、有危害城市安全的工业、发展规模受到严重限制的工业等应根据情况迁出市区。

**5.4**

## 物流仓储用地的规划布局

## 5.4.1　物流仓储用地

　　物流仓储用地指用于物资储备、中转、配送、批发、交易等的用地，包括货运公司车队的站场等用地，但不包括加工；包括大型批发市场。

　　物流仓储用地是城市用地组成部分之一，与城市其他用地如工业用地、生活居住用地、交通用地有着十分密切的关系。

　　物流仓储用地内部也存在着必要的功能分区。除了用于短期或长期存放物资的用地外，还应包括行政管理用地、后勤设施用地和库内道路用地，有的还包括自身的运输队用地和附属的物资包装、分装和加工用地等。

　　物流仓储用地的分类如下。

　　（1）普通物流仓储用地

　　对环境基本无干扰和污染的物流仓储用地。

　　（2）特殊物流仓储用地

　　对环境有一定干扰和污染的物流仓储用地。包括危险品仓库、对环境有影响的堆场等用地。

## 5.4.2　物流仓储用地的规模

　　物流仓储用地规模一般是指城市中物流仓储用地的总面积和某一独立物流仓储用地的合理面积两个方面。由于影响因素很多，很难直接确定城市物流仓储用地的总体规模。在规划中，要根据各城市的具体情况分析估算确定。

**1. 估算物流仓储用地规模时应考虑的因素**

　　（1）城市规模

　　城市规模大，城市日常生产和生活所需物资和消费水平比小城市高，物资储备量大，因此，物流仓储用地规模应该大一些。同理，小城市的物流仓储用地规模就要小一些。

　　（2）城市性质

　　铁路、港口枢纽城市，除了城市的生产资料和生活资料物流仓储用地外，还需要设置不直接为本市服务的转运仓库。转运仓库规模应根据对外交通枢纽的货物吞吐量和经营管理水平来酌情确定。工业城市要求生产资料供应物流仓储用地的规模要大一些；风景旅游城市对小型生产资料供应物流仓储用地的需求要大一些。

（3）城市经济和居民生活水平

同等规模的城市，若城市经济和居民生活水平不同，则所需的物流仓储用地规模也不相同。一般来说，随着城市经济的发展和居民生活水平的提高，城市生活和居民生活所消耗的物资的品种和数量也会增多，相应的物资储备量也会增加，物流仓储用地的需求就相应增大。

（4）物流仓储物品的性质与特点

物流仓储物品的性质与特点影响每处独立设置物流仓储用地的用地规模。如粮食仓库需要大面积的露天堆晒场，且储量大，因而所需用地规模也大；国家和地区储备仓库、中转仓库均以储存大宗货物为主，仓库用地规模也很大；而为日常居民生活服务的日用商品仓库，规模就可小一些。

（5）物流仓储设施和储存方式

不同的物流仓储设施和储存方式，如露天堆场、低层仓库和多层仓库对物流仓储用地的规模都有直接影响。

## 2. 物流仓储用地规模的估算

当物流仓储设施确定后，可参考下述步骤确定每处物流仓储用地的规模：

（1）确定参数和指标

包括物流仓储货物的规划年吞吐量、货物的年周转次数、库房和堆场利用率、单位面积容量、货物进仓系数、库房建筑层数和建筑密度等。

（2）计算物流仓储用地规模

$$库房用地面积 = \frac{年吞吐量 \times 货物进仓系数}{单位面积容量 \times 仓库面积利用率 \times 层数 \times 年周转次数 \times 建筑密度}$$

$$堆场面积 = \frac{年吞吐量 \times (1 - 货物进仓系数)}{单位面积容量 \times 堆场面积利用率 \times 年周转次数}$$

$$物流仓库用地规模 = 库房用地面积 + 堆场面积$$

## 5.4.3　物流仓储用地规划布局

物流仓储用地的布置应根据物流仓储用地的类别和用途结合城市的性质、规模、用地和交通运输条件、工业用地和生活居住用地的布置等综合考虑。

## 1. 物流仓储用地规划布置的基本要求

### 1）方便生产、运输便捷

在布置物流仓储用地之前，应首先在规划区内进行货源点分布调查，使物流仓储用地尽量接近吞吐量较大的那些货源点，尽可能降低综合货运周转里程，方便生产。同时，物流仓储用地要与城市综合交通系统有便捷可靠的衔接，大规模物流仓储用地要有铁路专用线直接进入库区，有条件的城市还要设置货运专用干道或铁路、水运和汽车联运系统。

2）方便生活，注意环境保护

物流仓储用地一般不宜布置在城市生活居住用地内。不为居民日常生活所需的生产资料仓库，应与生活居住用地保持一定的安全卫生间距；为居民日常生活服务的生活资料仓库，可相对于生活居住用地均匀分布，以接近商业服务设施，方便居民生活，但也应满足卫生、安全等国家和地方有关规范、规定的要求，以防止污染，保护城市环境，保证城市安全。

3）方便经营，有利发展

城市的物流仓储用地的布置应采取集中与分散相结合的方法，按照物流仓储用地的类别与性质布设，并设置公用或专用的设备与设施，方便经营与管理。物流仓储用地布置中，既要注意节约用地，又要注意留足未来发展用地。

4）方便建设，保证安全

物流仓储用地的选择应符合下列条件。

① 物流仓储用地的坡度适宜，以保证良好的自然排水条件。物流仓储用地坡度一般控制在 0.3% ~ 3% 范围内。

② 土壤承载力高。在回填土形成的台地上或沿河岸布置物流仓储用地时，应保证用地边缘的土壤稳定和整个用地内土壤压力符合要求。

③ 地下水位低。不应在低洼潮湿地段或溢洪区内布置物流仓储用地，以防储存物资受淹、受潮，造成霉变损坏。

④ 供水系统可靠。物流仓储用地应靠近城市供水系统，无法与城市供水系统可靠连接的用地，应有足够水量的自备水源和贮水设备，其水源或贮水设备容量应符合消防规范的规定。

## 2. 物流仓储用地规划布置

1）物流仓储用地布置与城市规模、性质的关系

小城市特别是县城，用地范围小，城市性质单纯，辖区内产业结构中第一产业的比重较大，乡镇工业地域分布较广。因此，此类规模城市的物流仓储用地宜在城市用地边缘靠近水路、铁路、公路、港站附近集中布置，以方便城乡物资交流。实际规划中还应注意此类城市的发展方向和规模，尽量保证现在的物流仓储用地与城市未来发展用地之间仍能维持比较合理的关系。

大、中城市用地规模大，城市性质复杂，产业结构中第二、三产业比重较高。因此，物流仓储用地不宜集中布置在一处。应按照物流仓储用地的类别和服务对象在城市的适当位置上相对分散布置。一般来说，大、中城市中用于相对集中布置物流仓储用地不宜少于 3 处。直接为居民日常生活服务的物流仓储用地可均匀布置在生活居住用地的附近并与商业用地统筹考虑。

港口城市和铁路枢纽城市的物流仓储用地的布置，应结合对外交通枢纽在城市中的分布

特点，恰当地安排转运仓库和城市供应仓库的位置，处理好与交通枢纽设施和城市其他用地的关系。

2）不同类别的物流仓储用地在城市中的位置安排

① 国家和地区物资储备仓库一般不直接为所在地的城市服务，因此，可设在城市的郊区便于独立管理的地段。这类仓库的规模一般都比较大，需要设铁路专用线和其他的专用交通设施。

② 转运仓库视其与对外交通枢纽的位置关系可以有两种布置方式。一种是仓库与铁路、港口等设施紧密结合，集中布置；另一种是分散布置，即将转运仓库布置在城市郊区。前一种布置方式应对城市对外交通枢纽的最终发展规模进行科学的预测，以便留足转运仓库的发展用地；后一种布置方式应充分考虑在库区与对外交通枢纽之间设立专门的货运道路，以免与城市内部交通相冲突，并避免其交通运输线路穿越城市。

③ 危险品仓库应远离城区布置。其用地应便于封闭管理，与周围民用建筑的防护间距应符合国家有关的专项规范要求。

④ 生产资料仓库一般应与工业用地一起综合考虑，安排在工业区附近或城市外围地区。其中的散装水泥仓库、煤炭仓库、木材仓库、石油等易燃易爆仓库应在郊区独立地段布置，且应在城市主导风向的下风或侧风侧，沿水系布置则应在城市的下游地区，其防火和卫生间距应符合有关规范的要求。

⑤ 生活资料仓库的布置应视储存物品的性质区别对待。粮食仓库用地较大，且加工储存过程中对城市有一定污染，不宜在城市生活居住用地内布置，也不应与有污染的工业用地相邻布置；蔬菜、水果仓库应分散布置在郊区和城乡结合部位，不宜过分集中；鱼、肉等鲜活食品冷藏仓库常附设屠宰加工厂，对城市有一定的污染，有时需要铁路运输，因此，要设在郊区和对外交通设施附近。

⑥ 在大、中城市，除了全市性的生活资料物流仓储用地外，还常在商业中心区或其附近的合适位置上分散设置二级仓库，以便为各级零售商店服务。

## 5.5

# 绿化与广场用地规划

城市园林绿地既是城市用地中的一个重要组成部分，也是城市生态系统中的一个子系统。在城市总体规划阶段，绿化与广场用地规划的主要任务是根据城市发展的要求和具体条件，确定城市各类绿地的用地指标，并选定各项主要绿地的用地范围，合理安排整个城市的园林绿地系统，作为指导城市各项绿地的详细规划和建设管理的依据。广场具有集会、贸易、运动、停车等功能，集会场、市场、运动场、停车场于一体，可以概略地说，城市广场是指城市中供公众活动的场所。

# 5.5.1　绿化与广场用地的功能

## 1. 保护城市环境

1）净化空气、水体和土壤

（1）净化空气

① 放出新鲜空气。绿色植物在光合作用下，利用二氧化碳制造其所需养料，并放出大量氧气，不断补充空气中的氧含量。

② 减轻空气污染。

- 吸滞烟灰和粉尘。植物叶面能阻挡飘尘流动和吸收过滤尘埃。
- 吸收有害气体。植物能阻留和吸收二氧化硫及其他有害气体。
- 灭菌。植物能分泌出一种挥发性的有机化合物——灭菌素，它不但能消毒灭菌，而且对人体和动物无害。

（2）净化水体

植物可以吸收水中的溶解质，减少水中的细菌含量，有一定的净化污水的能力。

（3）净化土壤

植物的地下根系能吸收大量有害物质，而具有净化土壤的能力。

2）调节城市小气候

（1）增加空气湿度

植物在蒸腾过程中，不断蒸发水分，使空气湿度增大，并保持对人类舒适的范围。

（2）降低气温

植物不但能吸收太阳热能，并且树冠可阻留阳光照射，使地面降温。

（3）通风防风

带状绿地的方向与该地夏季主导风向一致情况下，可为城市的通风创造良好条件；而冬季，大片树林可以减低风速，起防风作用。

3）降低城市噪声

植物能吸收反向和冲散声波。实测证明，阔叶乔木能吸收投射到其树冠上声量的20%以上，而将其余70%左右反射和扩散出去。

## 2. 安全防护功能

1）自然防护

① 涵养水源，调节水源，防止水土流失，改良土壤，防止沼泽化和盐渍化。

② 减少水、旱、风、沙、冰雹、霜冻等自然破坏。

③ 加固城市和郊区的堤坝、路基、边坡、谷地、滑坡等地段表面裸露土壤，防止积雪对设施和建筑等的破坏。

2）安全防护

（1）防震、防火

绿化与广场用地可作为地震发生时的避难场所，疏散和安置城市受灾居民。同时，绿化与广场用地还可以在火灾发生时隔离火苗，阻止火势扩散。

（2）战备防空

绿化用地可以隐藏军事目标和运输疏散线，阻挡空袭弹片飞散，减轻放射性物质污染，减低光辐射的传播和冲击波的杀伤力。

（3）监察污染

植物对环境污染的反应比人和动物要敏感得多。人们可以根据植物所发出"信号"来分析鉴别环境污染的情况。

### 3. 改善城市面貌

园林绿地给城市增添了美丽的自然景色，也为居民提供了休息、游览的场所，丰富了群众的文化生活，并为发展旅游事业创造了条件。

园林绿地美化了市容，增加了城市建筑艺术效果，园林绿化还可以遮挡有碍观瞻的景象，使城市面貌更加整洁、生动、活泼。

园林绿地在满足实用要求、保护环境和美化城市的前提下，还可以结合生产、增加经济收益，为国家创造财富，提供一部分工业和生活用材、果品、食物、油料、饲料及肥料等。

## 5.5.2　绿化与广场用地的分类

绿化与广场用地指市级、区级和居住区级的公共绿地与广场等开放空间用地，其分类方法，应按绿地的主要功能及其使用对象来划分，使之与城市用地分类取得相应关系，并照顾传统的习惯提法，以利于与城市总体规划及其他各专项规划相配合，同时也应兼顾与建设的管理体制及投资来源相一致。此外，还要明确计算方法，避免与城市其他用地面积重复计算，使之在城市规划的经济论证上具有可比性。

绿化与广场用地分类如下。

### 1. 公共绿地

市级、区级、居住区级的向公众开放、有一定游憩设施的公共绿化广场用地，包括其范围内的水域。

（1）公园

综合性公园、纪念性公园、儿童公园、动物园、植物园、古典园林、风景名胜公园和居住区小公园等用地。

（2）街头绿地

沿道路、河湖、海岸和城墙等，设有一定游憩设施或起装饰性作用的绿化用地。

## 2. 广场

公共活动、交通集散的广场用地，不包括单位内的广场用地。

在上述的分类中，公共绿地可以反映城市绿化的质量水平，而其他的几类则可体现城市绿化的环境水平。城市的绿化水平应该从这两方面进行考虑来衡量才会更加合理。

# 5.5.3　绿化与广场用地规划的主要定额指标

城市绿化与广场指标首先可以反映城市绿地质量与绿化的效果，是评价城市环境质量和居民生活福利水平的一个重要指标；其次可以作为城市总体规划各阶段调整用地的依据，也是评价规划方案经济性、合理性的指标之一；再是可以作为估算城建投资计划及为统一全国的计算口径，提供基础数据。

## 1. 确定城市绿化与广场指标定额的理论

（1）以文化休息需要为依据的理论

早期各国城市绿地的定额，多根据城市居民文化教育和文娱游览活动的需要来计算，重点是考虑公园的面积容量。如前苏联的资料认为每个游人需要 60 $m^2$ 的公园绿地面积，又以节假日至少有 10% 的城市居民去公园为依据，确定每个市民需要公园面积为 6 $m^2$。日本过去的《公园法》也是规定市民每人公园面积为 6 $m^2$。

（2）以环境保护需要为依据的理论

随着环境科学、生态科学的发展，现代城市园林绿地规划理论已开始根据植物调节气候、净化大气、减轻空气污染、灭菌、吸收和防治噪声等功能，推算出更为科学的城市绿地需要量，然后进行综合分析，求出比较合理的参数，作为确定城市园林绿地定额指标的依据。如 1966 年德国某专家通过实验得出：每公顷公园白天 12 h 可吸收二氧化碳 900 kg，产生氧气 600 kg，再根据卫生学二氧化碳对人的允许浓度，得出每一市民需要 30 ~ 40 $m^2$ 的公园绿地；又如有人预测，一个人一天的需氧量至少要有 150 $m^2$ 的树叶总面积，并且提倡每增加一辆汽车就要种植 1 ~ 2 株树木，这些都是以环保需要为依据得出的结论。

## 2. 影响城市绿化与广场指标的因素

（1）城市规模

大城市人口多，从卫生条件和满足居民的生活需要出发，绿地定额应高些；小城市更接近自然环境，绿地定额可低些。

（2）城市性质

风景疗养城市，一般自然条件较优越，为满足旅游及开放功能的需要，绿地定额较高；以钢铁、化工工业为主的工业城市，基于环境保护要求，绿地定额也要高些。

（3）自然条件

南方炎热地区，为了降低气温和改善小气候，可适当提高绿地定额；多风沙的城市，防护林带面积应多一些；带形城市居民较易接近自然环境，绿地定额可稍低些。

（4）城市现状

旧城市建筑稠密，不可能通过大量拆迁来增加绿地，因而绿地定额可低些；而新城市或城市新建地区则有可能制定比较合理的绿地定额。

随着国民经济的发展，人民物质、文化生活水平应得以相应的改善和提高，对环境绿地的需求也会随之逐步的提高。

### 3. 城市绿化与广场的主要定额指标

1）我国城市规划和建设实践中常用的绿地定额指标

（1）每人平均公共绿地面积（m²/人）

$$每人平均公共绿地面积 = \frac{市区公共绿地面积（公顷）}{市区人口（万人）}$$

我国不同时期采用的公共绿地定额指标见表5-2。

表5-2 我国不同时期采用的公共绿地定额指标

| 年代及颁发单位 | 近期（m²/人） | 远期（m²/人） |
|---|---|---|
| "一五"时期规划指标 | | 15（20年） |
| 1956年全国基建会议文件 | | 6~10（50万人以下城市）<br>8~12（50万人以上城市） |
| 1964年国家经委规划局讨论稿 | | 4~7（不分近远期） |
| 1975年国家建委拟订参考指标 | 2~4 | 4~6 |
| 1978年全国园林会议 | 4~6（至1985年） | 6~10（至2000年） |
| 1980年国家建委颁发暂行规定 | 3~5 | 7~11 |
| 1991年建设部制定并印发 | 5（"八五"期末） | ≮7（至2000年） |
| 2011年住房与城乡建设部制定 | | ≮10 |

（2）城市绿化总面积的指标

城市园林绿地总面积是指以上绿地面积的总和，反映了城市普遍绿化的程度和水平。有两种表示方法：

$$每人平均城市绿地面积（m²/人） = \frac{市区城市绿地总面积（公顷）}{市区人口（万人）}$$

$$城市园林绿地占城市总用地的比例 = \frac{市区城市绿地总面积（公顷）}{市区总用地（公顷）} \times 100\%$$

（3）城市绿化覆盖率

$$城市绿化覆盖率 = \frac{市区绿化覆盖总面积（公顷）}{市区总面积（公顷）} \times 100\%$$

绿化覆盖面积可按树冠垂直投影测算，但乔木树冠下的灌木和草本植物则不得重复计算。公共绿地一般质量较高，为简化计算，可考虑其绿化覆盖面积为100%；其他绿地，一般成片绿地覆盖面积可考虑为 100%；而布置稀疏或零星的树木，则按树冠冠径分株统计覆盖面积。

城市绿化覆盖率是全面衡量城市绿化效果的标志。根据林学方面的研究，一个地区的绿化覆盖率应达到 30% 才能起到改善气候的作用；绿化覆盖率应达到 50% 以上。

目前城市用地紧张，应将城市一些可以绿化的地方都绿化起来，形成完整、有机的绿地系统，注意发挥垂直绿化的作用。

2）广场用地指标

根据《城市用地分类与规划建设用地标准》（GB 50137—2011），广场的控制性指标为：200 万以上人口城市单个广场面积不应超过 5 hm²；50 万～ 200 万人口城市单个广场面积不应超过 3 hm²；20 万～ 50 万人口城市单个广场面积不应超过 2 hm²；20 万以下人口城市单个广场面积不应超过 1 hm²。

### 4. 我国及世界发达国家城市绿化水平

人均城市建设用地绿地指标表示城市人口人均占有绿地的数量；城市建设用地绿地率表示绿地占城市建设用地的比重。这两个指标可用作城市间的互比。城市绿地规划指标的确定，需按照城市的土地资源、自然环境条件、经济发展水平及文化传统等多方面因素来考虑。

我国土地资源有限，城市绿地建设尚处于较低水平。但在近几十年，城市绿化与绿地建设工作已日益受到重视。

## 5.5.4　绿化与广场用地规划

城市绿化与广场系统是构成城市总体布局的一个重要方面，规划布置时，必须和工业用地及居住用地规划、道路系统及当地自然环境等方面的条件进行综合考虑统筹安排。

### 1. 城市绿化系统的规划原则和要求

城市绿化系统规划应考虑以下五项原则。

1）城内城外及城市用地各组成部分园林绿地有机结合

城市园林绿化应与区域绿化（包括城市外围的森林风景区、自然保护区或山脉河流系统绿化等）、农村田园化联系起来，构成整个大地园林化的一个有机组成部分。同时，绿化规划要与工业区、居住区、公共设施用地、道路系统等规划布置密切配合，不能孤立地进行。例如，在工业区布局时，要考虑与居住区之间的卫生防护隔离带的布置；在居住区规划中，应根据居住区规模和建筑布局安排组团级、小区级及居住区的游园绿地。

2）均衡分布，联成完整的城市园林绿地系统

所谓均衡分布，可归纳为三个结合，即大中小相结合、集中与分散相结合、重点与一般相结合，构成有机的整体。城市中各类绿地都有不同的使用功能，规划布置时，首先应将公

共绿地均衡地分布在城市各处，然后把它们联成系统，做到点（公园、花园、小游园）、线（街道绿地、滨湖绿带、林荫道）、面（分布面广的小块绿地）相结合，使各类绿地连成一个完整的系统。根据合肥市的经验，认为市内绿化应形成"以面为主，点线穿插"、"以小为主，中小结合"的绿化系统。一般城市的市级公园绿地数量很少，很难做到均匀分布，然而区级公园和居住区级游园，应做到均匀分布。中小型公园绿地必须按照合理的服务半径来布置，使居民短时间内可步行到达。大型公园设备齐全，内容丰富，可为全市人民群众服务，要重点进行设计，但一般的小型绿地尤其是企事业机关大院和居住街坊的绿地，使用频率更高，都要在系统中结合考虑。

3）因地制宜，灵活处理

我国地域辽阔，各城市的自然条件差异较大，同时，城市的现状条件、绿地基础、性质特点、规模范围也各不相同，即使在同一城市中，各区的条件也不尽相同。因此，各类绿地的选择、布置方式、面积大小、定额指标的高低，要从实际的需要和可能出发，灵活运用来编制规划，切忌生搬硬套。如北方城市以防风沙、水土保持为主；南方城市以遮阳降温为主，工业城市卫生防护绿地比较突出；风景旅游城市绿地系统内容广泛，规划布局要充分与名胜古迹、河湖山川结合。又如有的旧城建筑密集，空地少，绿化条件差，需要充分利用建筑区的边角地、道路两旁空地等设置街头小游园、绿岛等，使其星罗棋布地分散在旧城中。

4）既要有远景的目标，也要有近期的安排，做到远近结合

规划中要充分研究城市远期发展的规模，制定出远景的发展目标，不能只顾眼前利益，而造成将来改造的困难，同时，还要照顾到由近及远的过渡措施。比如，对于建筑密集、质量低劣、卫生条件差、居住水平低、人口密度高的地区，应结合旧城改造、新居住区规划留出适当的绿化保留用地，待时机成熟时，即可迁出居民，拆除建筑，开辟为公共绿地。又比如，远期划分公园的地段内，近期可作为苗圃，以防被其他用地侵占，起到控制用地作用。

5）城市园林绿地要在发挥其综合功能的前提下，结合生产，为社会创造物质财富

城市中的园林绿地主要功能是休息游览、保护环境、美化市容、安全防灾等，要在首先满足以上功能的前提下，适当地种些水果及药用、油料、香料等有一定经济价值的植物，或利用水面养鱼、种藕，以便获得经济收益。

城市绿化规划的基本要求可归纳为以下四个互相联系，缺一不可的方面。

（1）布局合理

按照合理的服务半径，均匀分布各级公共绿地，使全市居民享有同样的条件。结合城市道路及水系规划，开辟纵横分布于全市的带状绿地，把各级各类绿地联系起来，相互衔接，组成连绵不断的绿地网络。

（2）指标先进

城市的绿地指标，不仅要分为近期与远期的，还要分出各类绿地的指标。要根据国民经济计划、生产和生活水平，以及城市的发展规模，才能分别得出各城市园林绿地建设的合理发展速度和水平，才可避免某些虚假现象。

（3）质量良好

城市绿地不仅种类要多样化，还要有丰富的植物配植形式、较高的园艺水平、充实的文化内容、完善的服务设施，以满足城市生活与生产活动的需要。

（4）环境改善

不论在居住区与工业区之间设置卫生隔离林带，还是设置改善城市气候的通风林或防风林带，都能起到保护与改善城市环境的作用。

## 2. 城市绿化用地的布局形式

随着社会的进步、城市的发展，城市的绿地布置也发生了变化，主要表现在从单个园林和为少数人服务发展到群体园林和为整个城市的需要服务，并且绿地布局要从人与生物圈关系的高度，从城市生态系统原理来要求。

我国的城市园林绿地系统，从布局形式上可以归纳为以下五种形态。

（1）块状绿地布局

块状绿地指的是若干封闭的、大小不等的独立绿地，分散布置在规划区内。这类布局多数出现在旧城改建中，如上海、天津、武汉、大连、青岛等。我国多数城市属于此种形式。块状绿地的形式，可以做到均匀分布，居民使用比较方便，但对构成城市整体的艺术面貌作用不大，对改善城市小气候的生态作用也不显著。在旧城改建中，由于建筑密集，不可能大量拆迁房屋布置绿地，因此小块的公园绿地常常嵌入街坊和建筑群中；有些地形平坦的城市，布局比较规整的古城，采用方格形道路网，公园绿地相应的成块状形式穿插分布在市区中。如图 5-16 所示。

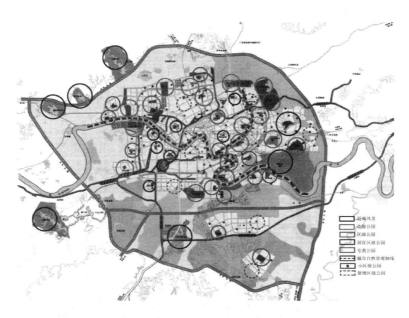

图 5-16　块状绿地布局

（2）带状绿地布局

带状绿地指的是呈直线或曲线状延伸贯穿城市中心或城市局部地区的绿地。这种布局多数是利用河湖水系、城市道路、旧城墙等因素，形成纵横向绿带、放射状绿带及与环状绿地交织的绿地网，如西安、哈尔滨、苏州、南京等。带状绿地的布局容易表现城市的艺术面貌。一些城市以带状的林荫道、人行道绿带、滨江和滨海公园及各种防护林带为骨干形成园林绿地系统；也有一些受自然条件限制，呈窄长形布局的城市，有时相应的设置带状绿地系统。如图5-17所示。

图5-17　带状绿地布局

注：绿地系统规划三条环状绿带，起防风、卫生隔离及联系全市绿地的纽带作用。

（3）楔形绿地布局

楔形绿地指的是从郊区楔入市区范围内，由宽到狭的绿地。这种绿地可把市区与郊区有机的联系起来，一般都是利用河流、起伏地形、放射干道等结合市郊农田、防护林布置，将郊区绿地引入市区，形成楔形绿地系统。优点是可以改善城市小气候，也有利于城市艺术面貌的表现，如图5-18所示。

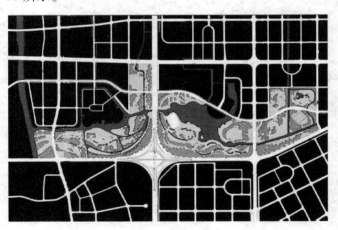

图5-18　楔形绿地布局

（4）环形绿地布局

环形绿地指的是利用城市的环形道路、护城河、水系、山林、城垣遗址或名胜古迹串联组织起来的绿地系统。如日本东京的绿色控制带规划是两条双环绿带，主要由农田和小树林组成，此种形式也可归入带状绿地布局，如图 5-19 所示。

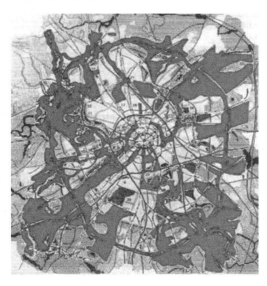

图 5-19　日本东京环形绿地布局

（5）混合式绿地布局

混合式就是上述四种形式的综合运用。此种形式可以做到城市绿地点、线、面的结合，组成较完整的园林绿地体系，如北京市。其优点是可以集上述各类布局形式的优点，使生活居住区获得最大的绿地接触面，是最为理想的布局形式。

由于我国目前大多数城市的绿地标准定额低，绿化覆盖率低，很难真正做到组成所谓"有机而完整的绿地系统"，但这仍是我们的努力方向。实际上，近年来已有不少的城市逐步地向这个方向迈进。譬如沈阳市着重整体绿化设计，结构层次为近郊、市级、居住区级和游园景点，在环城绿化带上结合周围环境设置相适宜的市级、居住区级公园 15 座，游园景点 41 处；在城区东北、西北、南部设置 3 座近郊公园；浑河防护林带、西北部防护林带、东部山区共同构成城区外围绿化大环境系统；由北陵公园、南湖公园、青年公园和动物园等构成的市级公园，服务范围覆盖整个城区。依据环城绿化带及公园、景点所在地域的不同作用，构成几个不同功能的单元区。如以南湖公园为主，由带状绿地所构成的，以改善南湖地区生活居住、科研、医疗区环境质量，美化市容的南湖科研、居住区；由流经大东、铁西工业区的水系及沿岸带状绿地所构成的，以改善工业区环境，丰富生活气息为内容的大东、铁西等功能区。这些具有不同功能的单元区，有效地改善了局部的环境质量和小气候。

近 20 年出现一种关于大城市布局结构的新理论，即以多中心、组团式城市群或带形城市取代传统的单一中心的城市。这种新的城市布局结构有可能在组团、群体之间穿插森林、农田和牧场，使城市同大自然紧密融合，这样可以大大地改善城市的环境质量。

人们评价美国现代城市园林绿化的主要成就是城市绿化渗透到城市的各种空间，从室内到庭院；从住宅到公共设施用地环境，从地下、地面到空中的屋顶花园；从个别公园到多层次、多功能的公园和各种绿化；从城市到郊区，形成了十分完整的城市绿地系统。此外，美国将会更加着重建设完整的全国各级园林绿地系统，特别是以国家、州立公园和市立公园为骨干的国家公园系统。这种庞大的国家公园系统，无论对于科学地利用土地资源，还是维护生态平衡、保护自然资源都是十分必要的，也是最佳的方法。

### 3. 城市广场的规划设计

城市广场在规划设计过程中应注意层次性、可达性、适应性和地方性。

（1）层次性

城市广场的层次性，首先是指城市广场应分级设置，如城市中心广场、区级中心广场、社区广场。其次是在总体规划、分区规划和详细规划的不同规划阶段，均要考虑广场的布置；再次是在广场的专项规划中，要考虑市级、区级、社区级等不同层次广场的合理布局。城市广场一般不宜过大，宜分散设置，以取得均匀的城市活动公共空间。

（2）可达性

可达性，一是指空间距离的远近；二是指交通时间的长短，目的是为了市民能方便使用城市广场。

（3）适宜性

广场的公共空间应符合居民的行为习惯，广场的物体、绿化等应以"人"为中心，体现"为人"的宗旨，符合人体的尺度。

（4）地方性

广场的地方性包括自然特性和社会特性。自然特性包括地形地貌、气温气候等。北方广场强调日照，南方广场强调遮阳，社会特性又分为人文特性和历史特性。如济南泉城广场，代表的是齐鲁文化，体现的是"山、泉、湖、河"的泉城特色；广东新会市冈州广场营造出侨乡建筑文化的传统特色；西安的钟鼓楼广场，注重把握历史的文脉，整个广场以连接钟楼、鼓楼，衬托钟鼓楼为基本使命，并把广场与钟楼、鼓楼有机会结合，具有鲜明的地方特色。

---

本章思考题

1. 居住用地规划结构有哪些形式？
2. 未来居住用地发展趋势是什么？
3. 公共管理与公共服务用地包括哪些？
4. 工业用地怎样分类？每类用地规划时应注意什么？
5. 居住区规划与工业区规划间的关系是什么？
6. 工业用地规划与环境保护的关系是什么？
7. 物流仓储用地在城市中的地位是什么？
8. 物流仓储用地规划主要考虑哪些因素？
9. 城市绿化的作用是什么？
10. 你认为如何提高我国城市绿化水平？

# 6 第6章
# 城市发展与交通规划

## 概　述

　　人类的活动离不开交通。就其定义来说，交通就是"人与物的运送与流通"，它包括各种现代的与传统的交通运输方式；而从广义来说，信息的传递也可归入交通的范畴。

　　交通的空间范围是有很大差别的，从广阔的星际空间直至狭小的室内空间，城市交通属于中间空间范围的交通，是内容最为复杂的交通。为了便于研究，又将它分为两部分，即城市交通与城市对外交通。前者主要指城市内部的交通，主要通过城市道路系统来组织；城市对外交通则是以城市为起点与外部空间联系的交通，如铁路运输、水路运输、公路运输、航空运输以及管道运输等。

　　交通发展程度与国家（地区）的经济水平、能源状况、科技水平以及人们生活水平有密切关系。而交通的发展又促进了经济、文化的发展，特别是现代化交通的发展，将大大改变人们的时间、空间观念，对城市规划布局开拓了更广阔的空间，当然，也会带来新的问题。因此，研究解决城市交通问题是城市规划的首要任务之一。

## 本章学习重点

　　城市交通伴随着各种城市活动而产生，同时又促进和引导城市的发展，建立有效的城市交通系统总是需要和土地利用、城市规划等因素相联系。因此，城市交通规划作为城市规划重要组成部分，两者之间是相辅相成的促进关系。本章主要讲述城市交通规划与城市总体布局的关系，以及公交导向的城市发展、城市道路系统规划与城市对外交通规划。通过本章学习，理解城市发展与土地利用的关系，重点掌握城市对内、对外交通规划的内容。

# 6.1

## 交通与土地利用

### 6.1.1　交通方式与城市发展

#### 1. 不同交通方式支撑下的城市形态及其发展

　　城市是人类为便于进行商业、行政、文化、政治及宗教等活动而形成的聚居地。城市的规模、空间结构、居住分布形态等取决于人们在较短时间（通常为当日）内的出行距离和活动范围，而出行距离又取决于当时的交通方式。因此交通方式的发展是改变城市规模、城市空间结构和土地利用形态的重要因素，按照交通方式的演变过程，城市的发展大致可以分为步行时代、马车时代、有轨电车时代、汽车时代和综合交通时代等不同的发展时期。如图 6-1 所示，交通方式不同，人们的活动方式和可到达的范围就有很大差别，导致了城市规模、结构和土地利用形态的不同。

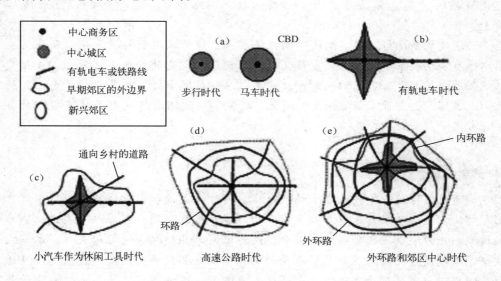

　　　　图 6-1　不同交通方式支持下的城市布局形态

#### 2. 不同交通方式决定的市区范围

　　城市规模的扩展在很大程度上应归功于交通运输手段的发展。一个城市无论是集中型布局，还是分散型布局，客观上都有一个市中心。在人们可以容忍的出行时间范围内，由市中心出发的径向交通距离，通常决定了城市建成区的用地半径。吉普生在《新城设计》中给出了不同出行目的可容忍的出行时间，如表 6-1 所示。

表 6-1　可容忍的出行时间　　　　　　　　单位：min

| 出 行 目 的 | 理想的出行时间 | 可接受的出行时间 | 能容忍的最长时间 |
|---|---|---|---|
| 工作 | 10 | 25 | 45 |
| 购物 | 10 | 25 | 35 |
| 游憩 | 10 | 25 | 85 |

我国对大城市居民的旅行时耗无明确目标值，但根据我国的城市规模、居民出行调查统计以及居民在市内的平均出行时耗，有些学者建议我国不同规模的城市居民出行时耗的最大限度，如表 6-2 所示。

表 6-2　出行时耗最大限度表

| 城市人口/万人 | >100 | 100~50 | 50~20 | 20~5 | <5 |
|---|---|---|---|---|---|
| 出行时间/min | 50 | 50~40 | 40~30 | 30~20 | 20 |

若规定大城市最大出行时耗为 45 min，那么根据运营车速，便可算得各种交通工具所能到达的距离。目前我国最常见的出行方式有步行、自行车和公共交通。由于步行、骑自行车消耗体力，可接受的出行时耗一般在 0.5 h 以内，因此步行的出行范围是 0 ~ 3 km，骑自行车的出行范围是 0 ~ 7 km，公共交通的出行范围多在 3 km 以外。若假定市区为同心圆构造，建成区扩展不受地理条件限制，市区去各方向的通达性情况相同，其距离范围即为建成区面积的当量半径，则可算得各种交通方式所决定的最大建成区面积，如表 6-3 所示。

表 6-3　不同交通方式按 0.5 h 行程计算的市区面积

| | 步 行 | 自行车 | 公交车 | 地 铁 | 快速轨道 | 小汽车 |
|---|---|---|---|---|---|---|
| 速度范围/(km/h) | 4~5 | 8~15 | 10~25 | 20~35 | 30~40 | 35~45 |
| 速度取值/(km/h) | 5 | 10 | 20 | 30 | 35 | 40 |
| 0.5 h 行程距离/km | 2.5 | 5 | 10 | 15 | 17 | 20 |
| 以 0.5 h 行程为半径求得建成区面积/km² | 20 | 80 | 320 | 710 | 910 | 1 300 |

# 6.1.2　交通和土地利用的关系

## 1. 交通与土地利用的相互作用机理

交通与土地利用相互联系，相互影响，相互促进。从交通规划的角度来说，不同的土地利用形态决定了交通发生量、交通吸引量和交通分布形态，在一定程度上决定了交通结构。土地利用形态不合理或者土地开发强度过高，将使交通容量无法满足交通需求。从土地利用的角度来说，发达的交通改变了城市结构和土地利用形态，使城市中心区的过密人口向城市周围疏散，城市商业中心更加集中、规模加大，土地利用的功能划分更加清楚。同时，交通的规划和建设对土地利用和城市发展具有导向作用，交通设施沿线的土地开发利用异常活跃，各种社会基础设施大都集中在地铁和干道周围。所以，各项经济指标、人口和土地利用是交通需求预测的始点，也就是说，上述指标是最基本的输入数据，城市综合交通规划是以这些数据为基础构造模型，进行交通需求预测，制定综合规划方案的。

鉴于交通与土地利用的上述关系，交通规划领域的专家们越来越重视在交通规划过程中导入交通与土地利用的相互反馈作用，注意协调交通与土地利用的关系，注重土地利用规划和交通规划的综合化。

## 2. 交通和区位理论

（1）区位理论的产生和发展

区位理论是关于人类活动，特别是经济活动空间组织优化的理论，它是从空间或地域方面定量地研究自然现象和社会现象，尤其是社会现象中的经济现象的理论。

区位论作为一种学说，产生于1920—1930年，其标志是1826年德国经济学家屠能发表的《孤立国同农业和农民经济的关系》。屠能在这部著作里提出了农业区位论。20世纪初，韦伯发表了《论工业的区位》，这标志着工业区位论的问世。后来，德国地理学家克里斯塔勒提出了中心地理论，即城市区位论。几年后，德国经济学家廖什从市场区位的角度分析和研究城市问题，提出了与克里斯塔勒的城市区位论相似的理论，为与前者相区别，后人将其概括为市场区位论。

（2）区位的组成及交通因素在其中的体现

区位不仅包括地球上某一事物在空间方位和距离上的关系，还强调自然界的各种地理要素与人类社会经济活动之间的相互联系和相互作用在空间位置上的反映。

区位是自然地理位置、经济地理位置和交通地理位置在空间地域上有机结合的具体表现。自然地理位置是指地球上某一事物与其周围的陆地、山脉、江河、海洋等自然地理事物之间的空间关系。经济地理位置是指地球上某一事物在人类历史过程中经过人们的经济活动所创造出的地理关系。自然地理位置往往通过经济地理位置发生作用。交通设施是城市与其周围地区及城市内部各功能区之间相互联系的桥梁和纽带，是城市赖以形成和发展的先决条件。交通地理位置一般是自然地理位置与经济地理位置的综合反映和集中体现。三种地理位置有机联系，相辅相成，共同作用于地域空间，形成一定的土地区位。由于城市是由人类的生产和生活活动所创造的，因此城市中的土地区位受经济地理位置和交通地理位置的影响更大。

城市基础设施是形成城市土地区位的一般物质基础，其结构、密度和布局状况在某种程度上决定着土地区位的优劣。它具体体现在土地的生产力方面，直接影响级差地租，从而影响土地的价格。

## 3. 交通与商业区位理论

（1）商业区位的特征

商业是满足人们物质文化生活需要，直接将工业和其他各业产品输送给消费者的服务行业。在商业活动中，商业设施及其服务对象是两个最基本的要素。商业设施聚集形成商业中心，其服务对象散布在周围的一定范围内，两者通过交通设施联系起来。从方便和效率两方面考虑，商业区位的主要特征之一就是通达性高，即具有良好的交通条件，以保证购物者能顺利、通畅地到达商业中心。因此，商业与交通不可避免地交织在一起。

（2）交通对商业区位的影响

在不同的商业区位中，交通条件越好，则其服务对象在数量上越多，在空间上分布越广，该商业区位的规模也就可能越大。对同一个商业区来说，交通条件的改善意味着通达性的提高，其作为商业中心的外部环境也就得以改善，商业活动随之扩张，土地区位更加优越。同时，商业设施吸引的购物人流增多，也会对交通设施提出更高的要求。

周围交通设施对商业区的促进是许多商业中心迅速崛起的重要原因之一。例如，北京西单商业区的迅速发展就得益于该地区交通条件的改善。西单商业街的繁华程度在新中国成立前不如前门和王府井大街。北京在新中国成立后，由于首都城市建设的需要，扩展西长安街，开辟了通向复兴门的大街，这样，一条横贯北京东西的交通干线经过西单，再加上西单原来就位于西城区的南北干线上，其商业区位条件显著改善，现已发展成为与王府井、前门并列的三大商业中心之一。近期，复兴门到八王坟地铁的开通又将进一步优化西单的区位条件，促进该地区商业的繁荣和发展。

在一定的交通条件下，商业区的发展规模是有上限的，存在均衡的商业规模。这是因为随着商业功能的加强，商业中心吸引的人流规模不断增加，人流对交通设施的压力也不断增大，到一定程度后，交通将变得拥挤不堪，开始抑制人流的增加，人流规模达到一定限度，也就限制了商业规模的进一步扩大，最后，二者处于均衡状态。均衡商业规模如图 6-2 所示。

不同的交通条件所能承受的人流规模不同，相应的其商业规模也不同。在图 6-3 中，曲线 $OA$、$OB$、$OC$ 和 $OD$ 分别表示在 4 种交通条件下人流规模与商业规模的关系。曲线 $OA$ 反映最优交通条件下的对应关系，其均衡商业规模最大；曲线 $OD$ 反映最差交通条件下二者的对应关系，其均衡商业规模最小。

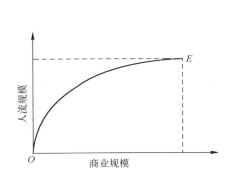
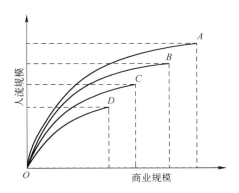

图 6-2　一定交通条件下的均衡商业规模　　　图 6-3　不同交通条件下的均衡商业规模

通达性越好的区域，均衡点越靠近右上方。一般的，当交通条件限制了人流的增加，阻碍了商业的进一步发展时，人们就会进行交通工程建设，改善交通条件，使之能容纳更多的人流和物流，从而使商业规模继续扩大，这样，均衡商业规模不断提高，如图 6-4 所示。

从图 6-4 可看出，交通建设优化了商业的区位条件，促进了商业区的发展。交通条件的不断改善为商业的不断繁荣提供了物质基础。当然，如前所述，交通条件的改善是有上限的。

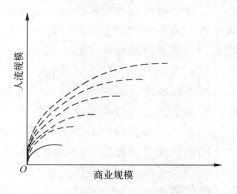

图 6-4　均衡商业规模随交通
条件的改善而提高

### 4. 交通和工业区位理论

1）工业用地的区位特点

① 寻求交通方便的地区。交通方便的地区便于设备安装、原材料的运进和制成品的运出，生产成本低，利润高。

② 自动集结成团的倾向。工业企业之间一般都有一定的技术、经济联系，为了取得集聚经济效益，技术、经济联系较密切的企业自然集结成团。而且，同类企业也有自觉集结成团的倾向，这不仅有利于建立统一的服务体系，更有助于相互之间的学习和竞争，从而推动技术创新和进步。

③ 不断向市区边缘迁移。随着经济发展，各类用地逐渐分化。一般的，工业企业往往有某种程度的环境污染，因而工业用地与其他行业用地有一定的互斥性。所以，随着城市的发展，交通条件不断改善，基础设施日益完备，工业企业逐渐迁移到城市郊区。

2）交通运输对工业区位选择的影响

每个企业都希望能降低生产成本，获得更高的利润，而其所在区位的好坏直接影响企业的生产成本。企业常常通过比较不同地点交通运输费用的大小来确定工业区位。韦伯概括出工业区位选择的一般原则是：任何一个生产部门都应该在原料地和消费地之间寻找一个均衡点，使得工厂位于该点时，生产和销售全过程中的交通运输成本最低。决定交通运输费用大小的因素很多，如交通运输的距离、运载货物的性质、交通工具、交通的种类（水运、陆运、空运等）等。

（1）原料分类

不同性质原料的运输成本是不同的，对工厂区位选择的影响也是不一样的。生产过程中所需运输的物质可分为三类：生产原料、产生动力的燃料、制造的正副产品。前两类统称为原料，后一类简称为产品。原料可根据生产过程中耗用原料的重量与制成品重量之比分为以下两种。

① 无重量损失的纯原料，指在生产过程中全部重量几乎都能转移到产品中的原料。从运费角度考虑，若生产单位主要使用不失重的纯原料生产产品，而且原料与产品的一单位重量运输成本大致相同时，则该生产单位既可设在原料产地，也可设在产品消费地。

② 有重量损失的原料，指在生产过程中只有部分重量转移到产品中的原料。若生产单位主要使用有重量损失的原料，而原料与产品的单位重量运输成本大致相同时，生产地点的选择应偏向于原料产地。

（2）按交通运输成本最低的原则选择工业区位

一个工厂往往有多个原料产地和多个销售市场，在这种情况下可通过优化下式确定工厂的最佳区位：

$$\min T = \min \sum_{i=1}^{n} W_i Q_i D_i$$

式中，$T$ 为总的运输成本；$i$ 为原料及产品的种类，$i = 1，2，3，\cdots$；$W_i$ 为第 $i$ 种原料或产品的重量；$Q_i$ 为单位重量的第 $i$ 种原料或产品的单位距离运输成本；$D_i$ 为原料产地或产品销售地到工厂的距离。

可采用数学方法或几何方法求解来确定工厂的最佳区位。

### 5. 交通和住宅用地区位

住宅用地区位要求交通便利，通达性好，使居民能够便捷地进行工作、娱乐等出行，而且，随着人们生活水平的提高，对住宅区的自然环境提出了更高的要求。因此，在城市的形成和发展过程中，住宅区首先从工商混合区中独立出来，建立在交通方便、环境条件相对较为优越的城市外围地带。

## 6.2
## 城市交通与城市总体布局

### 6.2.1　城市与城市交通发展的关系

城市形成发展与城市交通的形成发展之间有非常密切的关系，城市交通自始至终贯穿于城市的形成与发展过程之中。城市交通是与城市同步形成的，城市的形成必包含城市交通的因素，一般先有过境交通，再沿交通线形成城市。因此，也可以说城市对外交通（由外部对城市的交通）是城市交通的最初形态。随着城市功能的完善和城市规模的扩大，城市内部交通也随之形成与发展。同时，城市由于城市对外交通系统与城市对内交通系统的发展与完善而进一步发展与完善。这就是城市交通与城市相辅相成、相互促进的发展过程。在城市逐步现代化的同时，拥有现代交通也成为现代化城市必不可少的条件之一。

历史是未来的起点，懂得历史，才能正确估计未来。在认识现代交通之前，回顾一下现代交通发展的历史是必要的。一些先进国家的现代交通发展大体经历了以下 4 个阶段。

① 利用天然河湖水系，开凿一定数量的运河。产业革命初期，由于工业发展要解决用水及水运，工厂大都沿河布置，这对英、美、西欧等国家的工业布局起了决定性作用。

② 建设铁路，以铁路为主要交通运输方式。19 世纪 40 年代出现了狂热的建设铁路的高潮，如美、日、俄等国家的工业化都与铁路分不开。

③ 汽车、航空及管道运输的发展。20 世纪 50 年代，第二次世界大战以后，由于大量汽

车、航空工业由战备转向民用，大城市周围大量发展轻工、电子工业，高速公路由于其投资少、利润大、收效快等原因，汽车运输飞速发展。由于汽车交通盲目发展，在一些城市造成了交通阻塞，车祸陡增，环境恶化及能源紧张等严重后果。

④ 发展综合运输。由于不同运输方式之间的盲目竞争和片面发展带来了不良后果，证明了要经济、合理、高效地解决交通问题，必须发展综合运输。历史也证明，从来没有利用单一运输方式的先例，尽管有不同的阶段，也都是不同程度上综合利用了各种运输方式。

## 6.2.2　城市交通构成与现代交通特征

现代城市交通是一个组织庞大、复杂、严密而又精细的体系。就其空间分布来说，有城市对外的市际与城乡间的交通，城市范围内的市区与市郊间的交通；就其运输方式来说，有轨道交通、道路交通（机动车、非机动车与步行）、水上交通、空中交通、管道运输与电梯传送带等；就其运行组织形式来说，有公共交通与个体交通；就其输送对象来说，有客运交通与货运交通。

随着较成熟的运输市场的建立，出现了各种运输方式之间的竞争局面。同时对需求方也有了选择的机会，而对于城市来说，如何充分利用各种交通条件并有机地纳入城市的大系统之中，成为城市规划的重要工作。

现代城市的特征是高效益和高效率。效益包括：经济效益、社会效益、环境效益。效率则主要是指城市的运转，其重要组成之一就是城市交通。

现代城市交通的灵魂是速度。速度给人们带来了时间，而时间的实质就是"金钱与土地（空间）"。所以，现代城市交通对于现代城市的意义就不言而喻了。正因如此，现代城市交通的发展也是围绕着达到现代城市特征这一目标而努力的。

现代交通发展趋向的特点如下。

### 1. 交通工具的高速、大型、远程化

目前高速铁路车速已达 200 km/h 以上，正在试验的磁悬浮列车车速将达 500 km/h。汽车运输也向高速（80～120 km/h）、重型（8 t 以上）、专用化发展，同时平均运距不断增长（200～400 km）。海轮大型化、装卸机械化、码头专业化。河运推行顶推运输船队，运量也达万吨以上。空运飞机已达超音速，商务载重达数十吨、客座 500 人、可远程不着陆飞行10 000 km 以上。

### 2. 不同交通运输方式的结合

为了弥补本身的不足，吸取其他方式的长处，提高运输效率，出现一些新的运输方式与交通工具。如：驮背运输、公铁两用车、人车双载列车（Earsleeper）等便是公、铁两种运输方式结合的产物；滚装船则集汽车与水运的优点于一身；还有一种叫"空中休息室"的交通工具，既是公共汽车厢，又能悬挂于直升机下，直达机场民航客机前。此外，在现代城市中，还修建了河—海、水—铁联运设施。

### 3. 城市内外交通的延续与相互渗透

为了加强交通运输的连贯性，减少内外交通的中转，提高门—门运输的程度，城市内外交通的界限将逐步消除。如铁路运输，有些城市已将铁道部属的城市间铁道、市郊铁路与市区轻轨电车、地下铁道等线路连通；高速公路在不少城市已与市区的高速路网（高架路）相衔接；水运方面，运河也已引进城市港区，成为港区的组成部分。

### 4. 高速干道系统、城市街道系统及步行系统的分离

要提高城市交通的效率，减少交通对城市生活的干扰，创造更宜人的城市环境。现代城市趋向于按不同功能要求组织城市的各类（交通性与生活性等）交通，并使他们互不干扰，成为各自独立的系统。

### 5. 城市交通组织的立体化

要达到各类交通分离，光靠地面的道路交通组织是不可能的。因此，不少现代城市采用了分层的交通组织，通过地面的、高架的、地下的及水上的各个不同空间层次，在不同的高度分别组织不同性质的交通。

### 6. 城市综合交通枢纽的组织

为了加强运输效能，采取相关功能的联合。即按货流的方向在城市外围的出入口附近分别组织"货物流通中心"，将有关的交通运输（站场、保养维修）、生活服务、仓储、加工包装、批发销售等设施集中布置在一起，既提高了运转的效能，又减少了不必要进入市区的交通，是一种较先进的交通运输组织形式。在客运方面，充分发挥各类运输方式的长处，以车站为结点，将轨道交通与道路交通，公共交通与个体交通，机动交通与非机动交通紧密衔接，组织方便的客运转乘也是现代交通运输的重要方法。

## 6.2.3　城市交通与城市规划布局的关系

城市交通与城市关系非常密切，对城市主要有以下几方面的影响。

### 1. 对城市形成和发展的影响

交通是城市形成、发展的重要条件，是构成城市的主要物质要素。
城市交通的定义如下。
① 国民经济四大生产部门（农业、采掘、加工、交通运输）之一。
② 城市化过程中的必备条件，包括：
● 在以工业生产为中心的城市，是生产的延续；
● 城乡物资、国际物资交流的纽带；
● 城市人民生活供应；

● 政治、科技、文化交流；

● 国内外旅游。

③ 城市大多位于水陆交通枢纽。根据 1992 年我国 517 个城市具备交通运输方式的统计如表 6-4 所示。

表 6-4　1992 年我国 517 个城市具备交通运输方式统计

| 运 输 方 式 | 城 市 数 | 百分比/% | 城市主要类型 |
|---|---|---|---|
| 公、铁、水、空 | 57 | 11 | 直辖市、省会、计划单列等大城市 |
| 铁、公、水 | 115 | 22 | 新、老经济发达的中等城市 |
| 铁、公、空 | 36 | 7 | 首府或地级市 |
| 公、水、空 | 3 | 0.6 | 铁路不发达的海岛城市 |
| 铁、公 | 191 | 37.4 | 内陆中小城市 |
| 公、空 | 14 | 3 | 较重要的中小城市 |
| 公、水 | 52 | 10 | 滨水小城市、历史古镇 |
| 公 | 49 | 9 | 新型小城市 |

由此可见，交通运输方式配备的完善程度与城市规模、经济、政治地位有着正相关关系。绝大多数城市都具有水陆交通条件，只靠公路运输的仅占极少数，大部分特大城市是水陆空交通枢纽。

## 2. 对城市规模的影响

交通对城市规模影响很大，它既是发展的因素也是制约的因素，原因如下。

① 对工业的性质与规模有很大影响。某种工业的建立必须有一定的对外交通运输（如铁路专用线、码头等）条件；工业的生产规模则受到运输设备能力的制约。

② 城市贸易、旅游活动必须有交通条件保证，而大量流动人口及服务人口是形成城市规模的主要因素之一。

③ 交通枢纽（如站场、港区）作为城市主要组成部分，直接影响到所在城市的人口与用地规模。

## 3. 对城市布局的影响

① 运输设备的位置影响到城市其他组成部分（如工业、仓库等用地）的布局。

② 车站、码头等交通设施的位置影响到城市干道的走向。

③ 对外交通用地布置，如铁路选线的走向、港口选址、岸线位置等均关系到城市的发展方向与布局。

④ 城市面貌的反映。对外交通是城市的门户，因此，在沿线（如铁路进入市区沿线、机场入城干道沿线、滨海滨河岸线等）以及车站码头附近，均代表了城市的主要景观。

⑤ 城市道路系统则是城市的骨架，更影响到城市的用地布置。

因此，城市交通对于一个城市的总体规划布局有着举足轻重的作用。

## 6.3

# 以公交为导向的城市发展

不同的交通系统决定了不同的城市空间拓展模式和土地利用形式。美国发展小汽车的经验表明，以小汽车为主体的交通系统会导致城市郊区化和无序蔓延，土地利用趋于只具备单一使用功能，如大规模、低密度居住区等。于是，在对不可持续的城市发展模式反思后，精明发展（Smart Growth）、精明管理（Smart Management）、新城市主义（New-urbanism）等理论和思想就开始涌现。这些理论主张土地利用与公共交通结合，促使城市形态从低密度向更高密度、功能复合、人性化的"簇群状"形态演变。以公共交通为导向的开发（Transit-Oriented Development，TOD）正是基于以上理念而发展起来的土地利用模式，依托公共交通改变土地利用形态和居民的生活方式，进而引导城市空间结构的合理演变，实现城市的可持续发展。

世界城市发展的历程证明，在城镇化水平处于加速发展阶段时，建设公共交通（含轨道交通）系统对引导、促进城市空间形态的发展可以起到关键性作用。在城镇化水平处于后期发展阶段（成熟期）时，城市空间形态已经稳定，建设公共交通系统将难以影响城市空间形态的改变。

中国城镇化水平正处于加速发展阶段，城市建设面貌日新月异。早期，一些城市政府建设的新区组团和母城之间是用一流的市政道路联系的，一些新区发展速度很快，日趋繁荣；另一些新区发展速度缓慢，或经历了建设、虚假繁荣、萧条的过程。繁荣的新区距离母城一般较近，自行车交通、公共交通联系方便，但城市摆脱不了"饼"状发展的格局；发展缓慢的新区一般距离母城较远，与主城联系的道路交通经常拥堵，常规公交服务水平低下，居民出行时间较长，城市难以形成分散组团式布局结构。从 20 世纪 90 年代以来，建设公共交通系统可有效引导城市空间发展的观念逐渐得到社会的共识，一批建成的轨道交通项目如北京八通线、北京城铁 13 号线、上海莘闵线、大连 3 号线、天津津滨快轨线等，其建设目的均是为了引导发展外围组团和卫星城，引导城市向分散组团式布局形态发展。

## 6.3.1　TOD 来源

国外研究 TOD 最早最深入的当属美国。在经历了并正经历着小汽车出行方式占主导地位的美国，其城市或地区经历了以郊区蔓延为主要模式的大规模空间扩展过程，此举导致城市人口向郊区迁移，土地利用的密度降低，城市密度趋向分散化，因此带来城市中心地区衰落，社区纽带断裂，以及能源和环境等方面的一系列问题，日益受到社会的关注。

20 世纪 90 年代初，基于对郊区蔓延的深刻反思，美国逐渐兴起了一个新的城市设计运动——新传统主义规划（New-Traditional Planning），即后来演变为更为人知的新城市主义（New

Urbanism）。作为新城市主义倡导者之一的彼得·卡尔索尔普所提出的公共交通导向的土地使用开发策略逐渐被学术界认同，并在美国的一些城市得到推广应用。1993 年，彼得·卡尔索尔普在其所著的《下一代美国大都市地区：生态、社区和美国之梦》一书中旗帜鲜明地提出了以 TOD 替代郊区蔓延的发展模式，并为基于 TOD 策略的各种城市土地利用制定了一套详尽而具体的准则。目前，TOD 的规划概念在美国已有相当广泛的应用。根据美国伯克利大学在 2002 年的研究显示，全美国有多达 137 个大众运输导向开发的个案已完成开发、正在开发或规划中。

## 6.3.2　TOD 定义及内涵

彼得·卡尔索尔普在 1993 年出版《The American Metropolis-Ecology，Community，and the American Dream》书中提出了"公共交通引导开发"（TOD），并对 TOD 制定了一整套详尽而又具体的准则。"公共交通引导开发"与"交通引导开发"虽然只有两字之差，但本意则差很大。首先，"公共交通引导开发"体现了公交优先的政策，而"交通引导开发"则根本没有反映这一关键的内涵。公共交通有固定的线路和保持一定间距（通常公共汽车站距为 500 m 左右，轨道交通站距为 1 000 m 左右）。这就为土地利用与开发提供了重要的依据，即在公交线路的沿线，尤其在站点周边土地高强度开发，公共使用优先。

一段时期以来，人们对"公共交通引导开发"一词的准确含义并未作认真地思考，只是从字面上作简单的理解，即 TOD 是一种城市开发模式，在城市区域开发前，首先要修建该区域的道路，其实这是对 TOD 的片面理解。与国内近些年流行的"服务引导开发"（Service Oriented Development，SOD）模式相类似，两者都是基于"交通/服务设施—土地利用"相互关系的土地开发模式。

TOD 即是指以公共交通为导向的发展模式，其中的公共交通主要是指火车站、机场、地铁、轻轨等轨道交通及巴士干线，然后以公交站点为中心、以 400 ～ 800 m（5 ～ 10 min 步行路程）为半径建立中心广场或城市中心，其特点在于集工作、商业、文化、教育、居住等为一身的"混合用途"，使居民和雇员在不排斥小汽车的同时能方便地选用公交、自行车、步行等多种出行方式。城市重建地块、填充地块和新开发土地均可以以 TOD 的理念来建造，TOD 的主要方式是通过土地使用和交通政策来协调城市发展过程中产生的交通拥堵和用地不足的矛盾。

## 6.3.3　TOD 设计原则

TOD 的概念最早由美国建筑设计师哈里森·弗雷克提出，是为了解决二战后美国城市的无限制蔓延而采取的一种以公共交通为中枢、综合发展的步行化城区。其中公共交通主要是地铁、轻轨等轨道交通及巴士干线，然后以公交站点为中心、以 400 ～ 800 m（5 ～ 10 min 步行路程）为半径建立集工作、商业、文化、教育、居住等为一体的城区，以实现各个城市组团紧凑型开发的有机协调模式。

TOD 设计原则如下。

① TOD 必须位于现有的或规划的干线公交线路或辅助公交线路上，在公交线路未形成的过渡期，TOD 内的土地利用模式和街道系统必须能够完成预期功能。

② 所有的 TOD 必须是土地利用混合模式，公共空间、核心商业区及居住区必须达到所需的最小规模。作为土地混合利用的补充，倡导建筑物的竖向混合功能设计。

③ TOD 内应当具有不同类型、价格、产权、密度的住宅，TOD 内住宅的平均最小密度由其区位确定，每英亩居住用地至少应建有 10 ～ 25 所住宅。

④ TOD 内的街道系统应当形式简单、指示明确、自成系统，并与公交站点、核心商业区、办公区具有便捷联系。居住区、核心商业区及办公区之间必须有多条分流道路相连。街道必须是利于步行，人行道、行道树及建筑出入口布置必须增强步行氛围。

⑤ 为创造安全宜人的步行环境，建筑物出入口、门廊、阳台应当面向街道。建筑的容积率、朝向和体量应当提高商业中心活力、支持公共交通、补充公共空间。鼓励建筑细部的多样性及宜人尺度设计，并且停车库应布置在建筑物的背面。

⑥ TOD 的大小依其可能布设的内部道路系统而定。距公交站点 10 min 步行距离内、位于干道一侧的用地均应属于 TOD。考虑基本的土地使用配置，TOD 的最小面积，在旧城改造区和填充区应为 10 英亩，在城市新增长区应为 40 英亩。

⑦ 不管 TOD 内的财产所有者数量是多少，在 TOD 开发前，必须完成开发区的综合规划。该规划必须符合 TOD 的基本设计原则。必须协调穿越财产线的开发，必须提供公共设施建设的融资策略。

⑧ TOD 在公交线路上的分布必须保障每个 TOD 核心商业区的可达性，必须保障周围区域通过地方道路方便地到达核心商业区。具有竞争性零售中心的 TOD 间距至少应为 1.6 km，每个 TOD 应服务于不同的邻里街区，位于轨道交通线路上的 TOD 应当满足站距要求。

⑨ 在城市改造区和填充区，应当把尚未开发的地区建成利于步行的混合使用区。现有的面向小汽车的低密度土地使用应当进行改造，以使其符合 TOD 的布局紧凑、面向步行的基本特征。

## 6.3.4　TOD 成功案例——哥本哈根

以公共交通为导向的 TOD 城市开发是城市可持续发展的一种理想模式，丹麦首都哥本哈根通过利用城市轨道交通建设来引导城市发展，并且取得良好的效果，成为全球范围内著名的 TOD 成功案例。

哥本哈根拥有 170 万人口，其中城区人口 50 万。早在 1947 年，该市就提出了著名的"手指形态规划"，该规划规定城市开发要沿着几条狭窄的放射形走廊集中进行，走廊间被森林、农田和开放绿地组成的绿楔所分隔，在以后的几十年里，该规划得到了很好的执行。发达的轨道交通系统沿着这些走廊从中心城区向外辐射，沿线的土地开发与轨道交通的建设整合在一起，大多数公共建筑和高密度的住宅区集中在轨道交通车站周围，使得新城的居民能够方便地利用轨道交通出行。同时，在中心城区，公交系统与完善的行人和自行车设施相结合，共同维持并加强了中世纪风貌的中心城区的交通功能。作为欧洲人均收入最高的城市之一，哥本哈根的人均汽车拥有率却很低，人们更多的是依靠公共交通、步行和自行车来完成出行。

哥本哈根城市 TOD 模式的成功有以下几方面原因和经验启发。

## 1. 长期规划引导城市发展

城市的可持续发展，需要一个适合自身特点的、长期的发展规划，并且要有一系列配套措施去保障这个规划顺利实施。如果不对城市发展予以合理限制和引导，那么城市可能会走向无序发展，并引发人口、环境、交通等方面的一系列问题。

哥本哈根市根据城市自身的结构特点，提出了城市发展的长远规划形式——"手指形态规划"，如图 6-5 所示。该规划明确要求城市要沿着几条狭窄走廊发展，走廊间由限制开发的绿楔隔开，同时维持原有中心城区的功能。由于哥本哈根"手指形态规划"已经成为一个被普遍接受的关于区域发展的标准，多届政府一直保持了对"手指形态规划"思想的贯彻。所以它的存在使得该区域的发展规划能够处于一种稳定的状态，保证了哥本哈根长远期规划最终能够得到落实。毋庸置疑，如果当初没有"手指形态规划"的远景，哥本哈根区域内公共交通与城市的整合发展情况会远不如现在这样成功。

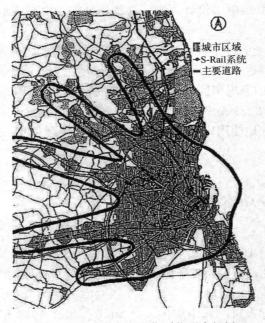

图 6-5　哥本哈根长远期手指形态规划

## 2. 城市轨道交通系统引导城市形态构建

哥本哈根选择通过建设城市轨道交通网络来支撑区域长远期的"手指形态规划"，轨道交通系统支撑沿线及各个站点形成城市发展的交通走廊，从中心城区向外放射出去。哥本哈根的以轨道交通为依托的 TOD 发展模式是建立在整个区域层面上实施的，而不仅仅限于某个小区或者轨道交通站点，这样的整体区域内实施 TOD 模式，可以使得 TOD 规划取得非常明显的效果，充分发挥规模效应，形成整合的优势，从而改变整个区域的用地形态和居民出行特征，从而促进区域的可持续发展。

哥本哈根轨道交通系统的发展具有以下特点：

① 城市的交通走廊都通过"手指形态"通向中心城区，有利于维持一个强大的中心城区；

② 城市新开发区域与市中心之间通过城市轨道交通系统相连接，方便地实现了新区到中心城区的出行便捷；

③ 这种集中发展模式提高了土地的利用效率，节省了大量公共基础设施的投资建设，作为分隔走廊之间的绿楔的保护有效地维持了良好的城市生态环境。

### 3. 土地开发与轨道交通系统相配合

TOD 模式的规划实践成功与否，一个非常重要的因素就是有效地将公共交通系统的开发与土地利用开发相结合，公交系统要能够方便有效地服务于沿线地区，而沿线土地开发的同时也为公共交通创造了足够的客源。哥本哈根在进行轨道交通系统规划时候，一直紧密地结合沿线土地开发。哥本哈根的城市规划要求所有的开发必须集中于轨道交通车站附近，1987 年区域规划的修订版规定所有的区域重要功能单位都要设在距离轨道交通车站步行距离 1 km 的范围内。随后的 1993 年规划修订版，在国家环境部指定的"限制引导"政策下，要在当地直接规划区域到距离轨道交通车站 1 km 的范围内集中进行城市建设。

目前，在哥本哈根现有车站周围已经有足够的可利用土地，以满足哥本哈根区域未来30 年里各类城市土地使用的需要，按照每年新建 3 000 栋建筑，最新修订的规划要求这些建筑要全部集中在公交车站附近。同时，政府还通过对公共交通站点用地开发实行补贴政策，极大地刺激了站点周边的商业发展。为了便捷 TOD 站点区域居民的出行，公共站点周边还规划建设了完善的步行和自行车设施，以及常规公交的接驳服务，人们可以从不同地区非常方便地到达城市轨道交通车站。在新城的用地开发上重视就业与居住的平衡，并主要环绕轨道交通车站进行。

开发轴从车站向外发散，连接居住小区，轴线两侧集中了大量的公共设施和商业设施，新城中心区不允许小汽车通行，步行、自行车和地面常规公交在该区域共存，新城的出行可以不依靠小汽车方便地完成。这样，在哥本哈根的这些放射形走廊内就形成了轨道交通与用地开发相互促进的状况：使用轨道交通出行非常方便，这就使人们愿意选择在车站周围工作或居住，从而为轨道交通提供了大量的通勤客流，而这些通勤客流的存在又促进了沿线的商业开发，工作、居住和商业的这种混合开发进一步地方便了轨道交通乘客，并会继续推动沿线的土地开发。

### 4. 不同交通方式间的高度整合

在实施 TOD 模式时，不仅要重视大运量公共交通的建设和发展，还要将不同交通方式进行面向公共交通的有机整合。各种交通方式都不是孤立的，它们都属于整个城市交通系统的一个部分，要想有力地保证 TOD 的成功实施，就要通过对不同交通方式进行整合以此来提高公共交通的服务水平和竞争力。

由于轨道交通本身并不能直接提供"点对点"的服务，有效地提高轨道交通车站的可达性就显得非常重要。集中在车站周围的土地开发使得轨道交通覆盖了城市大量的活动区域，而完善的步行系统和自行车路网在方便了非机动化交通出行的同时也提高了轨道交通的可达性，支线公交车站设在轨道交通车站附近，将更大范围内的出行者汇集到轨道交通系统。

哥本哈根的中心城区独特的中世纪的街道布局和许多老式的建筑不仅是为步行提供场所，同时也要容纳很多日常的活动。自 20 世纪 80 年代中期以来，哥本哈根市就开始将原有的机动车道和路侧的停车区改造为自行车专用道。1970—1995 年，该市自行车专用道的长度从 210 km 增加到 300 km 多，自行车出行量增长了 65%。在哥本哈根，到达轨道交通车站的出行中，非机动化的方式占据了相当大的比例，这也体现出了创造一个行人和自行车城市的价值。

对小汽车交通的控制是哥本哈根交通政策的重要组成部分，一方面，通过控制城区机动车设施容量，将稀缺的城市道路资源向效率更高的非机动化交通和公共交通转移；另一方面，通过各种经济手段将小汽车交通的外部成本（交通拥堵、噪声、空气污染、城市景观的破坏和社区的割裂等）内部化，从而真正体现交通的公平性。

自 1970 年以来，城市交通工程师一直在努力通过"拥堵管理"政策来控制中心城区路网总容量，以调节小汽车的使用。城区交通量（按年驾驶里程计算）已经比 1970 年下降了 10%。停车设施供应和停车收费管理也是控制中心城市小汽车交通的关键措施。在过去的几十年间，哥本哈根市每年减少 2%～3% 的停车设施供应量。目前，哥本哈根市中心区只有斯德哥尔摩市中心区停车位数量的 1/3。此外，哥本哈根的停车费是不断变化的，其价格一直处于较高的水平，以确保停车设施能够迅速周转。中心城区路边停车的费用高达每小时 4 美元，在被大运量公交有效服务的区域停车设施周转率最高。丹麦的税收体系也被用于限制小汽车拥有和使用。拥有私人小汽车所需要缴纳的税款大致是购车费用的 3 倍。同时，为了限制购买大型、高油耗的车辆，购车缴纳的税款随着车重和发动机排量的增加而增长。以上这些措施有效地抑制了哥本哈根的小汽车发展，使其成为发达国家中小汽车拥有率最低的城市之一。

## 6.4

# 城市道路系统规划

城市道路是整个城市的骨架，是保证城市功能发挥的基础设施。过去，为适应汽车交通量日益增长的需求，一般把满足市区的交通需求只看作是提供必要的道路通行能力。20 世纪 60 年代末，欧美的交通规划人员意识到他们面临的挑战不再是仅制订适应汽车交通量的规划，而是设计道路和交通设施，以便用一种同周围用地相互补充的方式提供所期望的交通流量。

城市道路系统即城市道路网，包括各种道路、停车场和交通广场，作为城市的组成部分，在城市大系统中起着重要作用。

# 6.4.1　城市道路系统规划步骤与内容

## 1. 城市道路网规划的要求

城市道路网是城市的骨架，在很大程度上左右着城市的发展方向和规模。城市道路网对本地区的城市活动和生活、工作环境影响很大，如果路网布局不合理，往往会引发商业区、住宅区等的交通问题。此外，城市电力、通信、燃气、上下水等基础设施和地铁、轻轨等的设置，都要紧密结合城市道路网的规划布局。城市道路网规划主要应满足以下几点要求。

（1）与城市总体布局和区域规划相配合

城市路网要服务于城市活动，这个关系不能倒置，因此，交通的最优并不是城市规划的最终目标。城市道路网规划，要在原有路网的基础上，根据现状和未来需求进行，特别要根据未来交通体系及城市结构，促进城市总体功能的发挥。

城市生产、生活中的许多活动是超出市界的，城市对外交通的畅通与否，直接影响着城市的经济发展。因此，路网规划中必须处理好城市对外交通与市内交通的衔接问题，达到包括市际交通干道、市内快速路、城市主干道在内的区域道路网的协调配合。

（2）与城市的历史风貌、自然环境相协调

中国是文明古国，有丰富的文化遗产，许多城市已有上千年的历史。另外，我国是多民族国家，地大物博，不同地区和民族之间的文化胶乳相融，相映呈辉，同时又保持着鲜明的地方和民族特色，研究和保留价值很高。城市道路网规划作为城市规划的重要内容，一定要注意与历史遗迹和自然条件相协调，从而创造出和谐、自然的城市气氛，增强欣赏价值，保护城市特有的文化资源。

（3）与城市地形特点和土地开发利用相结合

城市形态的形成和发展受地形的约束，城市道路的布局也不例外。从工程的角度看，城市路网的建设应充分利用有利的地形条件。城市中的各个组成部分，无论是住宅区、商业区或者工业区，都要有较好的交通可达性，所以城市道路网规划一定要与城市用地布局紧密结合。城市道路网规划还应对未来城市土地开发的方向和规模作认真的预测，因为道路网建设成型后，将服务相当长的时间，其主要结构的改变十分困难，即使勉为其难，亦会造成难以估量的损失。

（4）与城市的规模、性质相适应

不同规模、性质的城市对其道路网的结构和建设水平的要求是不同的。原则上讲，大城市要求有城市高速路网体系及主干道形成的道路网骨架；中等城市一般不需要高速路网体系，但要有主干路骨架，配以次干道和支路形成整个路网；小城市路网主要由次干道及支路组成。

城市性质对道路网的要求难以像城市规模那样具体。工业性城市要求道路网提供快速、便捷的交通服务；旅游性城市的道路网要求赏心悦目，环境优美；一般性城市要求安静、舒适；商业性城市最好规划一些步行街，以方便购物，商业网点之间的交通联系则要便捷、通畅。

### 2. 城市道路网规划的步骤

日本松下胜二先生等在著作《城市道路规划与设计》中，把城市道路网规划的步骤归纳如下。

① 认识制订规划的必要性，即明确规划的背景和目标。这是后续阶段所不可或缺的。

② 确定规划范围和对象。

- 需要调查的内容和范围；
- 道路规划、交通规划和交通工具的使用对象；
- 进行道路网规划的地理条件。

③ 确定规划方案的方法。可参考已有的各种城市交通规划方法，再考虑地区特点、时间、费用等条件来选择。

④ 资料的调查与分析。用以明确现状及存在的问题，为规划提供必要的依据。

⑤ 预测。根据调查的数据和资料，预测未来的交通现象或道路各种功能的发挥程度。主要的预测工作是交通量的生成和分布及对交通工具分阶段进行分配。

⑥ 确定规划建设水平。根据预测的需求，确定城市道路设施提供的数量和质量，主要控制指标为路网密度、道路负荷度、交通事故数量减少的比率、出行时间缩短率等。建设水平可根据地区性质、财政能力、居民要求等制订，同时，应注意建设水平随社会发展而变化。

⑦ 提出比较方案。根据规划目的，提出比较方案，但所提的方案应具有特色。

⑧ 评价。根据预测和比较方案的对应关系，判断是否符合规定的建设水平。除考虑交通因素外，还应从环境、防灾、城市公用设施和财政等方面予以评价。评价过程需要反复，直到达到规定的建设水平。整个过程如图 6-6 所示。

### 3. 城市道路网规划的内容

1）城市道路网的主要结构形式

交通的发展是应城市的形成和发展而生的，道路网络是联系城市和交通的脉络。城市道路网络布局是一个城市的骨架，是影响城市发展、城市交通的一个重要因素。我国现有路网的形成，都是在一定的社会历史条件下，结合当地的自然地理环境，适应当时的政治、经济、文化发展与交通运输需求逐步演变过来的。现在已形成的城市道路系统有多种形式，一般将其归纳为四种典型的路网形式：方格网式、自由式、环形放射式和混合式。

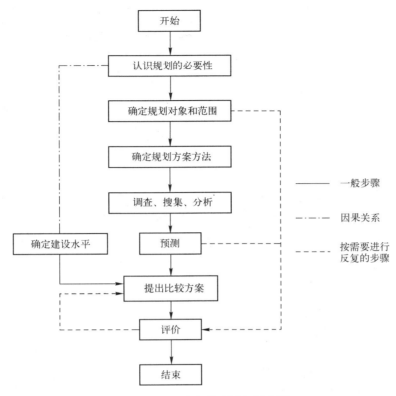

图 6-6　城市道路网规划步骤

（1）方格式

方格网式道路网是最常见的一种路网布局，几何图形为规则的长方形，即每隔一定的距离设置接近平行的干道，在干道之间布置次要道路，将用地分为大小适合的街坊。具有典型方格网路网布局的城市，如西安（图 6-7）、北京旧城，还有其他一些历史悠久的古城，如洛阳、山西平遥、南京旧城等。

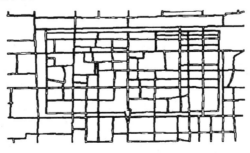

图 6-7　西安城墙内路网布局图

这种结构的优点是：①布局整齐，有利于建筑布置和方向识别；②交叉口形式简单，便于交通组织和控制。缺点是：道路非直线系数较大，交叉口过多，影响行驶速度。

（2）环形放射式

环形放射式道路网一般都是由旧城中心区逐渐向外发展，由旧城中心向外映出的放射干道的放射道路演变而来的，再加环路形成。目前，这种路网结构的原始形式已经越来越不适应城市的发展，随着城市及其发展速度的不同，路网的形式也在不断的发展中。但是环形放射式路网作为一种路网的基本形式，对我们进行城市规划、路网评价等的研究都具有重要的意义。具有环形放射道路网形式的典型城市在国内有天津、成都（图6-8）等；国外的莫斯科、巴黎也是这种典型路网城市的代表。

这种结构的优点是：①有利于城市中心与其他分区、郊区的交通联系；②网络非直线稀疏较小。缺点是：街道形状不够规则，存在一些复杂的交叉口，交通组织存在一定困难。

（3）自由式

自由式路网以结合地形为主，道路弯曲无一定的几何图形。我国许多山区城市地形起伏大，道路选线时为减少纵坡，常常沿山麓或河岸布置，形成自由式道路网。如我国的重庆市就是典型的山城，由于所处山岭地区，为顺应地势的需要就采用了典型的自由式路网（图6-9）。青岛、珠海、九江等城市均属于临海（江、河）城市，顺着岸线建城使得道路的选线受到很大的限制，同样也形成了自由式路网。自由式路网一般适于一些依山傍水的城市，由于地理条件受限而形成的。

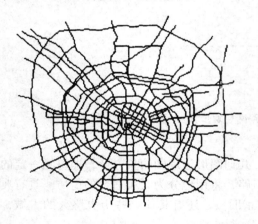

图6-8　成都市中心城区综合路网规划图

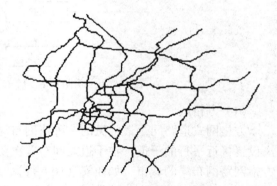

图6-9　重庆市路网布局图

这种结构的优点是：①能充分结合自然地形；②节省道路工程费用。缺点是：道路线路不规则，造成建筑用地分散，交通组织困难。

（4）混合式

混合式也称综合式，是上述三种路网形式的结合，既发扬了各路网形式的优点，又避免了它们的缺点，是一种扬长避短较合理的形式。随着现代城市经济的发展，城市规模不断扩大，越来越多的城市已经朝着这个方向发展。如北京（图6-10）、成都、南京等城市就是在保留原有路网的方格网基础上，为减少城市中心的

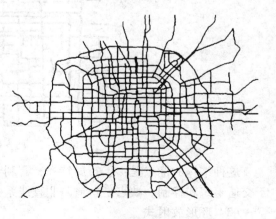

图6-10　北京路网布局图

交通压力而设置了环路及放射路。而无锡、温州等城市也是结合地势综合运用了方格网、自由式和放射式等多种路网形式而形成"指状"、"团状"等综合的路网形式。混合式路网布局一般适于城市规模较大的大城市或特大城市，混合式路网的合理规划和布局是解决大城市交通问题的有效途径，但是如果交通规划不合理、交通管理不科学都会引起新的交通问题。

2）城市主干道

（1）城市主干道的作用

城市主干道以交通功能为主，即为城市交通源如车站、码头、机场、商业区、厂区等之间提供通畅的交通联系。它的规划、布局对城市道路网形式和功能发挥起着决定性的作用。除交通功能外，城市主干道还应有以下一些功能。

① 布设地上、地下管线的公共空间。城市主干道也是城市的主要开阔地，其沿线还布设电力、燃气、暖气、上下水管道干线等设施。因此城市主干道的规划应同以上各种管线的规划及大城市的地铁线路规划综合进行。

② 防灾。灾害发生时，城市主干道可起到疏散人群和财产、运送救援物资及提供避难空间的作用，还可以阻止火灾的蔓延。

③ 构成城市各种功能区。城市主干道的修建，使周围土地的可达性增强，有利于各种功能区开发利用。另外，由主干道围成的地区，形成相对完整的生活区，可能是某些人如老人、主妇、小孩等一日的生活范围。

（2）主干道的规划布置

不同的城市，应根据本身的特点和问题，制订出适合本市的主干道规划。城市主干道应与城市的自然环境、历史环境、社会经济环境、交通特征和城市总体规划相适应，为做到这一点，应经过全面深入的调查和布设工作。

① 前期综合调查。包括人口、产业调查，交通现状调查，用地现状调查及城市规划调查，依此确定规划的基本方针，提出若干比较线路。

② 线路调查。根据前期综合调查的分析结果，对不同比较线路进行深入调查，掌握拆迁的难度和拆迁量，土地征购面积等，同时还要掌握建设费用、投资效益和道路周围用地环境。再根据线路调查结果，对不同线路进行比较，制订出规划方案。

③ 定性分析。城市主干道是城市交通的动脉，在规划定线时一定要突出其交通功能，应拟订较高的建设标准。由于城市主干道一般较宽，道路上车速高，主干道之间多采用立体交叉，因此对城市用地有较强的分割作用。主干道的布置应避免穿过完整的功能区，以减少城市生活中的不便和横过主干道人流和车流对主干道交通的干扰。如主干道不应从居住区和小学校间通过，更应避免穿过学校、医院、公园和古迹建筑群等。

城市主干道还应与自然地形相协调，在路线工程上与周围用地相配合，减少道路填、挖方量。否则，不但会因土方工程量的增加而耗资，也不利于道路两侧用地开发，视觉上也不美观。在城市主干道的规划设计中，要使线路尽量避开难以迁移的结构物，充分利用原有道路系统，减少工程造价。

（3）城市主干道的交通环境

城市人口密集，出行强度高，道路两侧土地使用率较高，车辆的进出和横过道路的行人比较多，如果主干道两侧有交通集散量很大的公共设施和商业设施，过多的行人和进出车辆就会干扰主干道的交通，削弱其交通功能，因此，主干道两侧不要直接面对大的交通源。另外，由于主干道沿线所连接的交通源的性质不一样，对主干道的交通环境也提出了不同的要求。如与旅游点相连，则道路周围的环境应更加注意美观，沿线建筑物和绿化应经过认真的规划设计。

3）城市次干道和支路

城市次干道用于联系主干道，与主干道结合组成道路网并作为主干道的辅助道路（起集散交通的作用），设计标准低于主干道；支路则为各街坊之间的联系道路，并与次干道连接，设计标准低于次干道。虽然次干道和支路不是城市交通的主动脉，但它们起着类似人体的支脉和毛细血管的作用，只有通过它们，主干道上的客、货流才能真正到达城市不同区域的每一个角落；主干道上的交通流也靠它们汇集，疏散。因此，在城市道路网规划中，决不能因为重视主干道的规划建设而忽视了次干道和支路。

与城市主干道相比，次干道和支路上的交通量要小一些，车速也较低。次干道和支路主要解决分区内部的生产和生活活动需要，交通功能没有主干道那样突出，在它们两侧可布置为城市生活服务的大型公共设施，如商店、剧院、体育场等。城市次干道和支路与主干道一样为城市提供公共空间，起着各种管线的公共走廊和防灾、通风等作用。

4）城市道路总宽度与横断面布置形式

城市道路总宽度也称道路红线宽度，它包括车行道（机动车道和非机动车道）、人行道、分隔带和道路绿化带。具体道路总宽度的确定，要根据道路等交通组成而定。表 6-5 为机动车车道宽度。

表 6-5　机动车车道宽度

| 车型及行驶状态 | 计算行车速度/（km/h） | 车道宽度/m |
|---|---|---|
| 大型汽车或大、小型汽车混行 | ≥40 | 3.75 |
| | <40 | 3.50 |
| 小型汽车专用线 | | 3.50 |
| 公共汽车停靠站 | | 3.00 |

城市道路的横断面形式，基本上可以概括为一幅路、二幅路、三幅路和四幅路几种，其设计效果如图 6-11 所示。相比之下，三幅路和四幅路对交通流的渠化比一幅路和二幅路要好；行进中车辆之间干扰小，适于高速行驶。因此，城市主干道建议采用四幅路或三幅路加中间分隔物（栏、墩等）这样的高标准横断面。道路分幅多，道路红线一般较宽，在交通量不大的次干路，尤其是支路上，没有必要采取此种断面形式。考虑用地的经济和方便生活两个因素，支路的形式以一幅路为佳。

5）自行车交通规划

自行车作为普遍的个体交通工具，是我国的一大特色，比较适合我国目前的经济发展水平。自行车本身的优势和其他因素的综合影响，使我国绝大部分城市的自行车出行量大于公交车。北京市自行车占总出行比例的 50.3%，公交车为 26.1%，二者相差近一倍。人们选

（a）一幅路

（b）二幅路

（c）三幅路

（d）四幅路

图 6-11　城市道路横断面布置形式

择自行车作为主要出行方式，主要有以下几个原因。

① 灵活、方便，可以完成门到门出行活动。

② 道路交通拥挤，公交车速低，不准点，出行时间长。

③ 公交网布局不完善，个别地区缺乏公交线路连接。

④ 乘公交车大多需要换乘，换乘次数多则耗时也多。

如果对自行车交通缺乏有效的规划管理措施，过多的自行车将加剧交通拥挤的程度，引发更多的交通事故。

将自行车与机动车分离是解决上述问题的有效办法，因此在城市主干道和次干道，设置自行车专用道或在自行车道与机动车道之间设分隔带或隔离墩。自行车道的宽度应根据调查、预测得出的流量来确定。在交叉口处，如果采用立交，原则上机动车和非机动车应分道行驶；平交路口由于自行车与机动车冲突多，可采取渠化和自行车信号灯管理等措施。

6）城市道路网的建设水平

一定规模的城市，按其用地面积，应配以恰当的道路里程方来满足城市生产、生活的需要。城市路网的建设水平通常以道路网密度来表示（道路里程（km）/城市面积（$km^2$）），其值越高，表明城市单位面积上的道路所占比例越大。由于城市的形态和功能分区各有不同，对路网密度的要求也不一样。日本对中心商业区和办公设施集中地区的路网密度规定为 $5 \sim 7\,km/km^2$，工厂视其占地规模为 $1 \sim 2\,km/km^2$。作为整个城市来看，路网密度（不含支路）大致 $3.5\,km/km^2$ 为合理。我国城市的路网建设水平距发达国家还有一定差距，除路网密度值偏低外，主干道与次干道的标准也过低，起不到干道的作用。道路网密度反映城市单位用地面积上的道路长度，但由于道路宽度和标准不同，同样的道路网密度值可能效果相差甚远。因此，发达国家在衡量道路网建设水平时，还用道路用地率来表示，其定义为城市道路占地面积与其服务的城市用地面积之比。发达国家道路用地率值都较大，20 世纪 70 年代末，华盛顿市的道路用地率已达 43%，纽约为 35%，巴黎为 25%，伦敦为 23%，东京 12.3%，而我国城市当时无一达到 10%。时至今日，虽然我国城市道路建设的前进幅度较大，但也很难达到以上的水平。

## 6.4.2　城市停车场规划

停车设施是城市道路交通建设的一个重要内容，停车问题得不到解决，则会有过多的路边停车而造成交通拥挤甚至阻塞；由于找不到停车泊位造成生活不便和用地功能难以发挥。因此，每一个城市都应根据交通政策和规划、土地开发利用规划等制订出适合本市停车需求的停车场规划。

### 1. 停车场分类

1）按停车种类分类

① 机动车停车场；

② 自行车停车场。

2）按停车形式分类

（1）路边停车场

指在道路红线范围内，道路的一侧或两侧，按指定的区间内设置的停车道。这种停车设施简单、方便，但占用一定的道路空间，对行车有干扰，不恰当的设置可导致交通阻塞。

（2）路外停车场

指在道路红线范围以外的停车设施，包括建筑物周围的停车场及地下车库、楼式停车场等。这类停车设施规模一般较大，要求有配套设施，如排水、防水设备、修理、安全、休息、服务等设施。

## 2. 机动车停车场规划

1）停车需求量调查与预测

停车场的规模一定要符合实际，过大则浪费，过小则不解决问题。为确定停车场的合理规模，必须要做一系列调查工作，确定停车的总量、停车时间长短，进而推算出车位利用率等。具体涉及以下几个方面。

（1）停车现状调查

包括现状的路边停车和路外停车的停车地点、停车数量、车种、到达时间和离去时间等。

（2）停车场使用者调查

包括停车目的、停车后步行时间、车种、到达和离去时间、使用频率等。

（3）停车场附近道路的交通现状调查

主要为干道的各方向交通量等。

（4）停车场周围的环境调查

主要为建筑种类、规模等。

在调查工作的基础上，预测停车场的建设规模。总的讲，由于建筑物的性质和规模不同，对停车车位的需求也不一样，这反映在停车总量和车位利用率上，如银行、邮局这类设施处的停车时间比购物停车时间要短一些，饭店、办公设施处的停车时间要更长一些。表6-6为日本的预测停车需要量计算方法分类。

表 6-6　停车需要量计算方法分类

| 方　法 | 需调查内容 | 预 测 方 法 | 备　　注 |
|---|---|---|---|
| 趋向法 | 路外、路上实际停车状况调查 | 依据发展趋向进行推算 | 适用于土地利用已定向的小规模区域 |
| 原单位法 | 各种用途的建筑物占地面积路外、路上实际停车状况调查（用预测方法1时） | 1. 按占地面积原单位法<br>2. 按不同用途地区的原单位法（商业地区、居住地区） | 适用于交通工具、道路网不变化的地区，土地利用规划必须已确定 |
| 汽车 OD 调查法 | 汽车 OD 调查路外、路上实际停车状况调查（用预测方法1时） | 1. 汽车 OD 调查适用于按 OD 量与停车量的相关式来预测交通量<br>2. 把将来区内交通量和区外交通量之和当作停车需要量 | 适用于土地利用变化比较大的地区 |

| 方法 | 需调查内容 | 预测方法 | 备　注 |
|---|---|---|---|
| 客流量调查法 | 客流量调查路外、路上实际停车状况调查（用预测方法1时） | 1. 客流量调查适用于用OD量与停车量的相关式预测将来交通量<br>2. 把将来区内交通量和区外交通量之和当作停车需要量 | 适用于交通工具分担、交通环境、土地利用变化大的地区 |

停车车位需求量计算是停车场规划的主要内容，不同规模的商业区、大饭店、娱乐设施（体育场、剧院）等都应有与其相应的停车车位。

2）停车场规划注意事项

① 停车场与周围道路的连接要顺畅，并且不能超过其通行能力。

② 保障行人的安全。

③ 促进周围土地的合理开发。

④ 与其他设施规划相协调。

⑤ 保证停车场经营管理的可行性。

### 3. 自行车停车场规划

我国目前城市中普遍存在的一个共同问题是自行车的数量大，但停车场地奇缺，尤其在市中心区和商业区，由此造成自行车到处乱放、妨碍交通、威胁行人安全、影响市容的整洁。完善自行车停车设施，已成为整治城市交通的一项重要工作。

自行车停车场的停车数量与周围用地性质和规模有关，大的商业区、大型文化娱乐设施和大型公交换乘枢纽等处都会有较大的自行车停放量。停车车位的多少不仅与停车总量有关，也与车位利用率或平均停车时间和集中停车强度有关。上下班换乘公交的停车时间较长，购物则稍短。所以同样的停车总量，处在不同位置，停车场的大小要求是不一样的。确定停车场的大小应通过必要的现状调查和预测。自行车停车场的规划应遵循以下原则。

① 在城市中应分散多处设置，方便停放，尽量利用人流稀少的街巷或空地。

② 要尽量靠近所服务的公共设施，减少停车后的步行距离。大型的商店和文化设施，在其四周尽可能都设置停车场，减少不必要的绕行和穿越交通干道。

③ 停车场内交通组织合理，进出方便。

④ 有良好的安全防护设施，大型的、固定的停车场应有车棚，做到防盗、防雨、防晒、防火。

## 6.4.3　城市快速路网规划

城市快速路网是在城市干道网基础上发展起来的，其特点是要求汽车的行驶不能人为中断（行人过街、信号灯、路口警察指挥等），当然，发生交通事故等类似情况时警察采取管理措施除外。简言之，城市快速路网上的交叉口一般要做立交，保证道路交通的连续和快速。

## 1. 城市快速路网的产生背景

城市快速路网主要应用于特大城市，一般城市无此必要。在特大城市里，市区土地利用率高，人口密度大，经济活动和生活出行强度都很高，原有道路体系受到不断增长的交通需求的冲击，加之市区面积越大，跨市中心区的交通受到市中心道路通行能力的束缚越严重，使市区内和市区对外交通的联系受到削弱，限制了城市的发展。因此需要有一种新的道路体系，用以保证城市中交通出行量和各种需求最大的分区之间有快速的交通走廊，保证城市生活能适应现代化的节奏。城市快速路网正是在这种条件下产生的。

## 2. 城市快速路网的规划要求

与城市干道网规划的要求一样，城市快速网也必须同城市的用地功能布局、自然条件及城市其他规划和对外交通相配合。从某种程度上讲，城市快速路网要向城市交通提供较高的可靠度。因此，在这个意义上，快速路网不同于干道网，它不仅要连接主要的分区，还要使交通不间断地运行，其规划标准要高于干道网。具体表现如下。

① 城市快速路的计算行车速度为 $60 \sim 80\,km/h$，道路平面线形要满足高速行驶的要求，因此在选线时，要避免过多的曲折。

② 快速路要严格限制横向交通的干扰（包括机动车、非机动车和行人），与其他快速路及主干道相交时，必须采用立交，只允许有少量的合流和分流车辆存在。

③ 道路横断面布置要接近高速公路标准，对不同方向的交通流和不同的交通方式必须进行隔离。

④ 规划足够的车行道宽度，以利发展需要。

⑤ 选择恰当的立交形式，避免由于立交通行能力的限制而影响汽车的运行，降低快速路网的标准。

⑥ 纵断线形要保证在高速行车允许范围内，在凹型曲线底部要有充分的排水设备从而保证道路不积水。

⑦ 与城市整体路网配合，使车辆能通顺地进出快速路网。

以上是对城市快速路网的基本要求，在建设规划过程中，还要注意与之配套的服务设施及道路标志的完善，使城市快速路网的服务质量真正达到高水平。

北京市的二环路基本达到了城市快速路的要求，三环路、四环路建成后，同二环路与放射路一起构成北京市的城市快速路网。北京市的快速路网已形成相当的规模。由于城市快速路网建设耗资巨大，一般城市不具备完成这项建设的条件。

## 3. 城市地铁和轻轨规划

1）地铁

地铁运量大、速度快，且在地下运行（国外有时地铁也在地面上行驶与地上铁路连网），有自己专用轨道，享有绝对路权，没有其他交通干扰，是另一种城市快速连续交通运输形式。地铁运输网的建立和完善，可以极大地缓解地面交通的压力，其快速、准时的优势是地面交通无法相比的。国外许多城市的地铁相当发达，如纽约、巴黎、伦敦、莫斯科、东京、大阪等。我国以北京市地铁建设规模最大，目前运营里程达114km，承担公交客运量的15%。

地铁建设耗资大，周期长，因此地铁的规划更应认真考虑远景的交通需求，要有系统、全面的观点。目前，资金往往是影响我国城市地铁建设的首要问题。地铁规划还应和地面道路规划相配合，特别是建设初期的地铁，只有与其他交通方式很好结合，才能发挥其作用。

2）轻轨

轻轨是相对一般铁路和地铁而言的，它比前面的两种轨道运输灵活，但运量小些，可以布置在城市一般街道上。与公共汽车相比，它有自己的轨道，在交叉口享有优先权，运量比公共汽车大得多。并且比公共汽车快速、准时。现在的轻轨运输已经与过去的有轨电车不同，发生了质的变化，形式上有单轨式、双轨式、骑座式和悬挂式等。其具体运营特点为：

① 小型轻便，轨道造价低，对城市环境的适应性强。

② 在专用轨道上利于系统的管理与控制，安全性高。

③ 运输能力介于铁路和公共汽车之间，当运量在5 000 ～ 15 000人/h范围内时，效率最高。

④ 运距适于5 ～ 15 km。

⑤ 对大气污染小，比同样运量的道路运输噪声小。

我国目前只有少数几个城市保留着过去的有轨线路，作为现代化交通运输手段的轻轨，还未能实现，其适用模式，可参考表6-7。

表6-7 城市轻轨车和新交通系统的适用模式

| 地区特点 | 市中心 | 原有市区 | 新建市区（新市） |
|---|---|---|---|
| 1. 路线性质 | 连接市中心和主要火车站，作为支线服务 | 1. 连接相连的市区和主要火车站<br>2. 连接市区一部分和附近的火车站 | 连接新市和附近的火车站 |
| 2. 路线的作用，引入的动机 | 1. 处理市中心行人交通<br>2. 缓和市中心的车辆交通集中问题<br>3. 发展市中心经济 | 1. 缓和原有市区、原有住宅区的交通条件<br>2. 缓和道路拥挤<br>3. 形成城市基干交通轴线<br>4. 代替原有交通工具<br>5. 发展地区经济 | 1. 保证新市及周围地区交通<br>2. 形成新市的象征 |
| 3. 模式 | | 1. 连接市中心及原有市区<br>2. 原有市区连在一起 | 1. 独立型<br>2. 内含型 |

# 6.4.4 旧城道路系统改建

## 1. 旧城道路现状和问题

① 旧城道路在建设时受当时条件和观念的限制，目前看来都显狭窄，道路曲折，视线

不良，山城道路存在陡坡急弯，通行能力不能满足现状需求。

②旧城道路两侧商业化严重，行人密度高，交通干扰大。

③旧城道路系统缺乏停车设施，路边停车严重，使原本就狭窄的街道更显拥挤。

④有些旧城道路过于狭窄，无法供机动车运行，因此公共汽车也无法服务这些区域，造成交通不便。

⑤城市路网结构不适合现代交通的要求，缺乏快速干道，而作为主干道与次干道的道路等级也较低，经常起不到应有的作用。

## 2. 旧城道路系统改善

旧城区建筑密度高，道路改建工程会有很大的拆迁量，而且工程难度大，耗资也多。因此旧城道路系统的改善更应经过充分调查分析后，才能制订有针对性的实施规划。

（1）交通调查

主要查清旧城区内机动车、非机动车和行人的流量及其分布规律，分析现存的问题和未来需求。

（2）明确改建目的，确定改建规模

保证交通的通畅和交通安全仍是道路改建的首要目的。旧城道路系统的改善，应结合城市路网的总体规划进行，充分利用原有道路设施，使改建后的道路能成为城市路网中的有效部分。

（3）应特别注意旧城道路体系中机动车与自行车停车场的规划

不但要在新的土地开发规划中充分考虑停车场的用地，而且在旧城中凡新建大型商业、娱乐等服务和文化设施处，都应建上与之相应的机动车与自行车停车场。

（4）妥善安排道路两侧土地开发利用，创造良好的交通环境

若道路扩建规模不大，拆迁工程量尽可能安排在道路的一侧，既方便、经济，同时也保留了城市原有的建筑风貌；如果道路扩建规模很大，则道路的拓宽与土地重新利用规划往往要同时进行，只有道路周围土地使用与改建后的道路相协调时，整个规划才算是合理的；如果道路改建成城市主干道，则道路两侧就要尽量避免分布大型商业等设施。

（5）治理旧城道路系统中的交叉口

旧城街坊细碎，交叉口多，这是导致旧城区内交通拥挤和阻塞的主要原因之一。对交叉口进行适当处理，包括采取交通组织和工程措施，如封闭一些次要路口、转移公交线路、路口拓宽、增设左、右转弯车道、修建行人过街天桥、地道等，可有效缓解以上情况。

## 3. 加强交通管理措施，改善旧城区道路交通

在通过工程手段进行旧城路网改造的同时，应及时配合交通管理手段，对城市交通进行综合治理，可能会取得更好的效果，常用的管理方法有以下几种。

①对难以拓宽安排对向机动车行驶的街坊道路，可以考虑建立单行线系统，以此充分利用现有道路，减少路口左转车辆对交通的干扰。

②定时限制某些交通方式的运行，如市中心区，把货运交通安排在全日高峰时间之外，缓解交通拥挤的局面。

③ 健全道路交通信号和标志，做好交通渠化工作。

④ 对与主干道相交过多的交叉口，适当进行合并、封闭，确保干线交通的通畅。

⑤ 控制街道两侧的商业化规模，使行人等对车辆的干扰限制在最小范围内。

总之，旧城道路系统的改建是一个涉及面很广的问题，它必须与城市道路规划和用地规划相配合，同时工程手段和管理手段相结合，方可产生良好效果。

## 6.4.5　城镇专用道路及广场规划

### 1. 城镇专用道路

**1）步行交通**

居民在城市中活动时，离不开步行。根据城市居民出行特征调查，以步行作为出行方式的比重约占 30% 以上；在山城和小城市中，步行的比重甚至高达 70%。因此，对这些步行者应予关怀，规划完善的步行系统，使步行者出行时不与车辆交通混在一起，以确保交通安全。对盲人和残疾人还应该考虑无障碍交通的特殊需要。城市居民有时还将步行本身作为一种生活需要，例如：逛街，散步或跑步锻炼身体，都需要有良好的步行环境。城市步行道路系统应该是连续的，它是由人行道、人行横道、人行天桥和地道、步行林荫道和步行街等所组成的完整系统。保证行人可以不受车辆的干扰，安全地自由自在地步行活动（图 6-12）。

图 6-12　城市步行道路系统效果图

　　城市中步行人流主要的集散地点是市中心区、对外交通车站与公交换乘枢纽和居住区内。对不同地点聚集活动的步行人流，其步行的目的是不同的。市中心区是城市的"客厅"，用以接待外来的旅游观光者；也是市民的"起居室"，供市民工余时和休息日来此逛街、购物和游憩。因此，步行者常结伴行走，步行速度慢，持续时间长，集聚的步行人流密度也较大，需要设置较宽敞的人行道，较多的步行街、步行广场和绿地，以适应步行者的活动，满足人们的需要。市中心区也是城市容积率最高的地方，聚集的工作人员最多，同时商务活动最为频繁，工作时间步行人流量很大，上下班时间步行者更多，需要设置宽敞的人行道和众多的人行天桥和地道。对外交通的车站、码头是城市的"大门"，是进出城市的人流交通换乘的枢纽点，活动的人流有脉冲性，高峰时到发量较大。因此，需要有较大的广场容纳步行人流和停放多种车辆，也需要就近设置公交站点，提供宽敞、便捷、安全的步行道路。居住区内居民的主要交通方式是步行。它包括居民日常生活购物、锻炼身体、儿童上学、游戏及成人工作、出行（去公交车站和就近社交活动）等，这些要求在居住区规划中都应加以考虑，尽量将幼儿园、中小学、运动场地、门诊所、商业生活服务设施、公交车站用步行系统和绿地系统联系在一起，与机动车道分在两个系统内。此外，在城市沿河临水的地方或城市山崖、高地也应设置林荫步道，供人们游憩和观光。

　　（1）步行街

　　步行街是步行交通方式中的主要形式，其类型可有以下几种。

　　① 完全步行街。完全步行街，又称封闭式步行街。封闭一条旧城内原有的交通道路或在新城中规划设计一段新的街道，禁止车辆通行，专供行人步行，设置新的路面铺筑，并布置各种设施，如树木、坐椅、雕塑小品等，以改善环境，使人乐意前往。如巴尔的摩的老城步行街，我国的合肥城隍庙，南京夫子庙和上海城隍庙等。

　　② 公共交通步行街。公共交通步行街是对完全步行街所作的改进，允许公共交通（汽车、电车或出租车）进入，并保持全城公共汽车网络系统的完整。它除了布置改善环境的设施外，还增加设计美观的停车站。这类步行街仍有车行道、人行道的高差之分。通常将人行道拓宽，使车行道改窄，国外甚至有将车行道建成弯曲线型，以减低车速。

　　③ 局部步行街。局部步行街又称半封闭式步行街。将部分路面划出作为专用步行街，仍允许客运车辆运行，但对交通量、停车数量及停车时间加以限制，或每日定时封闭车辆交通，或节日暂时封闭车辆交通。如我国上海南京路、淮海路在非高峰上班时间内禁止自行车进出，限制货车及一般小汽车进入，允许公交车、出租车和部分客车通行，将原来的非机动车道供行人步行。

　　④ 地下步行街。地下步行街是 20 世纪 20 年代兴起的，即在街道狭窄、人口稠密、用地紧张的市中心地区，开辟地下步行街。日本大阪是修建地下街最多的城市之一，我国的地下街未成系统，但利用人防系统建成商业街，起到地下步行街的作用，如哈尔滨地下街、苏州人民路下的地下商业街及上海人民广场下的地下街等。

　　⑤ 高架步行街。高架步行街是沿商业大楼的二层人行道，与人行天桥联成一体，成为全天候的空中走廊形式，雨、雪、寒、暑均可通行。如明尼阿波利斯的人行天桥系统在世界

上享有盛名，已成为该城市的象征。

（2）人行天桥或地道

人行天桥（或地道）是步行交通系统重要的联结点，它保证步行交通系统的安全性与连续性。在城市中车速快、交通量大的快速路和主干道上，行人过街应不干扰机动车。在建立人行天桥或地道时，要充分结合地形、建筑物、地下人防工程、公交站点，并将它们组成一体。如佛山市在城门头建了与四周环境结合得很好的地下步行广场，很受市民欢迎。香港的中环和湾仔地区将简单的人行天桥与建筑物、公交车站和地形结合起来，发展成为一个有六条高架步行道组成的步行系统，也取得了较好效果。

2）城镇自行车交通规划

城市交通规划应以安全、通畅、经济、便捷、节约、低公害为总目标，建立各自的交通系统。通过交通管理与组织，实施封闭、限制、分隔等定向分流控制，最大限度地发挥现有街道网及各类交通工具的功能优势，扬长避短。

建立自行车交通系统在于引导和吸引自行车流驶离快速的机动车流，在确保安全的前提下，发挥其最佳车速。良好的自行车交通规划应具备以下几个方面。

（1）合理的自行车拥有量

根据城市现有的自行车数预测其发展速度趋近于饱和的年份，并预测部分自行车转化为其他交通方式（摩托车、微型汽车）的可能性。随着城市交通建设的完善，快速交通系统和公共交通网的形成，可期望在大城市中的 6 km 以上骑自行车者全部为公共交通系统所吸引。当骑自行车率下降到 30% 左右，公交车的客运量就占主导优势。这时，自行车也就成为区域性的交通工具。

（2）建立分流为主的自行车交通系统

首先对城市的自行车进行调查和分析，掌握其出行流向、流量、行程、活动范围等基本资料。在汇集后，绘出自行车流向、流量分布图，以最短的路线规划出相应的自行车支路、自行车专用路、分流式自行车专用车道（三块板断面或设隔离墩）、自行车与公交车单行线混行专用路（画线分离），并标定其在街道横断面上的位置和停车场地，组成一个完整的自行车交通系统，确保自行车流的速度、效率和安全。

（3）在交叉口上应有最佳的通行效应

在交叉口上利用自行车流成群行驶的特征可按压缩流处理，即在交叉口上扩大候驶区，增设左转候驶区，前移停车线；设立左，右转弯专用车道，在时间上分离自行车绿灯信号（约占机动车绿灯信号的 1/2），在空间设置与机动车分离的立交式自行车专用道等，实现定向分流控制，以取得在交叉口上最佳的通行效应。

## 2. 城市交通广场规划

城市交通广场一般都起着交通换乘连接的作用，不同方向的交通线路、不同的交通方式都可能在交通广场进行连接。乘客在此要换乘火车、公共汽车、地铁或换骑自行车，因而有大量的停车。再就是广场周围有商业等服务设施，吸引着大量顾客。因此交通广场是交通功能十分突出的公共设施。此外，有些交通广场如火车站广场、长途汽车站广场等经常作为城市的大门，起着装饰城市景观的作用。图 6-13 为日本松本铁路站前广场平面图，图 6-14 为北京铁路站前广场平面布置示意图。

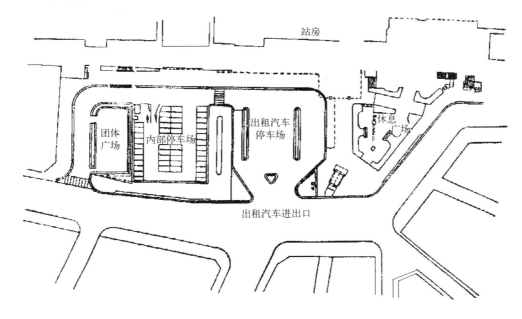

图 6-13 日本松本铁路站前广场平面图

交通广场的规划，首先要做好交通广场的交通组织，一般应遵循以下原则。

① 排除不必要的过境交通，尽量使不参与换乘的交通线路不经过交通广场。

② 明确行人流动路线，根据行人的目的地，规定恰当的路线，减少步行距离，排除由于行人到处乱走引起交通秩序混乱。

③ 人流与车流线路分离及客流与货流线路分离，此项措施同时起着保障交通通畅与安全的作用。

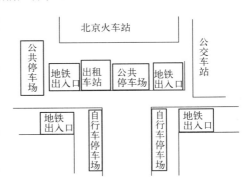

图 6-14 北京铁路站前广场平面布置示意图

④ 各种交通方式之间衔接顺畅。不同交通方式之间换乘方便，不仅提高了交通设施的利用率，也方便了乘客，减少了交通广场的混乱程度。

⑤ 要配以必要的交通指示标志及问询处，提高服务质量。

交通广场中最为典型的就是站前广场，它起着市内与市外交通相互衔接的作用，它又是城市的门户，外地乘客对某城市的第一印象也许就是站前交通广场。因此，站前广场的交通组织、景观设计、商业、邮电等服务设置都应注意对城市风貌的影响。

由于城市道路网的现状特点，可构成不同形式的交通广场，如多条道路相交形成的环形广场（图 6-15）。这类广场一般很少有停车场地，乘客的成分也简单，但由于用地有限，交通线路多，交通组织仍是一个难题。尤其在交通量日益加大时，这种环岛已不能提供足够的通行能力，经常发生阻塞。所以，从现代交通的观点出发，城市未来路网的规划中，要尽量避免这种形式，对已形成的类似交通广场，应以方便公共交通为原则，保证交通的通畅。

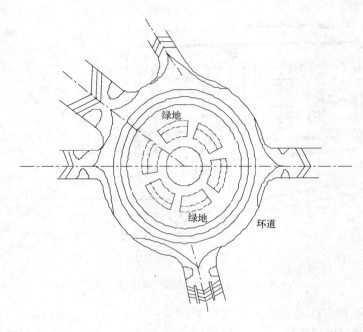

图 6-15　环形广场竖向规划

　　城市交通广场因占地较大，其竖向布置也是影响其功能的一个因素，同时更影响其景观。

　　广场的竖向设计一是要保证排水通畅，二是要与周围建筑物在建筑艺术上相协调。比如双坡面的矩形广场，其脊线走向最好正对广场主要建筑物的轴线（图6-16）；圆形广场的竖向设计，不要把整个广场放在一个坡面上，最好布置成凹形或凸形，产生好的整体效果，其中又以凹形为佳，从广场四周可以清晰地欣赏到广场全貌（图6-15）。

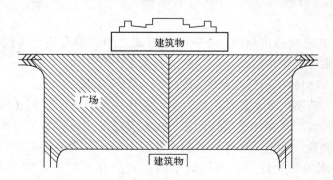

图 6-16　矩形广场脊线与建筑物轴线一致时的竖向规划

# 6.5

# 城市对外交通规划

城市对外交通是以城市为基点，与城市外部空间联系的各类交通运输方式的总称。包括铁路、公路、水路、航空、管道运输。城市对外交通是城市形成与发展的重要条件，也是构成城市的重要物质要素。它把城市与外部空间联系起来，促进城市对外的政治、经济、科技和文化的交流，从而带动城市的发展与进步。

在城市的用地规划中，对外交通的用地布局对城市工业、居住、仓库等用地布置有直接的影响，对外交通枢纽的布置直接关系着城市交通的格局。因而在做城市对外交通用地布局时，既要有利于城市的运营，又要尽量减少对外交通给城市卫生和城市内部交通等所带来的干扰，具体地说，应遵循以下原则：

① 以城市总体布局为前提，追求城市发展的整体效益；

② 兼顾各类交通运输方式的特点，合理进行城市对外交通综合运输的布局规划；

③ 注重城市对外交通与城市内部交通的衔接，保证城市内外交通的连续、协调和共同发展；

④ 对外交通运输设施的布置，应使其对城市的干扰降为最低；

⑤ 对外交通应注意反映城市富有地方特色的面貌；

⑥ 对外交通用地布局应考虑国防上的要求。

## 6.5.1　铁路在城市中的布置

铁路运输具有高速、大运量、长途运输效率高等特点，因而在城市对外交通中铁路运输占有重要地位，是目前我国客货运输的主要方式。

铁路在城市范围内的运输设备主要包括中间站、客运站、货运站、编组站等。由于铁路运输技术设备部分或全部布置在城市中，因而给城市生活和城市发展带来较大影响。如何使铁路在城市中的布置既方便城市，又能充分发挥其运输效能，减少其对城市的干扰，是城市规划中的一项重要工作。

### 1. 中间站在城市中的布置

中间站遍布全国铁路沿线中、小城镇和农村，为数众多，是一种客货合一的车站。其主要作业是办理列车的接发、通过和会让，一般服务于中小城镇，设在城市区的中间站又称客货运站。中间站在城市中的布置形式主要取决于货场的位置。根据客站、货站、城市三者的相对位置关系可将中间站归纳为客、货、城同侧；客、货对侧，客、城同侧；客、货对侧，货、城同侧三种情况。

客、货同侧布置的优点：铁路不切割城市，城市使用方便；缺点是客货有一定干扰，对运输量有一定的限制，因而这种布置方式只适用于一定规模的小城市及一定规模的工业区。

客、货对侧布置优点是客货干扰小，发展余地大，但这一布置形式必然造成城市交通跨越铁路的布局，因而在采用这种布置形式时，应使城市布置以一侧为主，货场与城市主要货源、货流来向同侧，尽量减少跨越铁路的交通量，以充分发挥铁路运输的效率。

### 2. 客运站在城市中的布置

客运站的主要任务是组织旅客运输，安全、准确、迅速、方便、舒适地为输送旅客服务。客运站站场的组成主要有站台、到发线、机车走行线、站前广场等。

（1）客运站的位置

客运站的图示有通过式、尽头式和混合式三种布置（图6-17）。

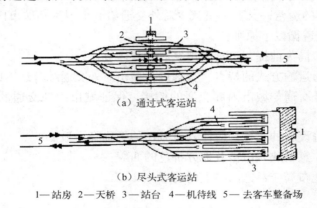

（a）通过式客运站

（b）尽头式客运站

1—站房　2—天桥　3—站台　4—机待线　5—去客车整备场

图6-17　客运站布置图

客运站的三种不同形式也就决定了其与城市的位置关系。通过式客运站的优点是作业分散在两个咽喉区进行，通过列车不必变更运行方向，因而通行能力大，但这一布置难以深入城市，旅客距离车站较远，南京站就是这一布置形式；尽头式客运站的特点与通过式相反，它的优点是易深入市区，能布置到市中心边缘，从而方便旅客，其缺点是大大限制了通行能力，北京站就是一例；混合式客运站的优缺点介于通过式和尽头式之间，它适宜于有大量长途、市郊列车始发、终到的车站。

因而，为方便旅客，客运站位置选择应适中。在中、小城市可以位于市区边缘，选择通过式布置形式；在大城市应位于市中心边缘，采用混合式或尽头式布置。一般来说，客运站距市中心2～3 km以内是比较便利的。

（2）客运站的数量

对中、小城市来说，一般设一个客运站即可满足铁路运输要求（城市用地过于分散的除外，如秦皇岛市），这样管理与使用都较方便。但是大城市，特别是特大城市，由于用地范围大、旅客多，如果仅设一个客运站，势必导致旅客过于集中，加重市内交通的负担，因而应根据城市旅客的数量及流向情况分设两个甚至两个以上的客运站。

（3）客运站与市内交通的关系

铁路客运站是旅客出行的一个中转站，也是对外交通与市内交通的衔接点，旅客要到达最终目的地还必须由市内交通来完成，因此，客运站必须有城市主要干道连接，直接通达市中心以及其他联运地点。

（4）站前广场

铁路站前广场是铁路与城市交通联系的纽带，是人流、车流的集散地，同时也是城市的大门，对外开放的门户。因此在站前广场布置时不能单纯依靠车站本身，还必须利用城市特有的自然环境与广场周围的公共建筑有机结合为一个建筑群体。使客运站站前广场集交通、服务于一体反映城市面貌，展示当地文化的窗口，天津客运站是一成功的例子（图6-18）。

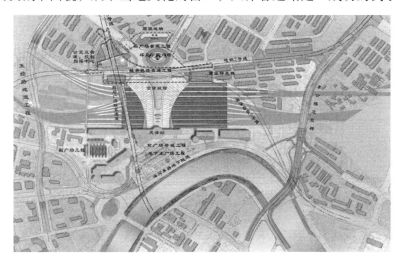

图6-18　天津站站前广场规划图

## 3. 货运站在城市中的位置

货运站是专门办理货物装卸作业、联运或换装的车站。货运站可分为综合性货运站和专业货运站。综合性货运站面对城市多头货主，办理多种不同品类货物的作业；专业货运站专门办理某一种品类货物的作业，如危险品、粮食等。规划货运站在城市中的位置时，既要考虑货物运输经济性要求，同时也要尽可能减少货运站对城市的干扰。

城市中货运站的布置一般应遵循以下原则。

① 以发货为主的综合性货运站应伸入市区接近货源或消费区；以中转为主的货运站宜设在郊区，或接近编组站、水陆联运码头；以大宗货物为主的专业性货运站宜设于市区外围，接近其供应的工业区、仓库区；危险品货运站应设在市郊，并避免运输穿越城市。

② 货运站应与市内交通系统紧密配合。

③ 货运站应与编组站联系便捷。

④ 不同类货运站设置应考虑城市自然条件的影响。

⑤ 货运站的用地尺度应适当，并留有发展余地。

货运站在大城市一般以地区综合性货场为主，按地区分布，并考虑与规划区货种特点和专业性货场结合。中等城市货站较少，一般设在城市边缘，在服务地区和性质上有所分工。图 6-19 是货运站在城市中的位置图。

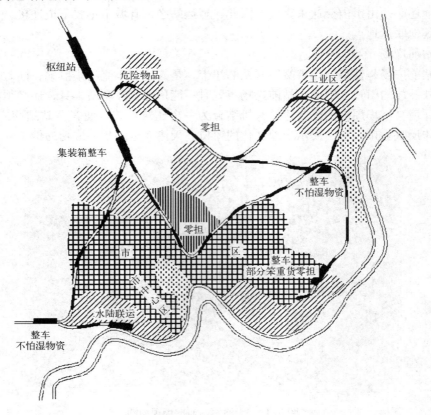

图 6-19　货运站在城市中的位置

### 4. 城市铁路枢纽的布置

位于两个或两个以上方向铁路干线、支线交叉或衔接的铁路网点或网端，设有多个专业车站或客货联合站及相应的联络线、进站线路等，在统一的高度指挥下协同作业，组成的一个整体即是铁路枢纽。铁路枢纽是城市综合运输枢纽的一个重要组成部分。

城市铁路枢纽的布置应注意以下两方面的问题。

（1）铁路枢纽布置与城市规划布局的关系

铁路枢纽设备在枢纽内的布置应符合铁路枢纽总体规划和铁路远景运量发展的要求，并为满足铁路通过能力、作业安全便利、节省工程和运营成本提供有利条件。同时，铁路枢纽在城市中的布置应符合城市总体发展规划、工业布局的要求。铁路枢纽在城市中的布置有两种基本形式，即三角形枢纽和十字形枢纽（图 6-20）。

图 6-20（a）为三角形枢纽，它由三个（或三个以上）主要干、支线方向引入形成三角状态，一般在主车流方向上设一处客货联合站。当三个方向都有较大车流时，必须在三个方向上同时设置编组站，这时客运站应设在靠近城市的干线上；当引入方向多于三个时，布

置形式如图中虚线。

　　图 6-20（b）为十字形枢纽，一般由两条主要干线相交而成，当两条干线的直通车流较小，且交换车流较少时，在相交处附近设客货站较有利。城市应位于铁路枢纽的某一象限内，互相干扰小，并有发展余地；跨象限会被铁路分割，造成互相干扰严重。

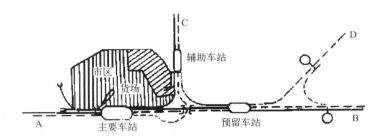

（a）三角形枢纽示意图

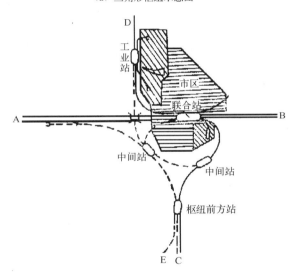

（b）十字形枢纽示意图

图 6-20　铁路枢纽布置示意图

（2）铁路与城市道路交叉

　　应尽量减少铁路与城市道路的交叉数量，穿越市区的铁路路线要沿工业区和居住区的分界线引入市区，处于工业区内的专用线不应设在居住区的一侧。

## 6.5.2　公路在城市中的布置

　　公路运输是城市综合运输的重要组成部分，它以自己活动的广泛性和灵活性，深入到城乡生活的各个方面——从政治、经济、军事、文化、教育到市民的衣、食、住、行、用。

如果说航空运输是点上的运输，铁路、水运、管道运输是线上的运输，则公路运输是独有的面上运输，它除了可独立完成"门对门"运输任务外，还可为其他运输方式集散客货。

公路运输以其独特的特点在各城市交通中占据重要地位，并成为城市发达程度的重要标志之一。

在城市范围内的道路有公路与城市道路之分，但两者又有一些共同的特点，难以简单分定。通常，我们将主要承担联系城市各功能区内和各功能区之间交通的道路称为城市道路，而将主要连接各城镇、乡村和工矿基地的郊外道路称为公路。公路设施主要有线路和场站。

## 1. 公路线路的布置

城市是国家公路网的结点和枢纽，合理布置城市范围内的公路路线对提高公路运行效益，改善城市内部交通具有十分重要的作用。

我国是发展中国家，农村人口较多，随着商品经济的发展，近郊公路街道化较为普遍。一些城市是沿着公路两侧发展起来的（图6-21）。这些城市内的主干道就是城市公路，这类公路具有公路与城市道路的两种功能，这一公路线路的布

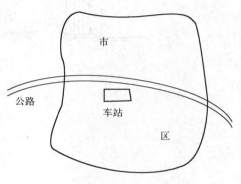

图6-21　公路街道化后的城市公路

置形式，由于过境交通大，行人多，且分割城市，不利于交通安全，不能适应城市现代化的要求。

公路线路在城市中的布置有三种形式，穿越式、绕行式、混合式。对各城市来说，采用哪种布置方式，要根据城市规模和性质、公路的等级和车流量组成决定。其典型布置形式如图6-22所示。

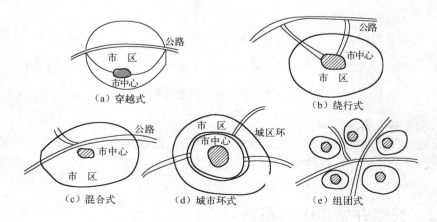

图6-22　公路在城市中的布置形式

通常，公路等级较低、通过城市的车流入境比例较大时，可采用穿越式的布置方式（图6-22（a）），这种布置由于分割城市，故只适用于小城市；当城市规模较大或公路等级较高及入城交通量少时，则宜采用绕行式布置形式，可离开城市布置公路，用入城道路联系

城市道路（图 6-22（b））；当城市规模较大，公路入境交通较多时，宜采用城市部分干道与公路对外交通连接的方式，但应避免对城市交通密集地区的干扰，宜与城市交通密集地区相切而过（图 6-22（c））；当城市规模再大时，城市设有环路，过境的交通可以利用环路通过城市，而不必穿越市区（图 6-22（d））；组团式结构的城市，过境公路可从组团间通过，与城市道路各成系统，互不干扰（图 6-22（e））。

　　随着经济的发展，我国高速公路发展很快，高速公路与城市道路的衔接与布置遵循"近城不进城，近城不扰民"的原则，与城市的联系一般要求采用专用联络线（集散道）和互通式立体交叉（图 6-23）。

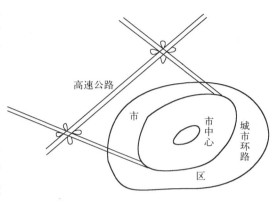

图 6-23　高速公路在城市中的布置

## 2. 公路场站位置的选择

　　公路场站是公路运输办理客、货运输业务及保管、保养、修理车辆的场所，是构成城市公路运输网的重要组成部分。公路场站包括客运站、货运站、技术站（停车场、保养场、汽修场、汽车加油站等）。

　　城市公路场站位置的选择要符合城市总体规划要求，获得城市的最佳经济效益。

　　（1）客运站

　　对外交通的公路客运站即长途汽车站。长途汽车站的位置选择对城市规划布局有较大影响，在选择站场位置时，既要使用方便，又不影响城市生活，并与火车站、港口有良好的联系，便于组织联运。在中小城市宜集中设置客运站，甚至火车站与长途汽车站联合布置（图 6-24（a））；在大城市，客运量大，线路方向多，车辆也多，可采用分路线方向在城市设多个客运站（图 6-24（b））。

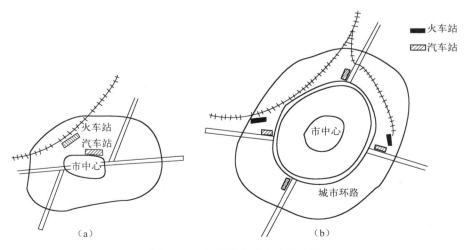

图 6-24　客运站在城市中的布置

（2）货运站

货运站的位置选择与货主的位置和货物的性质有关。供应居民日常生活用品的货运站应布置在市中心区边缘，与市区仓库有直接的联系；以中转货物为主或货物的性质对居住区有影响的货运站不宜布置在市中心区或居住区内，而应布置在仓库区或工业区货物较为集中的地区，也可设在铁路货运站、货运码头附近，并与城市交通干线有较好的联系。

（3）技术站

技术站一般用地要求较大，且对居住区有一定干扰，一般设在市区外围靠近公路线的附近，与客、货站联系方便，与居住区有一定距离。

在中、小城市，可将客运站、货运站合并，并可将技术站组织在一起。

## 6.5.3　港口在城市中的布置

港口是港口城市的门户，是水陆联运的枢纽，是所在城市的一个重要组成部分，也是对外交通的重要通道。

港口具有运输、工业和商业等多种功能，是所在城市的重要经济资源。因此，在城市规划中应合理布置港口及其各种辅助设施，妥善解决港口与城市布局的关系。

### 1. 港址选择

港址选择是在河流流域规划或沿海航运区规划的基础上进行的，位置的选择应从以下两方面来考虑。

（1）港口与城市配置的要求

① 港址必须符合城市总体规划的利益，如不影响城市的交通、尽量留出岸线以供城市居民需要的海（河）滨公园、海（河）滨浴场之用等，做到充分发挥港口对外交通的作用，尽量减少港口对城市生活的干扰。

② 中转、水陆联运换装作业的港口位置应放在城市中心区范围以外，与城市对外交通有良好的联系，以最大限度地减少对城市的干扰。

③ 港址应不影响城市的安全和卫生，多尘、有气味的货物作业区应远离居住区，布置在城市下风向；石油作业区应建在城市下游；危险品作业区应远离市区。

（2）港口自身要求

① 港址应选在地质条件好，有足够水深（或经过适当疏浚后就能达到所需水深）和水域、有良好的掩护条件的地方，以及能防淤、防浪，水流平稳，流水影响小，可供船舶安全顺利运转和锚泊的地方。

② 港址应有足够的岸线长度和足够的陆域面积或有回填陆域的可能性，以便港口作业区和陆域上各种建筑物合理布置。

③ 港址应有远景发展需要的水域和陆域面积。

④ 港址应选在能方便布置陆上各种运输线路，与工业区和居住区交通方便的地方。

⑤ 建港工程量最小，工程造价最低和日常疏浚维修费用最小。

## 2. 港口与城市布局的关系

在港口城市规划中，港口布置与城市布局应综合考虑，做到以港促城、以城带港，使港口发展与城市发展相协调。以下着重讲三方面的问题。

（1）港口布置与工业布局的关系

港口建设与工业发展有着密切的关系，世界上大多数重要工业基地都建设在港口及其附近，这是因为港口能够通过水运为工业生产提供大量廉价的运输通道。

（2）岸线分配

岸线是港口城市的重要物质基础，地处整个城市的前沿，岸线的合理分配是港口城市总体规划的首要内容。岸线的分配总原则是"深水深用，浅水浅用，避免干扰，统一规划"。港口城市的岸线分配，不仅要为城市工业、客运运输服务，而且应留一定比例用作城市居民观赏、娱乐之用。工业用岸线通常要分成若干作业区，如客运作业区、快货作业区、煤和矿石作业区、建筑材料作业区、木材作业区、危险品作业区和涉外作业区等。港口各作业区的岸线分配，要以满足生产服务为前提，注意各作业区本身的要求，并避免相互干扰。

从城市布局角度分析，应将为城市居民服务的客运作业区和快货作业区布置在城市中心区附近，中转联运作业区布置在市区范围以外，危险品作业区应远离市区。同时对污染、易爆、易燃的作业区的布置要不危及航道、锚地、城市水源、游览区，海滨浴场等水、陆域的安全和卫生要求。

（3）集疏港运输组织

港口通过能力与港口仓储能力和集疏港运输能力密切相关。对港口城市而言，港口货物的吞吐反映在两方面：以城市为中转点向腹地集散；以城市为起终点，由城市自身产生与消化。前者是中长距离为主的城市对外交通；后者则是以短途运输为主的城市市内交通。因而在城市规划设计中需妥善做好集疏港运输组织，提高港口的流通能力。

# 6.5.4　机场在城市中的布置

机场已成为现代城市的重要组成部分，现代航空业的发展给人们带来了便利，赢得了时间，缩短了距离，扩大了交往空间，同时也给城市生活带来了较大的影响。因此，合理选择机场在城市中的位置，以及机场与城市的距离和交通联系是城市对外交通规划的重要内容之一。

## 1. 机场的位置选择

机场位置选择包括两层含义：一是从城市布局出发，使机场方便地服务于城市，同时，又要使机场对城市的干扰降到最低程度；二是从机场本身技术要求出发，使机场能为飞机安全起降和机场运营管理提供最安全、经济、方便的服务。因而机场位置的选择必须考虑到地形、地貌、工程地质和水文地质、气象条件、噪声干扰、净空限制及城市布局等各方面因素的影响，以使机场的位置有较长远的适应性，最大限度地发挥机场的效益。

从城市布局方面考虑，机场位置选择应考虑以下因素。

（1）机场与城市的距离

从机场为城市服务，更大地发挥航空运输的高速优越性来说，要求机场接近城市；但从机场本身的使用和建设，以及对城市的干扰、安全、净空等方面考虑，机场远离城市较好，因而要妥善处理好这一矛盾。选择机场位置时应努力争取在满足合理选址的各项条件下，尽量靠近城市。根据国内外机场与城市距离的实例，以及它们之间的运营情况分析，建议机场与城市边缘的距离在 10 ～ 30 km 为宜。

（2）尽量减少机场对城市的噪声干扰

飞机起降的噪声对机场周围产生很大影响，为避免机场飞机起降越过市区上空时产生干扰，机场的位置应设在城市沿主导风向的两侧为宜，即机场跑道轴线方向与城市市区平行且跑道中心线与城市边缘距离在 5 km 以上（图 6-25a 与图 6-25b）。如果受自然条件影响，无法满足上述要求，则应使机场端净空距离城市市区 10 km 以上（图 6-25c）。

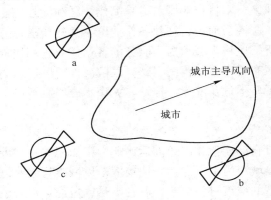

图 6-25　机场在城市中的位置

从机场自身技术要求考虑，机场位置选择应考虑以下因素。

（1）机场用地方面

机场用地应尽量平坦，且易于排水；要有良好的工程地质和水文地质条件；机场必须要考虑到将来的发展，既给本身的发展留有余地，又不致成为城市建设发展的障碍。

（2）机场净空限制方面

机场位置选择一方面要有足够的用地面积，同时应保证在净空区内没有障碍物。机场的净空障碍物限制面尺寸要求可查询民航规范。

（3）气象条件方面

影响机场位置选择的气象条件除了风向、风速、气温、气压等因素外，还有烟、气、雾、阴霾、雷雨等影响。烟、气、雾等主要是降低飞行的能见度，雷雨则能影响飞行安全。因而雾、层云、暴雨、暴风、雷电等恶劣气象经常出现的地方不宜选作机场。

（4）机场与地区位置关系方面

当一个城市周围设置几座机场时，邻近的机场之间应保持一定的距离，以避免相互干扰。在城市分布较密集的地区，有些机场的设置是多城共用，在这种情况下，应将机场布置在各城使用均方便的位置。

（5）通信导航方面

为避免机场周围环境对机场的干扰，满足机场通讯导航方面的要求，机场位置应与广播电台、高压线、电厂、电气化铁路等干扰源保持一定距离。

（6）生态方面

机场选址应避开大量鸟类群生栖息的生态环境，有大量容易吸引鸟类的植被、食物或掩蔽物的地区不宜选作机场。

## 2. 机场与城市交通联系

机场不是航空运输的终点，而是地、空联运的一个枢纽点，航空运输的全过程必须有地面交通的配合才能完成，因而做好机场与城市的交通联系尤为重要。

汽车交通具有方便、灵活、可达性好、速度较高等优点，所以各国城市机场与城市联系的交通一般采用高速的汽车运输，国外有些城市也采用铁路、轻轨等快捷的交通联系方式。

总之，在城市总体规划中，对机场与城市间的交通应建设专用道路，线路直接，避免迂回，并最大限度地减少地面交通的时间，保证航空运输的高效性。

---

本章思考题

1. 交通与土地利用的相互作用机理是什么。
2. TOD 的定义及设计原则是什么。
3. 城市道路网的主要结构形式包括哪几种，其特点是什么。
4. 城市快速路网的规划要求包括哪几项内容。
5. 铁路客运站在城市中的布置包括几种类型，其与城市布局的关系是什么。
6. 从城市布局方面考虑，机场位置选择应考虑那些因素。

# 7 第7章 城乡规划

## 概述

改革开放以来，城市化进程不断加快，各地的乡村建设也得到了较大的发展，但随之而来也出现了乡镇建设无序、缺乏规划、环境恶化、城乡差距加大等一系列的问题，城乡矛盾日益加剧。在此现实情况下，《城乡规划法》的出台对于打破城乡分割的管理体制，指导城乡一体化规划和建设，协调城乡空间布局，改善人居环境，促进城乡经济社会全面协调可持续发展具有重大意义。新的《城乡规划法》首次明确把村庄纳入规划，标志着中国将改变城乡二元结构的规划制度，进入城乡统筹的规划管理新时代。《城乡规划法》相比原有的《城市规划法》更加强调城乡统筹，强化监督职能，进一步明确要求落实政府责任。

城乡一体化是指从系统的观点来看，城市和乡村是一个整体，其间人流、物流、信息流自由合理地流动；城乡经济、社会、文化相互渗透、相互融合、高度依赖，城乡差别很小，各种时空资源得到高效利用。在这样一个系统中，城乡的地位是相同的，但城市和乡村在系统中所承担的功能将有所不同。

城乡规划是指对一定时期内城乡的经济和社会发展、土地利用、空间布局及各项建设的综合部署、具体安排和实施管理。该规划包括城镇体系规划、城市规划、镇规划、乡规划和村庄规划。城市规划、镇规划按照编制城乡规划的阶段又可分为总体规划和详细规划。城乡规划可以保证经济、社会和环境在城乡空间上协调、可持续发展；为城市和村镇的建设和管理提供基本依据；促进和保障城乡规划及相关法律和方针政策的贯彻执行；保障城乡各项建设纳入城乡规划的轨道，促进城乡规划的实施；保障公共利益，维护国家、集体、公民个人等各方面合法权益。

## 本章学习重点

新的《城乡规划法》自2008年1月1日起颁布施行。本章主要介绍城镇体系规划、乡规划和村庄规划的相关内容，以及城乡规划实施管理办法和实施管理制度等。通过本章的学习，要了解城乡规划法的立法目的，理解城乡规划法与城市规划法的不同之处，重点掌握城镇体系规划的基本概念、主要内容及乡规划和村庄规划的内容，了解城乡规划的实施程序、实施管理方法和实施管理制度。

<br>

# 7.1

## 城乡规划发展的新理念

### 7.1.1　城乡规划的颁布及立法目的

2007 年 10 月 27 日，十届全国人大常委会第三十次会议通过《中华人民共和国城乡规划法》，自 2008 年 1 月 1 日起施行。在城乡规划法出台以前，我国有关城市和乡村规划管理的法律、行政法规有《中华人民共和国城市规划法》（1979 年 12 月 26 日第七届全国人民代表大会常务委员会第十一次会议通过、1990 年 4 月 1 日起施行）和《村庄和集镇规划建设管理条例》（1993 年 5 月 7 日国务院令第 116 号公布、1993 年 11 月 1 日起实施），简称"一法一条例"。随着近年来城镇化进程的加快和社会主义市场经济体系的逐步建立，原有的以"一法一条例"为基础的城乡规划管理体制、机制遇到了种种问题，为适应我国经济社会快速发展的需要，为城镇化发展服务的城乡规划法律制度也应当与时俱进，有必要根据城乡建设和规划管理新情况，对原有的"一法一条例"所确定的城乡规划法律制度作出相应的调整。

新的城乡规划法的立法目的主要包括以下三方面。

① 加强城乡规划管理。规划是人民政府行政管理权的重要内容之一。城乡规划管理就是要组织编制和审批城乡规划，并对城市、镇、乡、村庄的土地使用和各项建设的安排实施规划控制、指导和监督检查。城乡规划工作具有全局性、综合性，只有依法加强对城乡规划的管理，才能使依法批准的各类城乡规划得以落实，有序规范各项城乡建设活动。因此，加强城乡规划管理是城乡规划立法的直接目的。

② 协调城乡空间布局，改善人居环境。加强城乡规划管理是本法的直接目的，但立法不能仅为了加强规划管理。将城乡规划的编制、审批、实施及监督检查活动纳入法制化轨道，依法规范、管理城乡建设活动，其根本目的在于以人为本，实现城乡空间协调布局，为人民群众创造良好的工作和生活环境。

③ 促进经济社会全面协调可持续发展。好的城乡规划应当立足当前、面向未来、统筹兼顾、综合布局，要处理好局部利益与整体利益、近期建设与长远发展、经济建设与环境保护、现代化建设与历史文化保护等一系列关系，充分发挥城乡规划在引导城乡发展中的统筹协调和综合调控作用，促进城乡经济社会全面协调可持续发展。

### 7.1.2　新城乡规划法的特点

新《城乡规划法》是在总结十几年来《城市规划法》和《村庄和集镇规划建设管理条

例》施行的基础上所制定的法律，自 2008 年 1 月 1 日起施行，现行城市规划法同时废止。从城市规划法到城乡规划法，首次明确把村庄纳入规划，标志着中国将改变城乡二元结构的规划制度，进入城乡统筹的规划管理新时代。根据城乡规划法，包括城镇体系规划、城市规划、镇规划、乡规划和村庄规划在内的全部城乡规划，将统一纳入一个法律管理，目的是"协调城乡空间布局，改善人居环境，促进城乡经济社会全面协调可持续发展"。

《城乡规划法》的施行，将进一步强化城乡规划的综合调控作用，在城乡经济发展与建设中，加强对自然资源和文化遗产的保护与合理利用，加强对环境的保护，坚持社会的平衡发展，从而促进城乡经济社会全面协调可持续发展，实现全面建设小康社会的目标。

新的《城乡规划法》与 1990 年颁布实施的《城市规划法》最大的不同是强调城乡统筹，最显著的进展是强化监督职能，最明确的要求是落实政府责任。主要表现如下。

① 由"城市规划"到"城乡规划"调整的对象即从城市走向城乡，从而将原来的城乡二元法律体系转变为城乡统筹的法律体系。

② 从坚持的原则来看，老法是"指导建设"，而新法则是强调资源保护。

③ 从方法上来看，老法重规划的编制和审批，新法则重规划的实施和监督，这是二者最大的区别。

④ 新法则有严格的责任追究，并把对城乡规划主管部门自身工作的约束摆到重要的位置。

⑤ 老法强调规划部门的作用，新法则强调公众参与和社会监督。今后城乡规划报批前应向社会公告，且公告时间不得少于 30 天。组织编制机关应当充分考虑专家和公众的意见，并在报送审批的材料中附具意见采纳情况及理由。村庄规划在报送审批前，还要经村民会议讨论同意。

⑥ 新法完善了对违章建筑的处理机制，依法设定了责令停止建设、限期改正、处以罚款、限期拆除、没收违法实物或者违法收入等各类行政处罚和行政强制措施。

⑦ 在城市化快速发展阶段，规划必须充满弹性，才能动态地适应城市的快速变化。为此，新法同时也重视了规划的修改，专门设立一章，明确城乡规划修改的条件和修改审批的程序。

## 7.1.3　城乡规划的理念与方法创新

城市来自自然，但随着城市工业迅猛发展，城市离自然越来越远。随着城市化的加快和城市类型（基于功能分化）的迅速增加，城市与自然环境的矛盾日益突出。城市的扩展过程成为自然环境变为人工环境的过程，城市成为人类改造自然最为彻底的地方，城市发展对环境的负面效应也越来越得到关注。重新认知城市生态关系引发理念创新，而规划方法、建设方法和工程措施的创新更成为通向理想城市的必由之路。特别是随着城市科学的发展，人们对城市的认识轮廓越来越清晰，城市生态学理论的应用逐步得以普及。

传统城市规划方法从人口预测入手，根据建设用地标准估算建设用地规模。而一些大城市如北京的总体规划（1992 版）刚经国务院批准，城市用地规模就已经突破，而且经常出现城市土地的集约化利用程度低、生态环境破坏等问题。因此，针对传统从建设用地入手的城市规划所出现的诸多弊端，从非建设用地入手的城市规划是对传统城市规划方法的一个强有力的补充，是缓解传统城市规划与城市建设矛盾的一种全新而有效的尝试，正是在这样的尝试中创出了"禁止、限制和适宜建设的地域范围"的概念和思路。

从非建设用地入手进行城市规划，就是从自然要素的规律出发，分析其发展演变规律，在此基础上确定人类如何进行社会经济生产和生活，有效地开发、利用、保护这些自然资源要素，促进社会经济和生态环境的协调发展。实现了规划师与决策者们从"想建什么"到"不该建什么"的思维模式的转变，使得城市生态系统的完整性得以保障，最终使得整个区域和城市实现可持续发展。

具体方法在北京和广州都有应用，主要是在地面考查和认识地物的基础上，对处理过的卫星图像进行目视解译和计算机自动解译，按照一定的土地分类标准得出遥感影像的土地利用分类图，利用 GIS 空间分析功能对利用类型相同的土地进行叠加计算，得到不同土地利用类型叠加图，根据相关法规对各类土地利用限制条件进行分析，得出区域生态敏感性分析图谱。在此基础上将城市发展的硬约束固化在土地上，尽可能全面涵盖和明确城市非建设用地的范围及其具体要求，进而得出建设用地的最高阈值，反推有限土地可以承载的人口规模，然后通过常规的城市规划方法具体落实到地块，细化到控制性详细规划程度。这种方法在广州番禺区的应用效果很好，北京推出的《限建区规划》也是这种方法利用的成果集成。

## 7.2

## 城乡规划的层次体系

根据新的《城乡规划法》，城乡规划包括城镇体系规划、城市规划、镇规划、乡规划和村庄规划。城市规划、镇规划分为总体规划和详细规划。详细规划分为控制性详细规划和修建性详细规划。本节主要介绍城镇体系规划、乡规划和村庄规划的相关内容。

### 7.2.1　城镇体系规划

#### 1. 城镇体系规划基本概念

城镇体系是指在一个国家或相对完整的区域中，有不同职能分工、不同等级规模、空间分布有序、联系密切、相互依存的城镇群体。城镇体系规划是指一定地域范围内，以区域生产力合理布局和城镇职能分工为依据，确定不同人口规模等级和职能分工的城镇的分布和发展规划。

近年来，城镇体系规划的重要性日益得到重视。在 2007 年实施的《中华人民共和国城乡规划法》中明确规定："国务院城乡规划主管部门会同国务院有关部门组织编制全国城镇体系规划，用于指导省域城镇体系规划、城市总体规划的编制"。根据《城乡规划法》和

《城市规划编制办法》的相关内容，我国已经形成一套由国土规划→城镇体系规划→城市总体规划→城市分区规划→城市详细规划等组成的空间规划系列。城镇体系规划处在衔接国土规划和城市总体规划的重要地位。城镇体系规划既是城市规划的组成部分，又是区域国土规划的组成部分。

城镇体系规划要达到的目标：通过合理组织体系内各城镇之间、城镇与体系之间及体系与其外部环境之间的各种经济、社会等方面的相互联系，运用现代系统理论与方法探究整个体系的整体效益。城镇体系规划一方面需要合理解决体系内部各要素之间的相互联系及相互关系，另一方面又需要协调体系与外部环境之间的关系。其主要作用：①指导总体规划的编制，发挥上下衔接的功能；②全面考察区域发展态势，发挥对重大开发建设项目及重大基础设施布局的综合指导功能；③综合评价区域发展基础，发挥资源保护和利用的统筹功能。④协调区域城市间的发展，促进城市之间形成有序竞争与合作的关系。

城镇体系规划一般分为全国城镇体系规划、省域（或自治区域）城镇体系规划、市域（包括直辖市、市和有中心城市依托的地区、自治州、盟域）城镇体系规划、县域（包括县、自治县、旗、自治旗域）城镇体系规划4个基本层次。城镇体系规划区域范围一般按行政区划定。规划期限一般为二十年。

## 2. 城镇体系规划的内容

（1）全国城镇体系规划的内容

① 明确国家城镇化的总体战略与分期目标。落实以人为本、全面协调可持续的科学发展观，按照循序渐进、节约土地、集约发展、合理布局的原则，积极稳妥推进城镇化。与国家中长期规划相协调，确保城镇化的有序和健康发展。根据不同的发展时期，制定相应的城镇化发展目标和空间发展重点。

② 确立国家城镇化的道路与差别化战略。针对我国城镇化和城镇发展的现状，从提高国家总体竞争力的角度分析城镇发展的需要，从多种资源环境要素的适宜承载程度来分析城镇发展的可能，提出了不同区域差别化的城镇化战略。

③ 规划全国城镇体系的总体空间格局。构筑全国城镇空间发展的总体格局，并考虑资源环境条件、人口迁移趋势、产业发展等因素，分省区或分大区域提出差别化的空间发展指引和控制要求，对全国不同等级的城镇与乡村空间重组提出导引。

④ 构架全国重大基础设施支撑系统。根据城镇化的总体目标，对交通、能源、环境等支撑城镇发展的基础条件进行规划。尤其要关注自然生态系统的保护，它们事实上也是国家空间总体健康、可持续发展的重要支撑。

⑤ 特定与重点地区的规划。全国城镇体系规划中确定的重点城镇群、跨省界城镇发展协调地区、重要江河流域、湖泊地区和海岸带等，在提升国家参与国际竞争的能力、协调区域发展和资源保护方面具有重要的战略意义。根据实施全国城镇体系规划的需要，国家可以组织编制上述地区的城镇协调发展规划，组织制定重要流域和湖泊的区域城镇供水排水规划等，切实发挥全国城镇体系规划指导省域城镇体系规划、城市总体规划编制的法定作用。

（2）省域城镇体系规划的内容

① 制订全省（自治区）城镇化和城镇发展战略。包括确定城镇化方针和目标，确定城

市发展与布局战略。

②确定区域城镇发展用地规模的控制目标，并结合区域开发管制区划，确定不同地区、不同类型城镇用地控制的指标和相应的引导措施。

③协调和部署影响省域城镇化与城市发展的全局性和整体性事项。包括确定不同地区、不同类型城市发展的原则性要求，统筹区域性基础设施和社会设施的空间布局和开发时序，确定需要重点调控的地区。

④确定乡村地区非农产业布局和居民点建设的原则。包括确定农村剩余劳动力转化的途径和引导措施，提出农村居民点和乡镇企业建设与发展的空间布局原则，明确各级、各类城镇与周围乡村地区基础设施统筹规划和协调建设的基本要求。

⑤确定区域开发管制区划。

⑥按照规划提出的城镇化与城镇发展战略和整体部署，充分利用产业政策、税收和金融政策、土地开发政策等政策手段，制订相应的调控政策和措施，引导人口有序流动，促进经济活动和建设活动健康、合理、有序的发展。

（3）市域和县域城镇体系规划的主要内容

根据《城市规划编制办法》的规定，市域城镇体系规划应当包括下列内容。

①提出市域城乡统筹的发展战略。其中位于人口、经济、建设高度聚集的城镇密集地区的中心城市，应当根据需要提出与相邻行政区域在空间发展布局、重大基础设施和公共服务设施建设、生态环境保护、城乡统筹发展等方面进行协调和建议。

②确定生态环境、土地和水资源、能源、自然和历史文化遗产等方面的保护与利用的综合目标和要求，提出空间管制原则和措施。

③预测市域总人口及城镇化水平，确定各城镇人口规模、职能分工、空间布局和建设标准。

④提出重点城镇的发展定位、用地规模和建设用地控制范围。

⑤确定市域交通发展策略，原则确定市域交通、通信、能源、供水、排水、防洪、垃圾处理等重大基础设施、重要社会服务设施和布局。

⑥在城市行政管辖范围内，根据城市建设、发展和资源管理需要划定城市规划区。

⑦提出实施规划的措施和有关建议。

### 3. 城镇体系空间布局的基本类型

城镇体系空间布局是区域自然环境、经济结构和社会结构在空间上的一种投影，反映了一系列的规模不等、职能各异的城镇在空间的组合形式（低水平均衡阶段、集合发展阶段、集聚扩散阶段、高水平网络化发展阶段）。城镇体系空间规划布局的具体工作就是把不同职能和不同规模的城镇落实到空间，综合考虑城镇与城镇之间、城镇与交通网之间、城镇与区域之间合理结合。规划的主要内容包括：①分析区域城镇现状空间网络的主要特点和城市分布的控制性因素；②区域城镇发展条件的综合评价，找出地域结构的地理基础；③设计区域不同等级的城镇发展轴线，高级的轴线穿越区域城镇发展条件最好的部分，尽可能多的城镇；④综合各城镇在职能，规模和网络结构中的分工和地位，将它们今后的发展对策进行归类，为未来生产力布局提供参考；⑤根据城镇间和城乡间交互作用的特点，划分区域内的城市经济区，充分发挥城市的中心作用，促进城乡经济的结合，带动全区经济的发展。

这里以市域城镇的空间组合为例介绍空间布局的基本类型。市域城镇空间由中心城区及周边其他城镇组成，主要有如下几种组合类型（图7-1）。

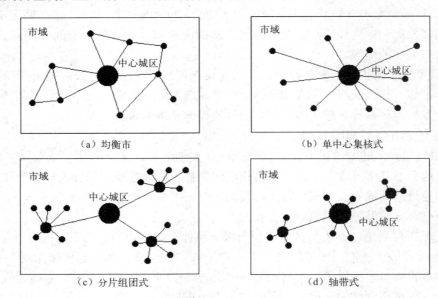

（a）均衡市　　　　　　　　　　　　（b）单中心集核式

（c）分片组团式　　　　　　　　　　（d）轴带式

图7-1　市域城镇空间布局的基本类型

① 均衡式：市域范围内中心城区与其他城镇的分布较为均衡，没有呈现明显的聚集。

② 单中心集核式：中心城区聚集了市域范围内大量资源，首位度高，其他城镇的分布呈现围绕中心城区、依赖中心城区的态势，中心城区往往是市域的政治、经济、文化中心。

③ 分片组团式：市域范围内城镇由于地形、经济、社会、文化等因素的影响，若干个城镇聚集成组团，呈分片布局形态。

④ 轴带式：这类市域城镇组合类型一般是由于中心城区沿某种地理要素扩散，如交通道路、河流及海岸线等，市域城镇沿一条主要延伸轴发展，呈"串珠"状发展形态。中心城区向外集中发展，形成轴带，市域内城镇沿轴带间隔分布。

近几年，各个层次的城镇体系规划得到高度重视，各省市纷纷进行了新一轮的城镇体系规划。如《京津冀都市圈区域规划》（图7-2）是国家"十一五"规划中的一个重要的区域规划，区域发展规划按照"7+2"的模式制订：包括北京、天津两个直辖市和河北省的石家庄、秦皇岛、唐山、廊坊、保定、沧州、张家口、承德7地市。

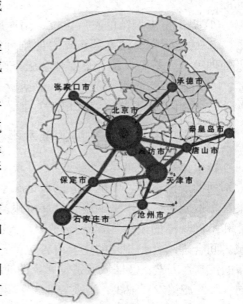

图7-2　京津冀都市圈区域规划

## 7.2.2 乡规划和村庄规划

1993 年 6 月国务院发布了《村庄和集镇规划建设管理条例》，对于加强城市和乡村的规划、建设与管理，遏制城市和乡村的无序建设等问题，起到了重要作用。但是，经过 10 多年来的发展变化，我国乡村规划工作也面临着一些新问题：一是城乡分割的规划管理制度不能适应城镇化快速发展的需要，由于城乡二元化的规划管理体制，实践中由两个部门分别负责城市规划和乡村规划的编制管理，客观上使得城市和乡村规划之间缺乏统筹考虑和协调。这种就城市论城市、就乡村论乡村的规划制度与实施模式，已不能适应城镇化快速发展的需要；二是乡村规划制定和实施的管理相对滞后，农村建设量大面广，加上乡村规划管理力量薄弱，管理手段不足，难以应对日益增加的农民住宅、公益设施和乡镇企业等建设的要求，乡村中无序建设和浪费土地的现象严重。一些乡村虽然制定了规划，但由于没有体现农村特点，难以满足农民生产和生活的需要。

为了落实城乡统筹发展的要求和建设社会主义新农村的需要，必须做到规划先行、全盘考虑、统筹协调，避免盲目建设，从根本上改变农村建设中存在的没有规划、无序建设和土地资源浪费的现象。对此，《城乡规划法》对乡规划和村庄规划的制定和实施也作出了相应的规定，如明确乡规划和村庄规划的编制主体、编制程序、内容及实施等内容。《城乡规划法》第三条乡村规划的编制作出了规定："县级以上地方人民政府根据本地农村经济社会发展水平，按照因地制宜、切实可行的原则，确定应当制定乡规划、村庄规划的区域。在确定区域内的乡、村庄，应当依照本法制订规划，规划区内的乡、村庄建设应当符合规划要求。县级以上地方人民政府鼓励、指导前款规定以外的区域的乡、村庄制定和实施乡规划、村庄规划。"

乡规划是指对一定时期内乡的经济和社会发展、土地利用、空间布局以及各项建设的综合部署、具体安排和实施管理。村庄规划是指在其所在乡（镇）域规划所确定的村庄规划建设原则基础上，对一定时期内村庄的经济发展进行综合布局，进一步确定村庄建设规模、用地范围和界线，安排村民住宅建设、村庄公共服务设施和基础设施建设，为村民提供适合当地特点并与社会经济发展水平相适应的人居环境。村庄规划主要是安排农民的住宅基地和少量公共建筑。中心村的建设规划，除布置建筑物外，还要安排必要的生活服务设施和简易的公用工程设施。乡规划、村庄规划应当从农村实际出发，尊重村民意愿，体现地方和农村特色。

# 7.3

## 城乡规划的实施管理

城乡规划的实施管理，就是按照法定程序编制和批准的城乡规划，依据国家和各级政府颁布的城乡规划管理有关法规和具体规定，采用法制的、社会的、经济的、行政的和科学的管理方法，对城乡的各项用地和建设活动进行统一的安排和控制，引导和调节城乡的各项建设事业有计划有秩序地协调发展，保证城乡规划的目标得以实现。形象地讲，就是通过有效途径和手段安排各项当前建设活动，把城乡规划的设想落实在土地上，使其成为现实，具体化。

## 7.3.1　城乡规划实施管理方法

根据《城乡规划法》的规定，城乡规划实施管理主要由依法采取行政的方式行使管理职能，兼采用科学技术的方法和社会监管的方法及经济的方法，结合起来综合运用，以达到加强城乡规划实施管理的目的。

（1）行政的方法

《城乡规划法》第三章明确规定，城乡规划的实施，主要由城乡规划主管部门依法对建设项目选址、建设用地、建设工程、乡村建设的当前建设项目实施行政管理，即依法行政。需要经过申请、审查、核定、提出规划条件、报批、复核、核发规划许可证等一系列程序和手段来实施行政许可的管理职能。换而言之，就是依靠行政组织，根据行政权限，运用行政手段，履行行政手续，按照行政方式来进行城乡规划实施管理。城市、县人民政府城乡规划主管部门是具体进行城乡规划实施管理、核发规划许可证的行政主体。

（2）法制的方法

我国已经颁布了一系列关于城乡规划、建设和管理的法律、行政法规、部门规章、地方性法规、地方政府规章和规范性文件，初步具备了有法可依的条件。依法行政，就是城乡规划主管部门在城乡规划实施管理的过程中，必须依照法律规范的规定行事，有法必依，严格执法，依法办事，不得违法，违法必究。城乡规划实施管理的过程是一个具体执法的过程。一方面，城乡规划主管部门要加强对法律法规的宣传，使大家知法、懂法、守法，以便规范自己的建设行为；一方面，城乡规划主管部门要依法行政，运用法律手段认真执法，法有授权必须行，法无授权不得行，正确用法，自觉守法，充分调动法律规范来履行城乡规划实施管理工作。

（3）科学技术的方法

《城乡规划法》第十条规定："国家鼓励采用先进的科学技术，增强城乡规划的科学性，提高城乡规划实施监督管理的效能。"这就指出了在城乡规划实施管理中运用科学技术方法的要求，即应当采用当代的先进科学方法、先进技术、先进设备来加强规划管理工作。采用科学技术的方法是一种辅助管理的方法，它能够提高城乡规划实施管理的效能，把管理工作提升到一个新的水平。科学技术的方法，不仅包括基础资料的科学准确性、电脑运用、办公自动化和网上实施管理等，还应包括先进的管理理念、专家咨询、科学决策和效能监察等。

（4）社会监管的方法

《城乡规划法》不仅对城乡规划制定过程中的公众参与作了明确规定，对于城乡规划实施管理过程中的公众参与也作了规定，一是任何单位和个人有权就涉及其利害关系的建设活动是否符合规划的要求向城乡规划主管部门查询；二是有权举报或者控告违反城乡规划的行为；三是应将经审定的修建性详细规划、建设工程设计方案的总平面图予以公布；四是应将依法变更后的规划条件公示等。这些措施和方式，就是通过法律规定，促进城乡规划实施管理中的政务公开，便于公众参与，增强社会监管的力度，从而运用社会监管的方法来加强城乡规划实施管理工作。

（5）经济的方法

经济的方法，就是通过经济杠杆，运用价格、税收、奖金、罚款等经济手段，按照客观经济规律的要求来进行管理，这是对行政管理的方法的补充。《城乡规划法》在"法律责任"一章中规定了对于违法建设的罚款和竣工验收资料逾期不补报的罚款处罚，就是城乡规划实施管理中关于经济方法的运用。

## 7.3.2　城乡规划实施管理制度

根据《城乡规划法》，城乡规划许可制度由"建设项目选址意见书"、"建设用地规划许可证"和"建设工程规划许可证"以及"乡村建设规划许可证"四项制度构成。城市、镇称"一书两证"、乡村称"一证"。规划实施许可制度的设立，体现了城乡规划同时规范政府行为和管理相对于人的双重功能和职责，确立了城乡规划对城乡建设活动实施综合调控和具体管理的工作机制和程序，为城乡规划的实施管理提供了有效的制度保障。

① 建设项目选址规划管理。按照国家规定需要有关部门批准或者核准的建设项目，以划拨方式提供国有土地使用权的，建设单位在报送有关部门批准或者核准前，应当向城乡规划主管部门申请核发选址意见书。

② 建设用地规划管理。在城市、镇规划区内以划拨方式提供国有土地使用权的建设项目，经有关部门批准、核准、备案后，建设单位应当向城市、县人民政府城乡规划主管部门提出建设用地规划许可申请，由城市、县人民政府城乡规划主管部门核发建设用地规划许可证。以出让方式取得国有土地使用权的建设项目，在签订国有土地使用权出让合同后，建设单位应当持建设项目的批准、核准、备案文件和国有土地使用权出让合同，向城市、县人民政府城乡规划主管部门领取建设用地规划许可证。

③ 建设工程规划管理。在城市、镇规划区内进行建筑物、构筑物、道路、管线和其他工程建设的，建设单位或者个人应当向城市、县人民政府城乡规划主管部门或者省、自治区、直辖市人民政府确定的镇人民政府申请办理建设工程规划许可证。对符合控制性详细规划和规划条件的，由城市、县人民政府城乡规划主管部门或者省、自治区、直辖市人民政府确定的镇人民政府核发建设工程规划许可证。

④ 乡村建设规划管理。在乡、村庄规划区内进行乡镇企业、乡村公共设施和公益事业建设的，建设单位或者个人应当向乡、镇人民政府提出申请，由乡、镇人民政府报城市、县人民政府城乡规划主管部门核发乡村建设规划许可证。进行乡镇企业、乡村公共设施和公益事业建设以及农村村民住宅建设，确需占用农用地的，应当办理农用地转用审批手续后，由城市、县人民政府城乡规划主管部门核发乡村建设规划许可证。建设单位或者个人在取得乡村建设规划许可证后，方可办理用地审批手续。

本章思考题

1. 试分析《城乡规划法》与《城市规划法》的不同之处。

2. 什么是城镇体系规划？城镇体系规划包括哪些内容？

3. 市域城镇体系空间布局的基本类型有哪些？请分别图示说明。

4. 分别简述全国、省域、市域及县域城镇体系规划的主要内容。

5. 简述乡村建设规划管理的内容。

6. 城乡规划实施管理的主要方法有哪些？

7. 城乡规划许可制度有哪些制度构成？城乡规划实施管理的主要内容有哪些？

# 第 8 章
# 城市规划的行政与实施

**8**

## 概　述

　　对城市进行规划，实施规划管理，涉及对自然规律的社会规律的把握，因此城市规划是一门科学性、技术性很强的学科。现代城市规划的兴起与公共政策、公共干预密切相关，城市规划表现为一种政府的行为，其作为城市政府的一项职能，总是积极主动地干预人们的社会和私人生活。并且，国家或城市政府总是不断调整自己的政策，以达到政府工作的目的，提升城市功能。因而，政府机关总是更关心自己的政治目标，对于各种社会矛盾具有明确的倾向性。

　　城市规划在实施中又表现为对城市土地和空间资源的合理配置，涉及社会各方面的利益关系，以及资源开发利用的价值判断和对人们行为的规范。无论是对城市规划实施管理的主动行为，还是对开发活动的被动控制，都必然联系到权威的存在和权力的应用。纵观世界各国，城市的建设和管理均是城市政府的一项主要职能，城市规划的制定与实施与行政权力相联系。政府的规划行政权力来源于立法授权。

　　在我国，随着法制建设的不断深入，城市规划行政的立法授权体系也基本形成。《中华人民共和国宪法》、《中华人民共和国地方各级人民代表大会和地方各级人民政府组织法》，以及其他的有关行政法律赋予国务院和地方人民政府领导和管理经济工作和城乡建设的权力。1990 年起实施的《中华人民共和国城市规划法》和 2008 年起实施的《中华人民共和国城乡规划法》，以国家法律的形式规定了城市规划制定和实施的要求，明确了规划工作的法定主体和程序。我国通过城市规划法及其相关法规，配套法规的建设，使各级城市规划行政主体获得了相应的授权，明确了规划行政管理的原则，内容和程序，从而使城市规划行政实现了有法可依，城市规划逐步走向了法制化的轨道。

## 本章学习重点

　　城市的建设和管理均是城市政府的一项主要职能，城市规划的制定与实施与行政权力相联系。本章重点掌握城市规划的行政行为的特征、内容和城市规划的实施机制、原则、程序及管理等知识。

## 8.1

# 城市规划的行政行为

行政行为是指行政主体行使行政职权，对国家行政事务进行管理并能够产生行政法律效果的行为。我国宪法和法律赋予了中央和地方人民政府领导和管理城乡建设的职权，城市规划是城乡建设工作的重要环节。政府及其城市行政主管部门根据法律、法规授权行使城市规划行政管理权限。

## 8.1.1　城市规划行政行为的特征

### 1. 城市规划行政行为是规划行政主体的行为

城市人民政府及其规划行政主管部门是城市规划行政法律关系中依法代表国家行使规划行政管理职权的当事人。受行政机关委托的机构或个人所实施的行为，视同委托行政机关的行为。

### 2. 城市规划行政行为是规划行政主体对城市规划进行管理的行为

并非城市规划部门实施的所有行为都是行政行为。行政主体为了维持自身机构的正常运转，还要实施很多民事行为和内部管理行为，这些都不属于行政行为。只有行政主体行使国家行政权力对公共事务进行的管理行为，才称行政行为。

### 3. 城市规划行政行为是产生法律效果的行为

这是指对城市规划行政相对方权力义务的发生、变更、或消失，对相对方的权益产生影响。规划行政机关的宣传、调查、指导等行为不直接产生法律效果，不是行政意义上的行政行为，但也是其职权行为，有积极意义。

## 8.1.2　城市规划行政行为的内容

行政行为是一种依法的行为，其内容是对权利和义务规定的。在整个城市规划编制、实施的过程中，城市规划行政行为的主要内容有以下几个方面。

### 1. 设定权利和设定义务

城市规划行政中设定权利是指规划行政主体依法制定规范性文件、组织编制和审批法定规划，或通过许可管理，赋予相对方某种权利和权能。所谓权利是指能够从事某种活动或行为的一种能力，如建设单位根据已批准的规划，在获得建设用地规划许可证后可申请用地，在获得建设工程规划许可证后可申请办理开工手续。所谓权能是指能够从事某种活动的资格，如获得城市规划设计资格证书后，规划设计单位才有资格从事城市规划设计工作。

城市规划行政中设定义务是指，规划行政主体要求相对方为一定行为或不为一定行为。在城市规划管理中有大量涉及设定义务的行政行为。如在办理的"建设项目选址意见书"中提出了规划设计条件，即为要求建设方为一定行为和不为一定行为；编制和审批城市规划则是规定了土地的一定使用方式和不可使用的方式，如确定一块土地为公共绿地的用途即为禁止这块土地的其他使用方式；对违法建设工程的处罚则可以是设定拆除违法建筑的义务，并可设定交纳罚款的义务。

### 2. 撤销权利和免除义务

撤销权利是指行政行为主体依法撤销或剥夺相对方既得或已设定的法律上的权能和权利。如吊销规划许可证，吊销规划设计资格证书，责令停工等，都是对权力的撤销或剥夺。

免除义务是指行政主体免除相对人所有的作为或不作为的义务。免除作为义务称作"免除"，免除不作为义务称作"许可"。前者如免除某些规划管理的规费，后者如允许某项建设或规划条件变更。

### 3. 变更法律地位

变更法律地位是指，行政主体依法对相对原有的法定地位加以变化和更改，导致原来所享有的权利或承担义务的扩大或缩小。例如对城市规划设计单位资格等级升或降；通过调整规划，对相对方使用的土地的规划性质作出改变，如将工业用地改为商业用地。这些变化都将导致相对方权利和义务的变化。

### 4. 确认法律事实

确认法律事实是指，行政主体依法对相对方的法律地位、法律关系和法律事实进行甄别，给予确定、认可、证明的具体行政行为。在城市规划行政管理工作中，根据《中华人民共和国城市规划法》及其配套法规，确认性的行政行为是很多的。例如建设单位在申请"建设用地规划许可证"和"建设工程规划许可证"时，必须附送有关文件、图纸、资料，使城市规划行政主体对其申请资格和申请条件进行确认；对违法建设工程作出处罚，也是先要对违法建设的事实加以认定，确认违法的法律事实。

### 5. 赋予特定物以某种法律性质

赋予特定物以法律性质是指，行政主体对特定物原不具有的法律性质加以设定，并因此对他人产生法律效果。如城市规划主体将城市中的某些地段划为历史街区，加以保护，则开发将受限制；在机场周围划定净空控制区，则控制区的建筑高度将受特殊控制。

## 8.2

# 城市规划的实施

城市规划的编制的目的是为了实施，即通过依法行政和有效的管理手段把制定的规划逐步变为现实。城市规划的实施是一个综合性的概念，既是政府的职能，也涉及公民、法人和社会团体的行为。

## 8.2.1　城市规划的实施机制

### 1. 城市规划实施的法律机制

城市规划实施的法律机制与行政机制相衔接，但有不同的内涵，城市规划实施的法律机制体现如下。

① 通过行政法律、法规的制定来为城市规划行政行为授权和提供实体性、程序性依据，从而为调节社会利益关系，维护经济、社会、环境的健全发展提供条件。

② 公民、法人和社会团体为了促进城市规划有效、合理地实施，为了维护自己的合法权利，可以依法对城市规划行政机关作出的具体行政行为提出行政诉讼。司法程序是城市规划实施中维护人民、法人和社会团体利益的保障。

③ 法律机制也是行政行为的执行保障。

### 2. 城市规划实施的行政机制

城市规划实施的行政机制是指，城市人民政府及其城市规划行政主管部门依据宪法、法律和法规的授权，运用权威性的行政手段，采取命令、指示、规定、计划、标准、通知许可等行政方式来实施城市规划。城市规划主要是政府行为，在城市规划的实施中，行政机制具有最基本的作用。我国宪法赋予了县级以上地方各级人民政府依法管理本行政区的城乡建设的权利。新出台的城乡规划法更明确授予了城市人民政府及城市规划行政主管部门在组织编制、审批、实施城市规划方面的种种权力。

（1）行政机制的法理基础

行政机制的基础在于政府机关享有行政行为的羁束权限及自由裁量权限，即政府的行政行为既有确定性和程序性的一面，又有可以审时度势和灵活应对客观事物的一面，可通过个案审定来作出决策，城市规划行政机构依法享有的羁束权限及自由裁量权限的存在是规划实施行政机理的法律依据。

（2）行政机制的有效条件

行政机制发挥作用，产生应有的效力，需要有几个条件。主要为：①法律、法规对行政程序和行政权限有明确、完整的授权，使行政行为有法可依、有章可循。②行政管理事物的主题明确、行政机构的结构完整，有相应的行政决策、管理、执行、操作的层级，从而使行政管理真正落到实处。③公民法人和社会团体支持和服从国家行政机关的管理。在出现行政争议的时候，可以通过法定程序加以解决。④有国家强制力为后盾，依法的行政行为是具有法律效果的行为。

### 3. 城市规划实施的财政机制

财政是国家为实现其职能，在参与社会产品分配和再分配过程中与各方面发生的经济关系。这种分配关系与一般的经济活动所体现的关系不同，它是以社会和国家为主体，凭借政治、行政权力而进行的一种强制性分配。因此也可以说，财政是关于利益分配与资源配置的行政。

财政机制在城市规划实施中表现为：

① 政府可以按城市规划的要求，通过公共财政的预算拨款，直接投资兴建某些重要的城市设施，特别是城市重大基础工程设施和大型公共设施；

② 政府经必要的程序可发行财政债券来筹集城市建设资金，以加强城市建设；

③ 政府可以通过税收杠杆来促进和限制某些投资和建设活动，以实现城市规划的目标。

### 4. 城市规划实施的经济机制

经济机制是指平等民事主体之间的民事关系，是以自愿等价交换为原则。城市规划实施中的经济机制是对行政机制、财政机制及法律机制的补充，是以市场为导向的平等民事主体之间的行为。城市人民政府及其城市规划行政主管部门既是规划行政主体，同时又享有民事权力。城市规划实施中经济机制的引进，是政府部门主动运用市场力量来促进城市规划的实施。

根据改革开放以来的实践，城市规划实施中经济机制主要表现如下。

① 政府以法律规定及城市规划的控制条件有偿出让国有土地使用权，从而既实现了符合规划的物业开发，又可为城市建设筹集资金。

② 政府借贷以解决实施城市规划的资金缺口。借贷是要还本付息的，所以是一种民事的经济关系。

③ 城市基础设施使用的收费，包括各种附加费，通过有偿服务来筹集和归还基础设施的建设资金，并维持正常运转，从而使城市规划确定的基础设施得以实施。

④ 通过出让某些城市基础设施的经营权来加快城市基础设施建设，包括有偿出让基础设施的经营权，以及采用 BOT 方式，即让非政府部门来投资建设，并在一定期限内经营某些城市设施，经营期满后再将有关设施交返给政府部门。

### 5. 城市规划实施的社会机制

城市规划设施的社会机制是指公民、法人和社会团体参与城市规划的制定和实施、服从城市规划、监督城市规划实施的制度安排。城市规划实施的社会机制体现为以下几个方面。

① 公众参与城市规划的制定，有了解情况、反映意见的正常渠道。

② 社会团体在制定城市规划和监督城市规划实施方面的有组织行为。

③ 新闻媒体对城市规划制定和实施的报道和监督。

④ 城市规划行政管理做到政务公开，并有健全的信访、申述受理和复议机构及程序。

## 8.2.2　城市规划实施的原则

### 1. 行政合法原则

行政合法首要的和基本的原则是行政合法性原则，它是社会主义法制原则在行政管理中的体现和具体化。行政合法原则的核心是依法行政，其主要内容如下。

① 任何行政法律关系的主体都必须严格执行和遵守法律，在法定范围内依照法律规定办事。

② 任何行政法律关系的主体都不能享有不受行政调节的特权，权力的享有和义务的免除都必须有文明的法律依据。

③ 国家行政机关进行行政管理必须有明文的法律依据。

④ 任何违反行政法律规范的行为都是行政违法行为，它自发生之日起就不具有法律效力。一切刑侦违法主体和个人都必须承担相应的法律责任。

### 2. 行政合理原则

行政合理原则的宗旨在于解决行政机关行政行为的合理性问题，这就要求行政机关的行政行为在合法的范围之内还必须做到合理。

行政合理原则的具体要求是：行政机关在行使自由裁量权时，不仅应事实清楚，在法律、法规规定的条件和范围内做出行政决定，而且要求这种决定符合立法目的。

### 3. 行政效率原则

遵循依法行政的原则并不意味着可以不讲行政效率。廉洁高效是人民群众对政府的要求，提高行政效率是国家行政改革的基本目标。为追求效率，行政管理机关一般都采用首长负责制。在法律规定的范围内决策，按法定的程序办事，遵守操作规则，将大大提高行政效率，有助于避免失误和不公正，减少行政争议。

### 4. 行政统一原则

（1）行政权统一

我国实行人民代表大会制度的权力分工原则，行政权由行政机关统一行使。

（2）行政法制统一

行政法制统一是指行政法律制度的统一。我国行政法律规范由多级主体制定。这就要求各级主体所制定的行政法律规范的内容要相互协调、衔接，不能相互抵触和冲突；不同的主体制定不同效力等级的行政法律规范要遵守立法的内在等级程序。此外，城市规划的建设管理要与已批准的城市规划相统一。

（3）行政行为统一

行政权力的属性要求在行政机关内部要下级服从上级，地方服从中央。一个国家的管理是否有效，取决于他的行政是否统一。行政统一原则要求政府上下级之间要有良好的信息沟通渠道，要做到政令通畅、令行禁止。

### 5. 行政公开原则

行政公开原则是社会主义民主与法制原则的具体体现，要求国家行政机关的各种职权行为除法律特别规定的外，应一律向社会公开。具体要求如下。

① 行政立法程序、行政决策程序、行政裁决程序和行政诉讼公开。

② 一切行政法规、规章和规范性文件必须向社会公开，未经公布者不能发生法律效力，更不能作为行政处理的依据。

③ 国家行政机关及公务员在进行行政处理时，必须把处理的主体、处理的程序、处理的依据、处理的结果公开，接受相对人的监督，并告知相对人对不服处理的申诉或起诉的时限和方式。

④ 行政相对人向行政主体了解有关的法律、法规、规章、政策时，行政主体有提供和解释的义务。

## 8.2.3　城市规划的实施程序

为保证城市规划实施，城市规划实施管理必须贯穿于城市建设活动的全过程，从建设项目立项、可行性研究报告到选址定点；从建设用地和建设工程报建审批，到发证、放线验线，进行规划建设的监督检查和竣工验收等，已经建立了一整套行之有效的城市规划实施管理程序制度。归纳起来，可分为三个步骤：一是建立依据，二是报建审批，三是批后管理。

### 1. 建立依据

建立科学的合法的依据是城市规划能够顺利实施的第一道程序。城市规划实施管理的依据，主要有四个方面：一是计划依据，包括建设项目可行性研究报告、批准的计划投资文件等；二是规划依据，包括经过批准的城市总体规划、近期建设规划、分区规划、控制性详细规划、修建性详细规划的文件与图纸，以及已经城市规划行政主管部门审核批准的用地红线图、总平面布置图、道路设计图、建筑设计图、工程管线设计图等；三是法规依据，包括有关法律、行政法规、部门规章、地方法规、地方规章、行政措施，以及城市规划部门依法制定的行政制度，工作程序的规定和核发的"一书两证"等；四是经济技术依据，包括国家和地区性的各项技术规范、经济技术指标，以及城市规划行政主管部门提出的经济技术要求。

## 2. 报建审批

报建审批是城市规划实施管理的关键程序。主要是对建设用地和建设工程的超前服务，受理审查，现场踏勘，征询环保、消防、文物、土地、防疫等有关部门的意见，上报市政府和有关领导审批，核发建设用地规划许可证和建设工程规划许可证等。例如，北京市明确规定建设用地和建设工程的报建审批按照下列程序办理：①确定建设地址；②核发建设用地规划许可证；③确定规划设计条件；④审定设计方案；⑤核发建设工程规划许可证。

## 3. 批后管理

签发建设用地规划许可证和建设工程规划许可证，绝非城市规划实施管理的终结。城市规划行政主管部门还必须负责对建设项目规划审批后的检验和监督检查工作，包括对建设用地的复核、建设工程的放线验线、竣工验收等，以及对违法用地和违法建设的查禁、行政处罚工作。加强批后管理是城市规划实施管理中不可忽视的重要环节。

# 8.2.4　城市规划的实施管理

## 1. 城市规划实施管理

城市规划管理，包括城市规划编制管理、城市规划审批管理和城市规划实施管理等三部分。我们通常所说的城市规划管理，主要是指城市规划的实施管理。

城市规划实施管理，就是按照法定程序编制和批准的城市规划，根据国家和各级政府颁布的城市规划管理有关法规和具体规定，采用法制的、社会的、经济的、行政的、科学的管理方法，对城市的各项用地和当前建设活动进行统一的安排和控制，引导和调节城市的各项建设事业有计划有秩序地协调发展。

## 2. 城市规划实施管理的原则

城市规划实施管理是一项综合性、复杂性、系统性、实践性、科学性很强的技术，行政管理工作直接关系着城市规划能否顺利实施，为了把城市规划实施管理搞好，在城市规划实施管理中应当严格遵循下列基本原则来进行管理。

（1）法制化原则

对于城市规划区的土地利用和各项建设活动，都要严格依照《城乡规划法》的有关规定进行规划管理。也就是要以经过批准的城市规划和有关的城市规划管理法则为依据，防止和抵制以言代法，以权代法的行为，对一切违背城市规划和有关城市规划管理法则的违法行为，都要依法追究当事人应负的法律责任。

充分运用法制管理手段，是切实搞好城市规划实施管理工作的根本保证。要做好这一点，就要求各级城市规划行政主管部门抓紧城乡规划法制建设工作，以《城乡规划法》为中心和基本依据，尽快建立健全城市规划法律法规，行政主管部门履行职能，避免不必要的行政干预。

（2）公开化原则

经过批准的城市规划要公布实施，一经公布，任何单位和个人都无权擅自改变，一切与城市规划有关的土地利用和建设活动都必须按照《城乡规划法》的规定进行。相应的还需要将城市规划管理审批程序、具体办法、工作制度、有关政策和审批结果以及审批工作过程置于社会监督之下，促使城市规划行政主管部门提高工作效率并公正执法，同时也可以使规划管理工作的行政监督检查与社会监督相结合，运用社会管理手段，更加有效地制约和避免各种违反城市规划实施的因素发生。

（3）程序化原则

要使城市规划实施管理遵循城市发展与规划建设的客观规律，就必须按照科学的审批管理程序来进行。也就是要求在城市规划区内的使用土地和各种建设活动，都必须依照《城乡规划法》的规定，经过申请、审查、征询有关部门意见、报批、核发有关法律性凭证和批后管理等必要的环节来进行，否则就是违法。这样就可以有效地防止审批工作中的随意性，切实制止各种不按科学程序进行审批的越权和滥用职权的行为发生。

（4）协调的原则

这包括两方面：一是要依据《城乡规划法》，做好与相关法律的协调，理顺与有关行政主管部门的业务关系，分清职责范围，各司其职，各负其责，避免产生矛盾，避免出现多头管理的不正常现象；二是要明确规定各级城市规划行政主管部门的职能，做到分工合作，协调配合，防止越级和滥用职权审批的现象发生。

城市规划管理工作坚持协调的原则，要注意两点：一是必须明确城市规划行政主管部门是进行城市规划管理的唯一职能部门，城市规划区内的土地利用和各项建设活动都必须服从城市规划行政主管部门的规划安排和行政管理；二是城市规划实施管理审批权应当集中在市一级城市规划行政主管部门，不能随意下放，其中有关法律性证书即"一书两证"的核发，则必须由城市规划行政主管部门统一办理。

（5）加强监督检查的原则

城市发展建设的长期性，决定城市规划实施管理工作是一项经常性的不间断的长期工作。要保证城市规划能够顺利实施，各级城市规划行政主管部门就必须将监督检查工作作为城市规划实施管理工作一项重要内容抓紧抓好。加强监督检查，一是要做好土地使用和建设活动的批后管理，促使正在进行中的各项建设严格遵守城市规划行政主管部门提出的要求；二是要做好经常性的日常监督检查工作，及时发现和严肃处理各类违反城市规划的违法活动；三是做好城市规划行政主管部门执法过程中的监督检查，及时发现并纠正偏差，严肃管理各种违法渎职行为，督促提高城市规划实施管理的质量水平。

本章思考题
1. 城市规划实施应遵循什么原则？
2. 我国城市规划如何审批？
3. 简述城市规划行政行为的特征？
4. 简述城市规划的实施程序？
5. 城市规划实施程序有哪些步骤？

# 附录 A　城市规划模拟试题

## A.1　模拟试题 1

**一、选择题**

1. 下列不属于城镇体系规划编制的基本原则的是（　　）。
   A. 因地制宜的原则
   B. 经济社会发展与城镇化战略互相促进的原则
   C. 区域空间整体协调发展的原则
   D. 可持续发展的原则

2. 城市工程管线综合规划中，下列哪项做法是正确的？（　　）
   A. 规划各种工程管线可采用自定的坐标及标高系统
   B. 管线综合布置应与总平面布置、竖向设计、绿化布置统一进行
   C. 各种工程管线考虑在道路用地范围内对称布局
   D. 各种工程管线在同一空间内应尽可能分散布局

3. 下列哪项不属于城市用地竖向规划的基本工作内容？（　　）
   A. 确定城市道路的控制纵坡度
   B. 解决城市规划用地的各项控制标高
   C. 平整土地、改造地形
   D. 组织地面排水，分析地面坡向、分水岭、汇水沟、地面排水

4. 下列哪项是编制分区规划的主要任务？（　　）
   A. 确定各类不同性质用地界线，规定其适建或不适建要求
   B. 对城市土地利用、人口分布和公共设施、城市基础设施的配置做出进一步的安排
   C. 规定建设用地规划管理要求
   D. 直接对建设作出具体安排和规划设计

5. 相对集中布局形态一般可分为（　　）、带状式、沿河多岸组团式等形态。
   A. 块状式
   B. 姐妹城式
   C. 主辅城式
   D. 点条式

6. 块状式城市布局形状有圆形、椭圆形、正方形、长方形等，下面（　　）属于此种布局类型。
   A. 银川
   B. 长春
   C. 青岛
   D. 泸州

7. 我国居住用地分类中，下列哪项不是构成二类居住用地的条件？（　　　）

　　A. 市政公用设施齐全

　　B. 布局完整，环境较好

　　C. 以中、高层住宅为主

　　D. 有较好的绿地生态环境

8. 下列哪项描述是不正确的？（　　　）

　　A. 工业区布局应考虑企业间的生产协作

　　B. 危险品加工企业不宜布置在城市的上风向

　　C. 加工业企业应尽量在市区内集中安排

　　D. 城市水厂不宜安排在流经城市河流的下游

9. 居住区用地内，计算道路用地面积，下列哪项是不符合规定的？（　　　）

　　A. 居住区级道路，按红线宽度计算

　　B. 组团道路按路面宽度计算

　　C. 宅间小路按实际用地面积计算

　　D. 居民小汽车及单位通勤车停车面积，按实际占地面积计算

10. 停车场按停车形式分，包括（　　　）和路外停车。

　　A. 路边停车

　　B. 场内停车

　　C. 机动车停车

　　D. 自行车停车

11. 《城乡规划法》所称城乡规划，包括城镇体系规划、城市规划、镇规划和（　　　）。

　　A. 乡村规划

　　B. 村庄规划

　　C. 乡规划

　　D. 乡规划和村庄规划

12. 以下不属于城市规划实施管理的依据的是（　　　）。

　　A. 计划依据

　　B. 规划依据

　　C. 经济技术依据

　　D. 财政依据

13. 城市规划实施的行政合法原则的核心是（　　　）。

　　A. 依法行政

　　B. 严格执法

　　C. 法律面前，人人平等

　　D. 合理合法

14. 行政合理原则的宗旨在于解决行政机关（　　　）的合理性问题。

　　A. 行政权力

　　B. 行政行为

  C. 行政权限

  D. 行政决定

**二、填空题**

1. 我国古代城市规划思想最早形成的时代是_____。

2. 中国传统文化中与城市规划建设相关的文化思想为_____、_____、_____。

3. 规划区的规模、功能组成及形状是由城市总平面图所决定的，特大城市规划区的居民人数大约取_____万人以内。

4. 城市用地的评价主要体现在三个方面，分别是_____、_____和_____。

5. 居住用地的组成主要有：_____和_____。

6. 工业用地分类_____、_____和_____。

7. 城市园林绿地的主要定额指标有：_____、_____和_____。

8. 现代城市交通是一个组织庞大、复杂、严密而又精细的体系，就其运行组织形式来说分为_____与_____两种。

9. 城市路网的建设水平通常以_____来表示，其值越高，表明城市单位面积上的道路所占比例越大。

10.《城乡规划法》第三章明确规定，城乡规划的实施，主要有_____主管部门依法对建设项目选址、_____、_____、乡村建设的当前建设项目实施行政管理，即依法行政。

11. 根据《城乡规划法》的规定，城乡规划实施管理主要由依法采取_____行使管理职能，兼采用_____的方法和_____的方法及_____的方法，结合起来综合运用，以达到加强城乡规划实施管理的目的。

12. 城市规划行政中设定权利是指规划行政主体依法制定_____、_____和_____，或通过许可管理，赋予相对方某种权利和权能。

**三、名词解释**

1. 城市性质

2. 城市用地

3. 物流仓储用地

4. 城市公共绿地

5. 城市对外交通

6. 乡规划

7. 城市规划实施的行政机制

**四、简答题**

1. 简述城市规划编制程序的过程。

2. 简述现代城市规划的主要理论。

3. 在城市规划实施管理中应遵循什么原则。

4. 简答 TOD 的设计原则。

5. 简述公共设施规划布局原则。

6. 简答影响城市布局的因素。

7. 城市分散式总体布局的主要特征。

8. 简述工业用地布局的主要原则。

9. 简述公共设施的服务半径及其影响因素。

10. 城乡规划的实施程序步骤。

11. 简述城市规划的实施机制。

**五、论述题**

1. 请运用城市规划原理，画图并分析说明现代居住用地布局。要求考虑与工业用地、公共设施、道路等用地布置的关系。

2. 试论述城市道路网规划的步骤。

3. 论述城乡规划的层次体系以及每个层次体系的基本内容？

# A.2　模拟试题 2

**一、选择题**

1. 在城市规划设计成果中没有文本要求的规划层次是（　　　）。

　　A. 总体规划

　　B. 分区规划

　　C. 控制性详细规划

　　D. 修建性详细规划

2. 城市总体规划的成果中，不是必须提供的图纸是（　　　）。

　　A. 城市现状图

　　B. 近期建设规划图

　　C. 城市用地工程地质评价图

　　D. 城市总体规划图

3. 下列控制指标中属于控制性详细规划强制性内容的是（　　　）。

　　①道路坐标；　　②容积率；　　③用地性质；　　④人口容量；　　⑤绿地率；　　⑥建筑高度；　　⑦建筑面积。

　　A. ①④⑦

　　B. ②③⑤⑥

　　C. ①②③④

　　D. ①②③④⑤⑥⑦

4. 下列哪项不属于修建性详细规划的图纸内容？（　　　）

　　A. 规划地段现状图

　　B. 规划总平面图

　　C. 道路交通规划图

　　D. 分图图则

5. 城市的总体布局是基于城市功能、城市结构和（　　　）三者的相关性分析，它们之间的协调关系是城市发展、兴衰的标志。

    A. 城市规模

    B. 城市职能

    C. 城市形态

    D. 城市性质

6. 按照传统的概念，针对不同功能的用地，城市活动可概括为工作、居住、交通和（　　　）四个方面。

    A. 生活

    B. 出行

    C. 娱乐

    D. 休息

7. 小区规划中住宅用地、公建用地、道路用地、公共绿地等四项用地的总称是（　　　）。

    A. 生活居住用地

    B. 小区用地

    C. 居住用地

    D. 新村用地

8. 根据国家标准，公共绿地应不小于（　　　）$m^2$/人。

    A. 7

    B. 8

    C. 9

    D. 10

9. 在进行城市工业布局的时候，下列哪项并不是关键性的决定因素？（　　　）

    A. 用地要符合工业的具体特点和要求

    B. 职工住宅要尽量靠近工业区，并有方便的交通服务

    C. 相关企业要有较好的联系，便于开展相关协作

    D. 要选择有方便的交通运输条件的地区

10. 停车需要量计算方法不包括（　　　）。

    A. 趋向法

    B. 原单位法

    C. 客流量调查法

    D. 底特律法

11. 步行街是步行交通方式中的主要形式，其类型可以有完全步行街、（　　　）、地下步行街等。

    A. 中心区步行街

    B. 公共交通步行街

    C. 商业区步行街

    D. 换乘站步行街

12. 《城乡规划法》的实施日期是（　　　）。

    A. 2007 年 10 月 28 日

    B. 2008 年 1 月 1 日

    C. 2007 年 12 月 1 日

    D. 2008 年 10 月 28 日

13. 协调城乡空间布局、改善人居环境是城乡规划法的（　　　　）。

    A. 直接目的

    B. 根本目的

    C. 主要目的

    D. 终极价值目标

14. 城市规划实施的社会机制体现的方面不包括（　　　　）。

    A. 公众参与城市规划的制定

    B. 城市规划行政管理做到政务公开

    C. 社会团体直接监督城市规划实施

    D. 公众有了解情况、反映意见的正常渠道

## 二、填空题

1. 古罗马城市规划思想特征表现为_____、_____、_____。

2. 对现代城市规划思想的演变可以通过_____、_____、_____三个宪章来认识。

3. 按照国标《城市用地分类与规划建设用地标准》规定，城市建筑用地划分为 9 大类，29 中类和 57 小类，其中的 9 大类包括_____、_____和_____、_____、_____、_____、_____。

4. 城市规划在实施中表现为对_____和_____的合理配置，涉及社会各方面的利益关系，以及资源开发利用的价值判断和对人们行为的规范。

5. 城市规划管理包括_____、_____、_____。

相对分散布局的城市形态多样，主要形式有_____、_____、_____、_____等。

6. 居住用地的布置方式主要有：_____、_____、_____和_____。

7. 城市绿化与广场用地的功能主要有：_____、_____和_____。

8. 代表性的城市路网形式主要有两种形式，分别为_____和_____。

9. 城市快速路的计算行车速度为_____ km/h，道路平面线形要满足高速行驶的要求，因此在选线时，要避免过多的曲折。

10. 根据新的《城乡规划法》，城乡规划包括_____、_____、_____、_____和_____。

11. 城镇体系规划要达到的目标：通过合理组织体系内_____之间、_____之间以及_____之间的各种经济、社会等方面的相互联系，运用现代系统理论与方法探究整个体系的整体效益。

## 三、名词解释

1. 城市

2. 居住用地

3. 公共管理与公共服务用地

4. 城市用地适用性评价

5. 城市总体布局

6. TOD

7. 城镇体系规划

8. 城市规划行政中的设定义务

## 四、简答题

1. 简述城市用地自然条件适用性评定中，适宜修建用地应具备的条件。

2. 城市总体布局的主要内容。

3. 城市集中式总体布局的主要特征。

4. 简述我国居住用地规划结构的演变过程。

5. 简述工业在城市中布置的基本要求。

6. 从相互作用机理角度，简答交通与土地利用之间的关系。

7. 简述我国古代隋唐长安城的布局特点。

8. 简述城市聚集和大都市带理论。

9. 什么是城市规划，城市规划的任务和原则是什么。

10. 新《城乡规划法》的特点。

11. 什么是行政行为。城市规划中的行政行为的主要内容是什么。

## 五、论述题

1. 试论述城市总体布局多方案比较的基本思路与特点。

2. 从城市功能、结构和形态三者角度，结合城市规划发展历程解析城市总体布局。

3. 地震灾后重建过程中，居住用地应如何规划谈谈你的看法。

4. 试论述城市与城市交通发展的关系。

# 参 考 文 献

［1］曹银涛，苏自立．我国城乡规划行政强制执行主体及程序探析．规划师，2010，26（10）：86－89.

［2］蔡慧敏．《城乡规划法》背景下的城乡发展规划一体化．新乡学院学报：社会科学版，2010，24（5）：46－47.

［3］陈友华．城市规划概论．上海：上海科学技术文献出版社，2000.

［4］丁敏生．生态导向下的城市总体布局研究：以合肥市为例［D］．苏州：苏州科技大学，2007.

［5］董光器．城市总体规划．南京：东南大学出版社，2009.

［6］卡拉兹．城市规划方法．北京：商务印书馆，1996.

［7］景观中国．TOD：以公共交通为导向［EB／OL］．［2011－02－01］．http：//www．landscape．cn/Special/tod/Index．html.

［8］李大洲．公交导向发展策略的应用研究［D］．大连：大连理工大学，2005.

［9］李德华．城市规划原理．北京：中国建筑工业出版社，2001.

［10］李凤军．对公交引导城市发展的思考．城市交通，2007，4（2）：47－48.

［11］刘君德．中国行政区划的理论与实践．上海：上海华东师范大学出版社．1996.

［12］刘维新．中国城镇发展与土地利用．北京：商务印书馆，2003.

［13］陆化普．交通规划理论与方法．北京：清华大学出版社，2007.

［14］伯克．城市土地使用规划．北京：中国建筑工业出版社，2009.

［15］利维．现代城市规划．北京：中国人民大学出版社，2003.

［16］全国城市规划执业制度管理委员会．城市规划原理．北京：中国计划出版社，2010.

［17］孙施文．现代城市规划理论．北京：中国建筑工业出版社，2007.

［18］谭纵波．城市规划．北京：清华大学出版社，2005.

［19］田建林，张致民．城市绿地规划设计．北京：中国建材工业出版社，2009.

［20］同济大学．城市规划原理．北京：中国建筑工业出版社，2001.

［21］王其钧．城市规划设计．北京：机械工业出版社，2010.

［22］王万茂．土地利用规划学．北京：中国农业出版社，2002.

［23］王争艳，潘元庆．城市规划中的人口预测方法综述．资源开发与市场，2009，25（3）：237－240.

［24］韦亚平．探讨城市规划行政行为的理性．城市规划，2001，25（6）：39－43.

［25］杨秋侠．工业企业总体规划．西安：西北工业大学出版社，2010.

［26］周俭．城市住宅区规划原理．上海：同济大学出版社，1999.

［27］吴晓．城市规划社会学．南京：东南大学出版社，2010.

［28］肖秋生．城市总体规划原理．北京：人民交通出版社，1995.

［29］赵民．城市规划概论．上海：上海科学技术文献出版社，2000.

［30］翟宝辉．落实《城乡规划法》急需理念和方法创新．中国建设报，2007－04－02（3）.

[31] 甄峰．城乡一体化理论及其规划探讨．城市规划汇刊，1998，6：28－31.

[32] 中国城市规划设计研究院．城市规划资料集．北京：中国建筑工业出版社，2003.

[33] 中国城市规划设计研究院．城镇体系规划与城市总体规划．北京：中国建筑工业出版社，2003.

[34] 中国城市规划协会，全国市长培训中心．城市规划读本．北京：中国建筑工业出版社，2002.

[35] 邹德慈．城市规划导论．北京：中国建筑工业出版社，2002.